重磁电数据处理解释软件 RGIS

张明华　乔计花　黄金明　王成锡
韩革命　田黔宁　刘　玲　胡麟臻　　等著

地资出版社

·北京·

内 容 提 要

本书简要介绍了当前我国广泛使用的"重磁电数据处理与解释软件系统"（RGIS）的使用说明，同时从理论和实践的角度给出了相关重磁数据处理与反演解释方法常见的使用注意事项。本书可作为带有使用指导意见的软件用户手册，也可作为物探专业学生的参考书。

RGIS 软件系统由中国地质调查局发展研究中心组织研发，2006 年开始在全国进行公益性推广使用。系统除具备基本的 GIS 功能外，具备的主要物探重磁电数据处理与解释功能包括滤波、延拓、求导、化极（包括低纬度、变纬度化极）、分量转换、水平总梯度、解析信号、曲化平、异常分离、界面反演、磁源深度计算、伪重或伪磁异常计算、2.5D 可视化重磁联合反演（包括 Δg、ΔT、Za、Ha）、三维重磁异常（形体和物性）反演、相关分析、趋势分析、回归分析等。电法数据处理与反演包括一维电测深，二维电阻率、极化率正反演，二维 MT 反演，一维 TEM 正反演，2.5 维 TEM 正反演，电阻率地形改正等。

图书在版编目（CIP）数据

重磁电数据处理解释软件 RGIS／张明华等著． —北京：地质出版社，2011.5

ISBN 978-7-116-07231-2

Ⅰ.①重… Ⅱ.①张… Ⅲ.①重力勘探 – 应用软件，RGIS②磁法勘探 – 应用软件，RGIS Ⅳ.①P631.1 –39②P631.2 –39

中国版本图书馆 CIP 数据核字（2011）第 100300 号

ZHONGCI DIAN SHUJU CHULI JIESHI RUANJIAN RGIS

责任编辑：祁向雷
责任校对：杜 悦
出版发行：地质出版社
社址邮编：北京海淀区学院路 31 号，100083
咨询电话：（010）82324508（邮购部）；（010）82324577（编辑部）
网　　址：http：//www.gph.com.cn
电子邮箱：zbs@ gph.com.cn
传　　真：（010）82310759
印　　刷：北京天成印务有限责任公司
开　　本：787mm×1092mm $\frac{1}{16}$
印　　张：13
字　　数：320 千字
版　　次：2011 年 5 月北京第 1 版
印　　次：2011 年 5 月北京第 1 次印刷
定　　价：78.00 元
书　　号：ISBN 978-7-116-07231-2

前　　言

随着我国经济社会的快速发展，尤其对资源需求的加大和近年来地质勘探与找矿投入的增加，利用地球物理方法进行矿产和油气资源的勘探与评价工作也得到加强。相应地，适应现代计算机技术的物探资料处理解释软件也应运而生并发挥了作用。但是，不少使用人员，尤其是缺乏物探基础理论知识的软件使用者，往往对涉及的各类物探方法的使用前提和注意事项不够清楚，容易出现处理解释方法使用上的不到位，甚至错误，造成工作上的被动或浪费。这是因为物探数据处理与资料解释工作涉及处理解释人员的物探理论知识、对研究区的地质认识和实际工作经验；使用软件程序模块与理论上的正确性，并不能保证用户使用软件所做解释推断成果与客观真实情况的一致性。为此，作者试图结合我国目前广泛使用的"重磁电数据处理与解释软件系统"（RGIS）的使用操作，给出具体方法的使用指导和注意事项，供从事物探重磁电数据处理和资料解释的人员参考。

"重磁电数据处理与解释软件系统"（RGIS）是中国地质调查局发展研究中心组织研发的，集成了中国地质调查局设立的"区域重力数据库完善与推广（编号：1212010510903）"、"物探资料解释方法优选与集成（编号：200214100027）"、"物化遥地理信息系统完善与网格系统矿产资源评价解释技术开发（编号：1212010660305）"等地质大调查项目成果，并在基层应用实践中得到了完善。该系统于 2006 年开始作为国家地质调查公益成果在全国推广使用，2007 年被全国矿产资源潜力评价专项工作指定为专用物探软件，此后，中国科学院地质与地球物理研究所、广西地球物理勘查院、东华理工大学、中国地质大学（北京）、长江大学、吉林大学、长安大学、西安石油大学、成都理工大学、中国地质大学（武汉）等相继在教学与科研中使用了 RGIS 网络版。RGIS 自推广使用以来得到了全国各省广大基层物探工作者、地学高校及科研院所物探研究人员的使用和关于修改、完善与补充的意见反馈。因此，目前的 RGIS 软件系统既是国家地质调查公益项目成果，也是广大重磁电物探工作者共同的劳动成果。该软件系统 2010 年荣获中国地理信息学会和国家测绘局科技进步三等奖。目前已成为我国重磁电综合性方法软件模块最齐全、最先进，应用最为广泛，覆盖面和用户群体规模最大的专业软件系统。

RGIS 是基于 GIS 二次开发技术和微机 Windows 平台、利用 Visual Basic 语言和混合语言编程技术开发的具有重力和磁测数据可视化管理、数据预处理、数据处理、重磁电正反演、图表图形图像处理及制作的一套多功能的资源勘查地球物理信息系统软件，英文为 Resource Geophysical Information System，简称为 RGIS。该软件系统在重磁电数据处理及成果表达方面的功能基本可以满足基层物探工作与普通科研工作对重磁电异常进行常用数据处理与反演解释的需求。

系统主要功能：① 基于 GIS 功能管理空间点位，图形，区域重力和航磁、地磁数据及电阻率、极化率、大地电磁、瞬变电磁数据；② 数据投影转换与预处理；③ 重、磁面积测量数据的频率域和空间域转换处理；④ 重、磁剖面测量数据的频率域和空间域转换处理；⑤ 重、磁异常正反演解释；⑥ 电法数据处理；⑦ 重力基础图件和重、磁处理解释成果图件的制作与输出；⑧ 电法拟断面图的制作与输出。

重磁数据处理、反演与分析方法模块包括滤波、延拓、求导（包括不同方向的一阶、二阶导数）、化极（包括中高纬度、低纬度、变纬度化极）、分量转换、水平总梯度、解析信号、曲化平、异常分离，界面反演、磁源深度计算、伪重或伪磁异常计算、2.5D 可视化重磁联合反演（包括Δg、ΔT、Za、Ha）、三维重磁异常形体反演、三维重磁异常物性反演、相关分析、趋势分析、回归分析等。电法数据处理与反演包括一维电测深，二维电阻率、极化率正反演，二维 MT 反演，一维 TEM 正反演，2.5 维 TEM 正反演，电阻率地形改正等。

RGIS 系统的数据处理功能基本涵盖了当前重磁电数据处理通常所使用的处理方法。各种处理方法的计算与处理皆具有结果预览功能，处理结果所见即所得。用户可在同一处理方法界面上变换参数、反复计算、预览结果，直到满意。系统提供了方便的布格异常等值线图、点位实际材料图等基础图件的绘制和打印功能，符合《区域重力调查规范》（DZ/T 0082—2006）的要求。用户还可以利用 GIS 功能方便地绘制重、磁异常图件、处理解释成果专题图件，以及工作程度、工作部署等专题图件。

RGIS 系统适用于 Windows 2000/XP/7/操作系统，界面简洁，使用方便。具有一定计算机基础和重、磁、电资料处理解释基础的人员，略加熟悉即能够熟练应用。

RGIS 软件经过应用反馈与完善，进行了多次升级。目前主要版本包括重力数据规范整理功能的 2006 版和重磁电数据处理与解释的 2010 版。为叙述上的方便，书中通称为 RGIS。

本书共分 8 章、5 个附录。按照介绍 RGIS 软件方法模块使用的顺序，将相应的方法使用的问题和注意事项予以说明，这样便于用户使用和查询。对 RGIS 软件使用中的技巧与需要注意的问题，使用带下划线的文字进行表述；对方法技术应用上需要注意的问题和经验，以【注意】进行专门标注。第 1、2 章主要介绍系统安装与使用中涉及的数据文件概念。第 3、4 章主要介绍了数据管理和重磁数据预处理功能。第 5 章介绍了数据预处理的各项功能。第 6 章介绍了重磁测量数据的处理与反演解释，包括剖面测量数据和平面测量数据的处理与反演解释。第 7 章介绍了前述各类电法方法的数据处理与反演。第 8 章介绍了重磁电原始及成果图形的绘制与 GIS 平台上的转换。相关方法技术与数据格式、相关方法原理以及数据检索和查询中函数的意义和使用方法在附录中给出。

目　　录

第1章 系统框架与软件安装

1.1 RGIS 软件系统框架

RGIS 软件系统包含 8 个专业模块：重磁数据管理、重磁数据整理、数据预处理、平面数据处理、剖面数据处理、重磁反演解释、电法数据处理、图形绘制。系统采用 MS Access 管理重力和磁测数据，系统采用 MapGIS 平台，利用 ADO 技术链数据库和专业方法软件模块，无缝集成。RGIS 系统构架见图 1.1.1。系统的主要功能按菜单列表见图 1.1.2。

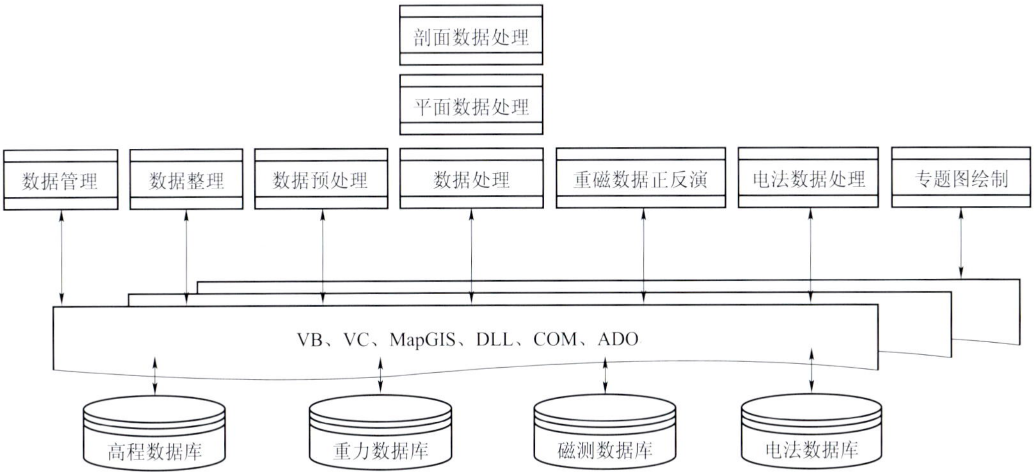

图 1.1.1 RGIS 系统构架图

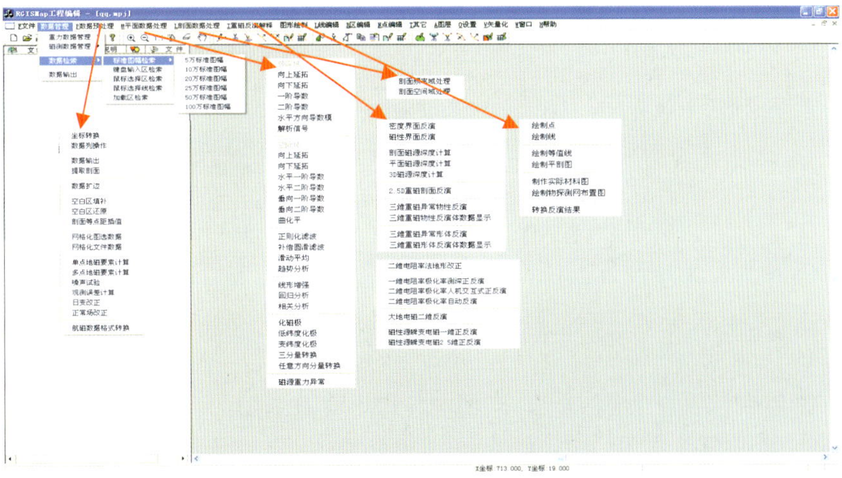

图 1.1.2 RGIS 软件系统主要功能菜单

1.2 RGIS 软件安装

1.2.1 RGIS 软件的组件

硬件：加密锁一个。

软件：光盘一张。

手册：《重磁电数据处理软件 RGIS 使用手册》一本。

1.2.2 运行环境

操作系统：简体中文 Windows 2000/Windows XP 或以上。

硬件平台：微机台式或笔记本；

主频：PIII 800 以上；

内存：128Mb 以上；

硬盘：20G 以上。

1.2.3 系统安装

1.2.3.1 RGIS 软件安装

本软件是基于 MapGIS6.7 开发的，在安装本系统之前首先要确定微机上安装有 MapGIS6.x 版本的驱动狗。

将本系统安装光盘插入计算机光盘驱动器中，系统安装过程和其他任何程序一样遵循下面的规则：

系统检测→开始安装→设置路径→安装。

具体过程如下：运行 RGIS 光盘上的 **Setup.exe** 程序，弹出如图 1.2.1 所示的检测提示。

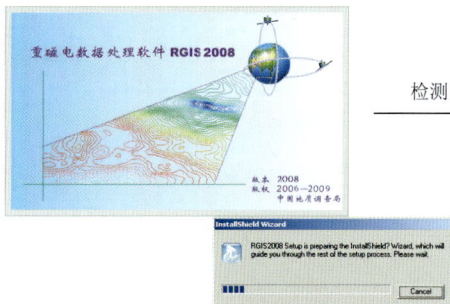

图 1.2.1　系统检测　　　　　　　　　图 1.2.2　系统安装

系统检测完毕，开始安装。根据安装提示（图 1.2.2），单击"**下一步**"，为系统选择安装路径，如图 1.2.3 所示。

路径设置完毕，单击"**下一步**"，系统安装程序将把 RGIS 系统安装到您的计算机上。安装完毕给出提示信息，如图 1.2.4 所示。

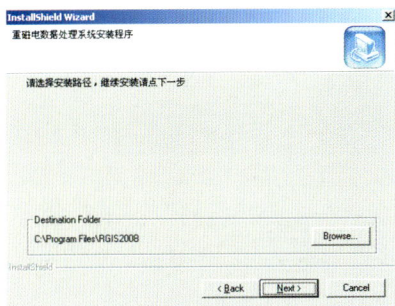

图 1.2.3　系统安装路径设置

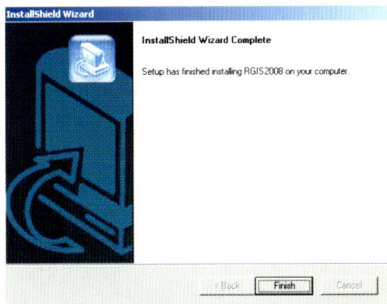

图 1.2.4　系统安装完毕提示

1.2.3.2　RGIS 系统环境设置

安装 RGIS 以后，应首先设置系统环境。

选择 Windows 系统的"**开始**"—"**所有程序**"—**RGIS 系统**（"**重磁电数据处理系统**"）—"**设置环境**"，将 RGIS 系统自带的系统库设置为默认系统库。

如果不进行该设置，运行时往往提示"找不到字库"信息。

1.2.3.3　安装软件加密锁

RGIS 软件系统安装完成后，将在安装后生成的存放 RGIS 系统程序的目录（例如 D:/Program Files/RGIS）中建立一个名为 dogdriver 的目录。

打开该目录，运行 Setup.exe，并根据提示完成安装。

安装成功后加密狗指示灯变亮，加密锁安装完成。

1.2.3.4　系统启动

选择"**开始**"菜单中的"**程序子菜单**"，选择 RGIS 应用程序启动系统，进入软件启动界面，如图 1.2.5 所示。这时需要输入一个软件的注册码，用户需要把系统给出的注册号发给项目组人员（通过手机短信、RGIS-QQ 群或电话方式），项目组人员返回相应的注册码，填入注册码后，系统即可启动了，如图 1.2.5 和图 1.2.6 所示。

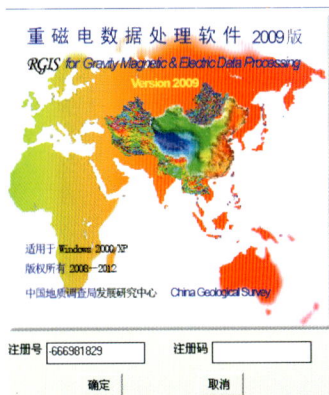

图 1.2.5　读取软件注册号

图 1.2.6　系统启动界面

【重要说明】

（1）RGIS 是基于 MapGIS 6.7 平台开发的，其运行的计算机上需 MapGIS 软件狗支持。

（2）请使用正版软件。

第 2 章　数据组织与名词术语

2.1　简介

　　RGIS 软件是基于 GIS 技术，集图像图表处理功能、重力资料整理、重磁电数据预处理、处理、反演、成果数据各种图示和管理功能于一体的一套多功能软件。软件在图形组织和重磁数据整理和处理方面遵循常规图形图像的组织模式和数据整理与处理的方法。本软件所涉及的各种重磁电专业术语，基本上是通用的，这里不进行单独阐述。本章主要就本系统涉及的文件、视图、窗口等基本概念及文件的组织方式、图形组织方式、图形操作方式和系统的操作特性作简要阐述，使用户在使用前了解系统的基本操作和系统提供的一些工具及其作用，以便合理、有效地使用各个模块功能。

2.2　文件

　　RGIS 软件的数据文件主要有地球物理数据文件和 GIS 图层文件两个部分。

　　目前，RGIS 地球物理数据文件主要包括重力、磁力、电法的离散点文件、剖面线文件、平面数据文件和三维数据文件。不同观测类型的数据具有不同的数据排列方式和文件后缀。具体的格式，归类列于附录 I。RGIS 地球物理数据格式是完全开放的，与 Windows 系统的记事本、MS Excel、MS Access 及 Surfer 等诸软件通用。

　　基于 MapGIS 的 RGIS 软件的 GIS 图层文件与 MapGIS 6.x 相同，主要包括点、线、面文件，后缀依次为 *.wt、*.wl、*.wp。关于其 GIS 图层及其编辑等使用方法，请参考附录 V 和 MapGIS 的用户手册。

2.3　地图图层

　　本系统的视图以图层方式组织数据，一个文件构成一个图层实体，每一个图层包含整个地图的一个方面。从打开数据并在地图窗口中显示开始，每个数据文件都作为独立的图层显示。图层形成了地图的构筑块。图层具有不同的操作属性，如图层的可见性、可编辑属性和图层对象标注属性。对图层进行编辑修改时首先需要使图层可编辑，一旦创建了地图图层，可以把图层定义成多种形式，也可以增加和删除图层。

2.4　地图对象

　　如前所述，地图是由地图对象构成的图层组成的，在本系统中，共有 4 种基本类型的地图对象。

区域　覆盖给定面积的封闭对象，包括多边形、椭圆、矩形和不规则多边形等，如图幅边界、国家边界等。在有些 GIS 系统中也称为"面"。

点对象　表示数据的单一位置，如城市、重磁测点点位等。

线对象　覆盖给定距离的开放对象，包括直线、折线和圆弧，如河流、铁路、公路等。

文本对象　描述地图或其他对象的文本，例如标注和标题等。

2.5　系统工具

系统提供了方便快捷的图形操作工具，可以通过单击工具条上图形操作按钮进行地图化图形的灵活操作。工具条对象包括选择对象工具、改变地图窗口的视图工具、取得对象信息和显示对象间距的工具。各工具的作用如下所述：

新建　新建一个工程

打开　打开一个工程

保存　保存一个工程

关于　关于 RGISmap

放大　得到地图或布局的较近的区域视图

缩小　得到地图或布局的较远的区域视图

1:1 以 1:1 显示图片（对图形进行全屏显示）

刷新

隐藏图片

漫游器　实现在窗口中重新定位一个地图布局

输入线　在可编辑的地图上绘制各种线形

删除线　删除编辑地图上的指定线

剪断线　剪断编辑地图上的指定线

线上删点　删除编辑地图上指定线上的指定点

线上移点　移动编辑地图上指定线上的指定点

改线参数　修改指定线的参数

修改线属性　修改指定线的属性

输入点　在可编辑的地图上绘制各种点

删除点　删除指定点

移动点　移动指定点

拷贝点　复制指定点

修改文本　修改指定点的文本

修改点参数　修改指定点的参数

修改点属性　修改指定点的属性

输入区　在可编辑的地图上填充区域

删除区　删除指定区

剪断弧段　剪断指定弧段

弧段移点　移动指定弧段上的指定点

弧段上删点　删除指定弧段上的指定点

修改区参数　修改指定区的参数

修改区属性　修改指定区的属性

第3章　数据管理

数据管理是用来维护和管理重磁数据而设定的，当我们获得了一个区域的重磁数据和相关资料时，可以按照同一标准存储在数据库中。这样，在任何时候都可以从数据库中任意调用所需要的数据资料，也可以应用本系统各种查询功能、检索功能，对数据库中的记录信息进行操作。电法数据以文件形式保存在用户指定目录中，也可以随时编辑。

3.1　重力数据管理

重力数据入库

用于入库的重力数据，应包含有数据的测点编号、经度、纬度、高程值、实测重力值、近区地改值、远一地改值、远二地改值、布格重力异常值、自由空间重力异常值和均衡重力异常值11项内容。但一些地区的某些数据列可能缺失，因此，入库数据也可以是其中的任意列。

入库数据文件包括信息文件和数据文件。数据文件常包含有标示各项（列）数据含义的文件头信息行（参见附录I.1）。在导入数据时，系统提供了读取数据文件和信息文件的对话框，如图3.1.1所示。

信息文件包含以下内容：工区名称、行政省区名、工作单位、完工时间、工作比例尺、重力系统、重力起算点、近中区地改半径（km）、重力仪类型、重力观测精度（$10^{-5}m/s^2$，即 mGal）、布格重力异常总精度（$10^{-5}m/s^2$）、高程测量方法、高程测量精度（m）、成果报告名称、成果报告完成时间、原始数据存放地等。这里所给出的项目在入库时可以不全部填写，可以根据资料实际情况来填写。信息文件的编排必须按照下例所示顺序进行：

工区名称：M-51-（09）喀喇林场幅

工作单位：黑龙江地调院

工作时间（年）：2002～2002

工作比例尺：1/20 万

重力点数：1028

所控面积（km^2）：5206

重力系统：85 网

重力起算点：57 网哈尔滨马家沟机场 A 等点

近中区地改半径：0～2km

近中区地改精度（$\times 10^{-5}m/s^2$）：0.058

重力仪类型：Z400 型

重力观测精度（$\times 10^{-5}m/s^2$）：0.124

平面坐标测量方法：GPS

平面坐标测量精度（m）：2.42

高程测量方法：GPS

高程测量精度（m）：1.91

信息文件可以是独立的文件，也可以在入库过程中输入填写到对话框中。数据入库具体操作步骤如下：

图 3.1.1   重力数据入库（1/2）

（1）选择**"数据管理"**→**"重力数据管理"**→**"重力数据入库"**弹出重力数据入库对话框，如图 3.1.1 所示。

入库的数据文件可以是**"*.txt"**、**"*.xls"**、**"*.dat"**和**"*.mdb"**格式存储的数据。对于以**"*.txt"**、**"*.xls"**、**"*.dat"**格式存储的数据，文件的第一行应包含有头信息，否则入库后数据比原数据少第一行，同时文件数据列之间须是以空格为间隔。对于坐标数据必须要进行坐标转换，变为经纬度（以十进制为单位），否则不能在系统默认的界面地图上叠加显示。

对于以**"*.txt"**、**"*.xls"**、**"*.dat"**格式存储的数据入库，按照以下步骤操作：

（2）读入数据文件和信息文件。这里的数据文件是必须的，如果没有信息文件可以置为空白。

（3）选择数据库类型。系统根据重力测量比例尺的不同，已经定义了 4 种数据库类型：1:5 万数据库、1:20 万数据库、1:50 万数据库和 1:100 万数据库。4 种数据库结构相同，主要是为方便用户区别不同比例尺的数据。用户也可以为自己的数据新建一个表，用于存放其他比例尺的数据，新建表的结构同系统已经定义的该 4 类表的结构。若选择**"现有表"**，从下拉菜单中选择要导入的表中；若需要导入到一个新表中，则选择**"新表中"**单选框，并给定新表名。

（4）单击**"数据导入"**，弹出数据导入配置对话框，见图 3.1.2。

数据配置对话框包含两个方面的信息，一是数据文件的内容，二是信息文件内容。

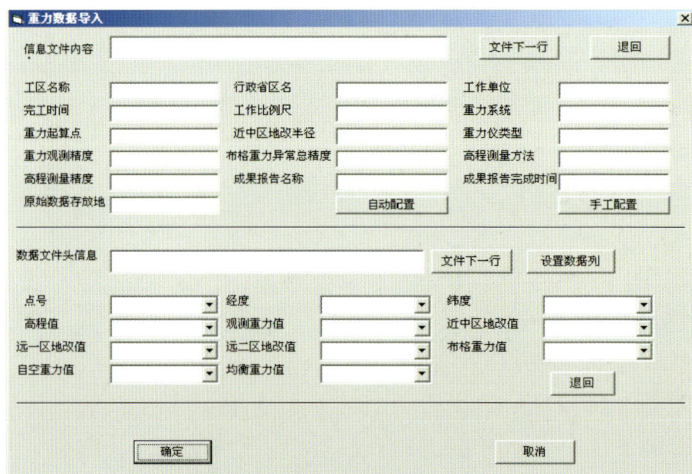

图 3.1.2   重力数据入库（2/2）

对于信息文件部分，如果在上一步给定了信息文件，点击"**自动配置**"，系统会自动从信息文件中读取文件所包含的内容，也可以点击顶部的"**文件下一行**"按钮查看信息文件内容。如果没有给定信息文件，可以逐一填写。

配置数据文件时，点击"**文件下一行**"，找到数据文件列标识符所在的行，即文件头信息，单击"**设置数据列**"，然后从每一个对话框的下拉菜单中选择相应的数据列。

（5）单击"**确定**"，系统会自动把数据文件内容导入到数据库中。导入结束后给出数据入库完毕的提示。用户可以打开安装目录下 GravityData.mdb 文件，查看数据库文件。

（6）单击"**取消**"，则取消会话期间操作，返回到系统主界面。

已有重力数据库数据导入

以"***.mdb**"格式存储的已有数据，单击"**数据导入**"，弹出的数据导入配置对话框见图 3.1.3。

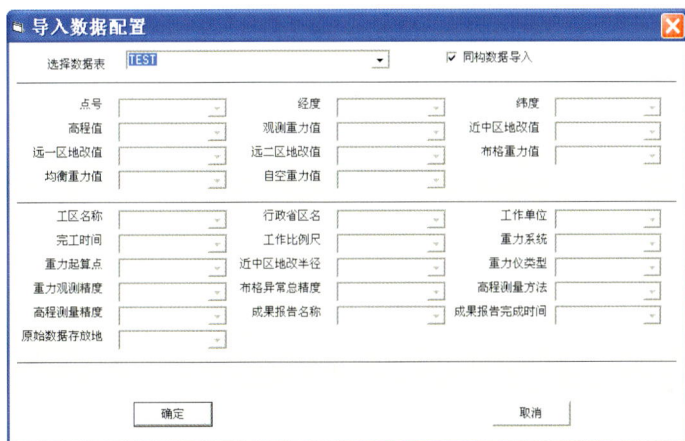

图 3.1.3　***.mdb** 格式重力数据入库的数据配置窗口

选择需要导入系统的数据表，对于和 RGIS 系统重力数据库表具有相同结构的数据，可以选择"**同构数据导入**"，这时，数据文件和信息文件的下拉菜单变为不可操作，系统自动导入数据。若导入数据和系统已有数据不具有相同结构，则需要从下拉菜单中指定相应的数据项，单击"**确定**"，将所选择数据表导入系统重力数据库中。

重力数据库维护

对于入库的数据，系统提供了检索查询功能。

（1）选择"**数据管理**"→"**重力数据管理**"→"**重力数据库维护**"，弹出重力数据库维护对话框，见图 3.1.4。

（2）系统提供了多项数据查询方式，包括经纬度信息、高程信息、工作单位、工区名称、工区比例尺等，用户可设置其中的一个或多个选项来限定查询范围。

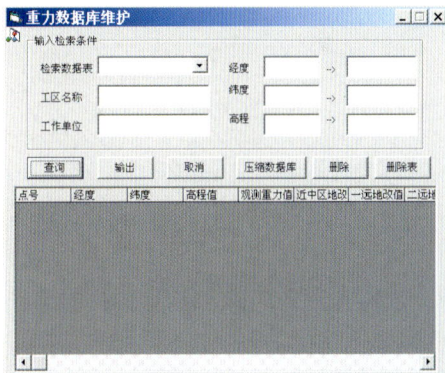

图 3.1.4　重力数据库维护对话框

（3）数据库表操作。

> **查询**   系统查找符合所给定检索条件的重力数据，并显示在下半部分对话框内。

> **取消**   取消数据检索过程，返回系统主界面。

> **压缩数据库**   数据库经过数据表的删除等操作后，该表所占用的空间没有释放，通过该功能，可以压缩数据库多余的空间。

> **删除**   删除检索到的数据。

> **删除表**   删除检索到的数据表。

3.2   磁测数据管理

磁测数据入库

磁测数据管理不同于重力数据管理，重力数据根据其实测比例尺，导入相应的数据表中。而磁测数据可以是任意比例尺任意投影的数据。数据入库时，用户可以新建数据表，也可以选择已有的数据表。两种格式的磁测数据都可以导入磁测数据库，一种是包含有点线信息的以"*.amd"为后缀的数据，另一种是直接以表格形式保存的数据，可以是"*.dat"、"*.txt"、"*.xls"或"*.mdb"等格式保存，具体格式见附录 I.2 所示。磁测数据是以单表进行管理的，一个数据可以形成一个独立的表，也可以将多个数据保存在一个表中。

（1）选择**"数据管理"** → **"磁测数据管理"** → **"磁测数据入库"**，弹出磁测数据入库对话框，如图 3.2.1 所示。

（2）单击**"数据导入"**按钮，打开选取数据文件对话框，如图 3.2.2 所示。

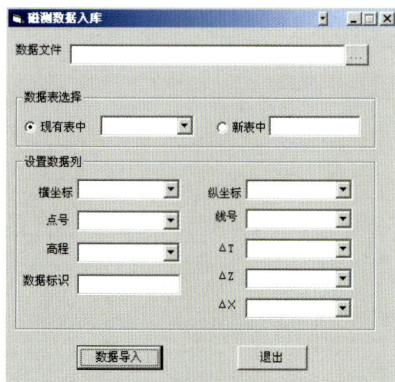

图 3.2.1   磁测数据入库（1/4）

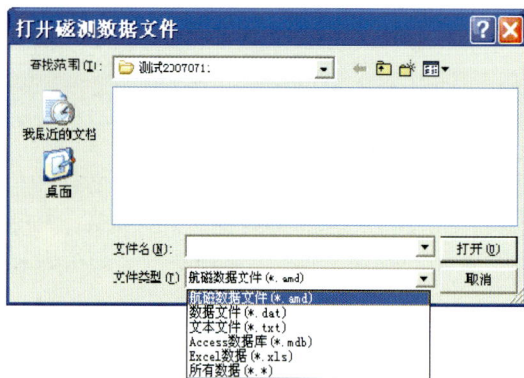

图 3.2.2   磁测数据入库（2/4）

（3）若选择**"*.amd"**数据类型及相应的数据文件。单击**"打开"**，弹出图 3.2.3 所示的对话框，该对话框中，系统自动读入了数据的横坐标、纵坐标、线号、异常值，并为每一条线上的每一个测点按照采集顺序的先后赋予每个数据连续的点号；若选择**"*.dat"**或**"*.txt"**或**"*.xls"**格式的数据，则打开如图 3.2.4 所示的对话框，这时用户需要为系统指定数据的横坐标、纵坐标、点号、线号、高程、异常值等。入库数据必须包含有横坐标、纵坐标和异常项 3 项内容，其他为可选项。为了方便辨识和区分用户可以为所导入的数据进行标识，系统会为本次每一个导入的数据增加一项标识列。

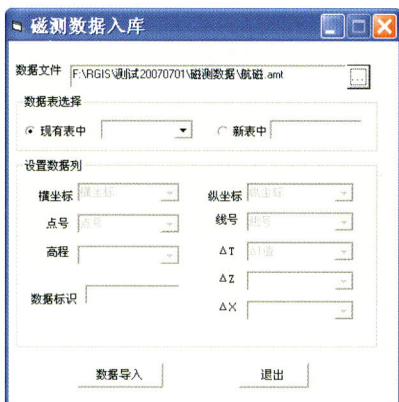

图 3.2.3 磁测数据入库（3/4）

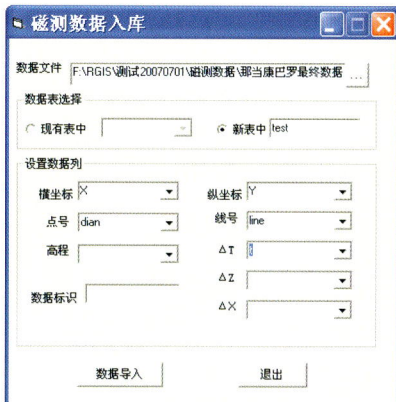

图 3.2.4 磁测数据入库（4/4）

（4）数据表选择。用户可以自由地选择存放方式，即独立存放在一个数据表中，或者和其他相连的数据一起存放在同一个数据表中。若选择"现有表中"，点击下拉菜单，系统会给出数据库中已建立的数据表。选择相应的表文件名，单击"**数据导入**"，即可将所选择的数据以追加方式导入已有的表中。这时，可以使用数字、字符等对新导入的数据段作标示，与以往或其他数据区别开来。

若选择"**新表中**"，用户在对话框中输入数据表名，单击"**数据导入**"，即可将所选择的数据导入一个新建立的数据表中。

（5）单击"**退出**"，则取消会话期间操作，返回到系统主界面。

对于以"***.mdb**"格式存储的数据，单击"**数据导入**"，弹出的数据导入配置对话框，如图 3.2.5 所示。

选择需要导入系统的数据表，分如下两种情况进行导入：① 对于和系统数据表具有相同结构的数据，可以选择"**同构数据导入**"，此时，数据文件和信息文件的下拉菜单变为不可操作，系统将自动导入数据；② 若导入数据和系统已有数据不具有相同结构，则不要选择"**同构数据导入**"，而需要从下拉菜单中选择相应的数据项。

单击"**确定**"，将所选择的数据导入系统磁测数据库中。

磁测数据库维护

对于入库的数据，用户可以多种方式进行查询。

选择"**数据管理**"→"**磁测数据管理**"→"**磁测数据库维护**"，弹出磁测数据库维护对话框，见图 3.2.6。

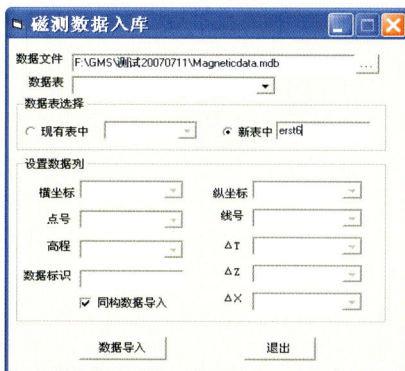

图 3.2.5 ***.mdb** 格式磁测数据入库数据设置窗口

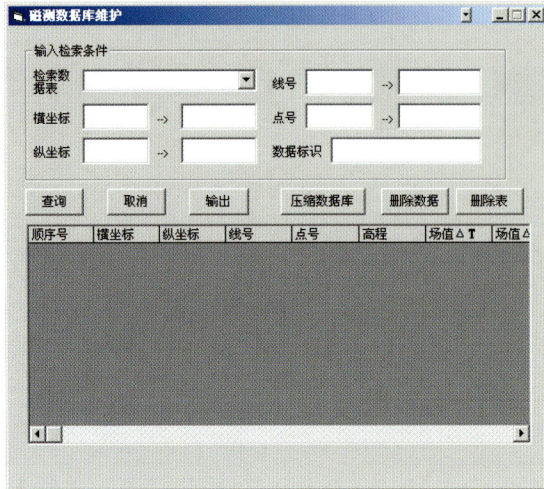

图 3.2.6　磁测数据库维护窗口

1. 检索条件

系统提供了多条件检索方式。首先选择检索数据表文件，其次可以通过坐标范围、点号、线号、数据标识等项确定检索内容。

2. 数据库、表操作

查询：检索给定条件范围内的数据；若不给定条件，则检索出数据表中的前 1000 条数据，并显示在下面的对话框内。

取消：取消数据库维护操作。

压缩数据库：压缩数据库空间。

删除数据：删除检索的数据。

删除表：删除当前所选择的数据表文件。

3.3　数据空间检索

RGIS 系统提供了基于图形的空间检索功能，主要提供了标准图幅检索、键盘输入区检索、鼠标选择区检索、鼠标选择线检索、加载区检索等检索功能，其主要操作方式是首先形成检索区域（可以是输入点形成的区，也可以是选择存在的区），然后选择要检索的数据库及具体的数据表（包括重力数据库和磁测数据库，可以选择具体的数据表，一次检索只能在一个数据库中进行，可以对多个数据表进行同时检索），系统会根据输入的信息进行数据检索，并将检索结果形成 MapGIS 点文件，添加到当前工程中。下面介绍几种检索方式中形成检索区的方式。

标准图幅检索：该功能模块中提供了一系列标准图幅的检索工具，包括 1:5 万标准图幅、1:10 万标准图幅、1:20 万标准图幅、1:25 万标准图幅、1:50 万标准图幅和 1:100 万标准图幅。操作：打开菜单**"数据管理"** → **"数据检索"** → **"标准图幅检索"** → **"1:5 万标准图幅"**，系统会自动加载全国 1:5 万接图表，用鼠标左键点击你想检索数据的图幅，系统则自动提取该图幅为检索区域。其他几种标准图幅检索的操作方式相同。

键盘输入区检索：系统根据输入的坐标点形成一个封闭的区，将该区作为检索区域，操作：打开菜单**"数据管理"**→**"数据检索"**→**"键盘输入区检索"**系统弹出如图 3.3.1 坐标点输入窗口，顺序输入点坐标，其间第一个点坐标要和第一个点坐标相同，然后点击**"完成"**，系统形成一个封闭区域，并将该区域作为检索区域。

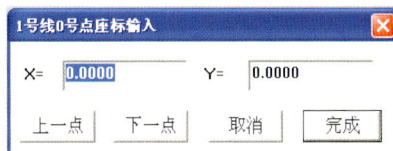

图 3.3.1　键盘输入区检索坐标输入界面

鼠标选择区检索：用鼠标选择当前工程中处在编辑状态的区文件中的区，并将该区作为检索区域。操作：将工程中包含检索区域的区文件设置成当前编辑状态，打开菜单**"数据管理整理"**→**"数据检索"**→**"鼠标选择区检索"**，然后用鼠标点击用于检索的区域，则系统设置该区为检索区域。

鼠标选择线检索：用鼠标选择当前工程中处于编辑状态的线文件中的线，然后设置 BUFFER 半径，进行空间 BUFFER 分析，并将形成的区文件作为检索区域。操作：将工程中包含用于检索的线的文件设置成当前编辑状态，打开菜单**"数据管理"**→**"数据检索"**→**"鼠标选择线检索"**，然后根据系统提示输入检索半径，数值的单位应该与文件的坐标单位一致，系统自动利用 BUFFER 造区，形成检索区域。

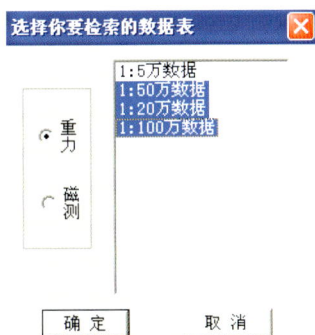

图 3.3.2　设置检索数据库及数据表

加载区检索：系统直接打开包含检索区域的文件，并将该文件的区域作为检索区来进行数据检索，可以同时开展多个区域的检索。操作：打开菜单**"数据管理"**→**"数据检索"**→**"加载区检索"**，系统弹出打开区文件对话框，找到对应的区文件，打开，系统读取该文件的区域，然后将其作为检索区域。

系统在准备好检索区域后，自动弹出检索数据库设置界面，可以选择该范围内的重力和磁测数据，用户可以设置要选择的数据库和数据表，见图 3.3.2，然后点击确定，系统则自动进行数据检索，并将检索结果形成区文件，添加到工程中。

第4章 数据整理

数据整理是对野外实测数据按照区域重力规范的要求进行各项必要的基本整理，主要包括测点重力值计算、地形改算、中间层改算、三项外部改算，本系统同时提供了数据列操作和基点差查询功能。关于各模块的功能和操作方式如下所述。

4.1 测点重力值计算

本系统提供的测点重力值计算包括重力零点位移改正和固体潮改正计算。计算结果得到的是测点的固体潮改正值、混合零点改正值和绝对重力值。

数据准备

在进行测点重力值计算之前必须准备好相应的数据，测点重力值计算用到的数据文件包括原始观测数据文件，重力仪格值表数据文件，对于 LCR 的 G 型仪器，还需要格值表校正系数表数据文件。

（1）原始重力观测数据文件格式。下面是一个用来计算测点重力值的重力原始观测数据文件，是 ASCII 文本文件，文件后缀为"*.dat"。注意：双斜杠后面的文字是对数据格式的说明，下同。

LCR-D-90#   *//仪器型号，必填*

1 978066.182   *//早基点编号和基点的重力值*

1 978066.182   *//晚基点编号和基点的重力值，当重力仪观测闭合于不同基*

         //点时，晚基点编号应该不同于早基点编号，当重力仪观测闭

         //合于同一基点时，晚基点编号可以和早基点编号相同

2003 3 9 6 1   *//测量的起始时间，年、月、日，工作天数(两头算)和调测程次数*

106 1 14 30 97.572 32.66667 89 *//早基点所在的图幅号、基点编号、时、分、读格数、*

         //早基点的纬度和经度坐标

69 20 20 120.695 34.00 89.00 *//过夜前的图幅号、时、分、读格数(与工作天数匹配)*

         //共有(6-1)＝5 对，测点的纬度和经度坐标

69 10 20 120.747 34.00 89.00 *//过夜后的图幅号、时、分、读格数，测点的地理坐标*

69 20 15 150.475 34.00 89.00 *//过夜前的图幅号、时、分、读格数，测点的地理坐标*

……

69 9 59 55.75 34.00 89.00 *//过夜后的图幅号、时、分、读格数，测点的地理坐标*

2003 3 11   *//调测程的年、月、日*

57 13 54 192.212 34.00 89.00//调测程前的图幅号、时、分、读格数，测点的地理坐标

57 14 45 121.862 34.00 89.00//调测程后的图幅号、时、分、读格数，测点的地理坐标

2003 3 14   *//晚基点的年、月、日*

106 1 21 10 27.849 32.66667 89   *//晚基点所在的图幅号、基点编号、时、分、读格数、*
                               //晚基点的纬度和经度坐标

2003 3 9 0   *//第 1 日调测程的年、月、日、调测程的次数(0 表示未调)*

2003 3 9 1   *//第 1 日的年、月、日、测点数*

69 6420 17 18 120.694 34.00 89.00   *//当日测点的图幅号、点号、时、分和读格数*

2003 3 10 0   *//第 2 日调测程的年、月、日、调测程的次数(0 表示未调)*

2003 3 10 2   *//第 2 日的年、月、日、测点数*

69 6830 18 37 145.146 34.00 89.00   *//第 1 个测点的图幅号、点号、时、分和读格数*

69 7524 19 34 150.475 34.00 89.00   *//第 2 个测点的图幅号、点号、时、分和读格数*

2003 3 11 1   *//第 3 日调测程的年、月、日、调测程的次数*

2003 3 11 6   *//第 3 日的年、月、日、调测程前的测点数*

69 7933 9 18 172.092 34.00 89.00   *//第 1 个测点的图幅号、点号、时、分和读格数*

69 8831 10 25 181.984 34.00 89.00 *//第 2 个测点的图幅号、点号、时、分和读格数*

......

57 3333 20 13 173.025 34.00 89.00   *//第 4 个测点的图幅号、点号、时、分和读格数*

2003 3 12 0   *//第 4 日调测程的年、月、日、调测程的次数*

2003 3 12 9   *//第 4 日的年、月、日、测点数*

57 2922 11 0 151.51 34.00 89.00   *//第 1 个测点的图幅号、点号、时、分和读格数*

57 3620 11 50 169.778 34.00 89.00   *//第 2 个测点的图幅号、点号、时、分和读格数*

......

56 1673 17 42 102.151 34.00 87.00   *//第 9 个测点的图幅号、点号、时、分和读格数*

2003 3 13 0   *//第 5 日调测程的年、月、日、调测程的次数*

2003 3 13 10   *//第 5 日的年、月、日、测点数*

56 0881 11 5 118.361 34.00 87.00   *//第 1 个测点的图幅号、点号、时、分和读格数*

56 1189 12 10 141.732 34.00 87.00   *//第 2 个测点的图幅号、点号、时、分和读格数*

......

68 9088 19 0 84.552 34.00 87.00   *//第 10 个测点的图幅号、点号、时、分和读格数*

2003 3 14 0   *//第 6 日调测程的年、月、日、调测程的次数*

2003 3 14 2   *//第 6 日的年、月、日、测点数*

69 8499 10 0 55.751 34.00 89.00   *//第 1 个测点的图幅号、点号、时、分和读格数*

69 7311 11 35 42.008 34.00 89.00   *//第 2 个测点的图幅号、点号、时、分和读格数*

（2）重力仪格值表数据文件格式。重力仪格值表数据文件是 ASCII 文本文件，它的文件后缀为"***.gzb**"。文件内容如下：

LCR-D-90#   *//仪器型号，必填*

9   *//仪器格值表分段数，必填*

0   *0.0000*   *1.000870* *//格值段、对应格值段的起算格值、格值因子*

20   *20.0174*   *1.000764* *//格值段、对应格值段的起算格值、格值因子*

40   *40.0327*   *1.000658*

60	60.0459	1.000552
80	80.0569	1.000446
100	100.0658	1.000340
120	120.0726	1.000234
140	140.0773	1.000127
160	160.0798	1.000021
180	180.0803	0.999915 //格值段、对应格值段的起算格值、格值因子

对没有格值表的重力仪最少需要两行格值表文件。

（3）重力仪格值表校正系数表文件格式。重力仪格值表校正系数表文件也是 ASCII 文本文件，它的文件后缀为"***.gzf**"。文件内容如下：

LCR-G-828#			//仪器型号，必填
4			//仪器格值表校正系数分段数，必填
0	0	1.000636	//格值段、对应格值段的起算格值、格值校正系数
2402.197	2403.725	1.000590	//格值段、对应格值段的起算格值、格值校正系数
…………			
7034.500	7039.400	0.000000	//格值段、对应格值段的起算格值、格值校正系数

操作步骤

（1）选择主菜单中"**数据整理**"→"**测点重力值计算**"，弹出测点重力值计算对话框，如图 4.1.1 所示。

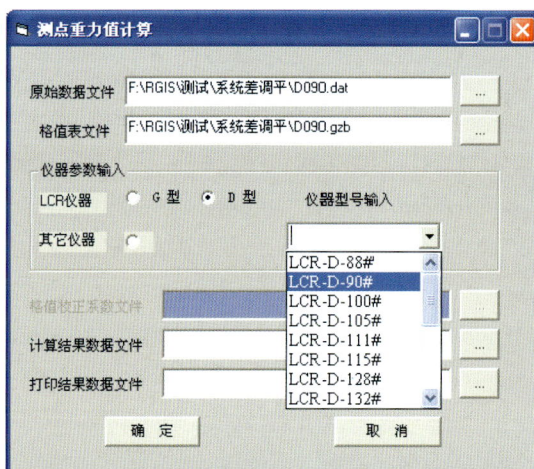

图 4.1.1   测点重力计算对话窗口

（2）依次选取准备好的原始数据文件、格值表数据文件，对于 LCR 的 G 型重力仪，还需要选取格值表校正系数表文件。

（3）参数设置

◇ **仪器类型选择**   有 G 型重力仪、D 型重力仪两种可选项。

◇ **仪器型号输入**   重力仪仪器型号众多，在图 4.1.1 所示的下拉列表框中列出了一些仪器的型号，对于下拉列表框中没有包含的其他仪器的型号，用户可以手动输入。

（4）给定计算后的计算结果数据文件名和用于打印输出的结果数据文件名。

（5）单击"**确定**"，系统进行重力值计算，计算结束给出计算完毕信息。

（6）单击"**退出**"，则退出测点重力值计算模块，返回系统主界面。

4.2　中区地形改正

本系统提供了中区地形改正计算模块，中区地形改正是按照区域重力规范的要求，实现对野外实测重力成果资料进行 50～2000m 的地形改正值计算。用户可以根据实测 5 项数据的地改范围，修改中区地改的起始半径。本系统中区地形改正过程中，改算的内外半径均采用圆域进行计算。

数据准备

✧ **计算数据**　本系统要求的计算数据为以 *.txt 或 *.dat 格式保存的 5 项数据文件，各列之间以空格为间隔，格式如下：

2583250　197345459.7　978829.05　　　0

2575150　1975407060.4 978805.70　　　1.05

……

2567910　197273403.1　978830.02　　　0.04

第一列为测点横坐标，第二列为测点纵坐标，第三列为测点高程，第四列为测点实测重力值，第五列为近区地改值。

✧ **高程数据**　进行中区地形改正，需要准备相应计算区域的 1:5 万高程数据，高程数据的范围需要比计算数据的范围大相应的最大改算半径的范围。

✧ 为了保证中区地形改算计算正确，需要高程数据和计算数据在坐标投影、数据单位和数据格式上保持高度一致。具体格式说明如下：

✧ 国家测绘局提供的 1:5 万高程数据是采用西安 80 坐标系，1985 黄海高程系统，高斯坐标（不带带号），以 m 为单位。在使用前需要将高程数据转换为北京 54 坐标系（可以使用每个图幅的北京 54 坐标系向西安 80 坐标系的转换参数进行转换）。

✧ **结果数据**　经过中区地形改正计算后得到的结果数据在原 5 项数据列之前加上了数据的序号，在 5 项数据列之后加上了中区地形改正值，并为数据列加上了头标识，以便于进行各项改正计算。结果数据格式如下所示：

No., XX, YY, HH, GG, NEAR, MIDDLE

1, 2575150, 754070, 60.4, 978805.7, 1.05, 1.22056169162821

2, 2580830, 737920, 13.8, 978825.88, .02, 0.00151010579273633

3, 2579200, 737250, 12, 978824.66, 0, 3.2379165719135E-03

……

1359, 2581620, 732350, 8.1, 978828.28, 0, 1.91404338819735E-03

操作步骤

（1）选择主菜单中"**数据整理**"→"**中区地形改正**"，弹出中区地形改正对话框（图 4.2.1）：

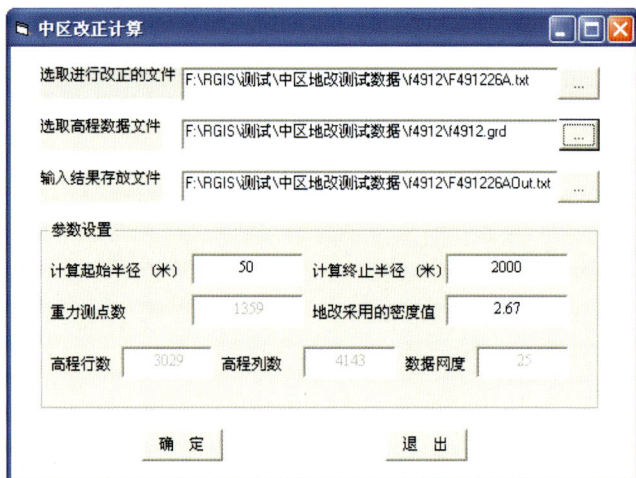

图 4.2.1   中区地形改正对话框

（2）选取进行改正的数据文件。在结果文件存放处，系统在相同目录下自动生成文件名为 **"原文件名 out.txt"** 的数据文件，用户也可以修改为自己想要的文件名或更改文件保存的路径。

（3）参数设置。

◇ **计算起始半径（m）** 系统默认的计算半径为 50m 到 2000m，用户可根据计算数据的近区地改半径来调整参数。

◇ **重力测点** 根据给定的计算数据，系统自动读入计算数据的点数，并显示在对话框中。

◇ **地改采用的密度值** 系统默认的为 2.67 g/cm^3，用户也可以根据研究区的特性，改为其他的密度值。

◇ **高程行数** 用于进行地改计算的 1:5 万网格高程数据的行数。

◇ **高程列数** 用于进行地改计算的 1:5 万网格高程数据的列数。

◇ **数据网度** 用于进行地改计算的 1:5 万网格高程数据的结点距离。

◇ **确定** 系统进行改正处理，处理结束给出改正完毕的信息。

◇ **退出** 退出五统一改算模块，返回系统主界面。

4.3   远区地改及统一改算

远区地改及统一改算是按照区域重力规范的要求，实现对野外实测重力成果资料的重力基准改正、正常场改正、布格改正（中间层、地形）、均衡改正、近中区地改、2～20km（一远区）地形改正和 20～166.7km（二远区）地形改正。

数据准备

进行远区地改和统一改算的数据文件必须是以行列形式存储的 "*.dat" 或 "*.txt" 格式的数据文件，数据的范围要在一个百万图幅内。数据列的内容依次为：纵坐标、横坐标、高程值、观测重力值和 0～2km 地形改正值的 5 列数据文件（如果有 1:5 万地形高程数据，可以使用本系统直接进行中区地形改正，用户只需准备 0～50m 近区地形改正值即可），各列的间隔是"一个空格"或"逗号"。横纵坐标为带代号的高斯坐标系投影数据，单位为 m；高程值单位为 m。数据的组织方式如下：

```
5652980.0   21444887.0   867.20   980679.860   .060
5653342.0   21433793.0   767.20   980346.820   .080
 ......
5654304.0   21431581.0   767.60   980147.770   .270
```

操作步骤

（1）选择主菜单中"**数据整理**"→"**远区地改及统一改算**"，弹出远区地改及统一改算对话框，如图 4.3.1 所示。

图 4.3.1　远区地改及统一改算对话框

（2）选取进行改正的数据文件。在结果存放文件处，系统在相同目录下自动生成文件名为"**原文件名 out.txt**"的数据文件，用户也可以修改为自己想要的文件名或更改文件保存的路径。

（3）参数设置。

◇ **重力测点数**　计算数据包含的记录个数，读入数据文件后，系统会自动读入重力测点数。

◇ **中间层密度**　中间层校正时密度参数取值，系统默认为《全国区域重力规范》要求的 2.67g/cm³。用户也可以采用其他密度值。

◇ **正常场校正公式**　进行正常场校正时选择的校正公式，包括 1901～1909 年赫尔默特公式（简称为 1901 公式）、1930 年卡西尼国际正常重力公式（简称 1930 公式）和1979 年国际地球物理及大地测量联合会推荐的正常重力公式（简称 1980 公式）。《区域重力调查技术规范》推荐使用 1980 公式。

◇ **地壳平均厚度**　数据所在地区地壳的平均厚度，单位为 km。

◇ **百万图幅号**　数据所在的百万图幅代号。

（4）单击"**确定**"，系统进行改正处理，处理结束给出改正完毕信息。

（5）单击"**退出**"，则退出五统一改算模块，返回到系统主界面。

系统为改算后生成的数据文件增加了一个头标识，其含义如表 4.3.1 所示，数据格式如下：

```
No  DD    Gx       Gy        H      Og       2km  20km  166.7km  Bg    Fr     Iso
1 8399 4583302 17399205 1400.3 979124.6  .05  .079  7.417   23.4  32.62  37.65
2 8197 4581890 17397844 1688.9 979356.3  .04  .073  7.325   26.9  38.28  39.77
......
1055 7991 4579557 17391518 1*4.1 9***.9  .02  .075  7.744   29.8  38.31  33.56
```

表 4.3.1   "远区地改及统一改算"生成数据文件头中列标识符含义

标识	含　义	标识	含　义
No	数据点序列号	DD	测点编号
Gx	测点纵坐标（单位：m）	Gy	测点横坐标（单位：m）
H	测点高程值（单位：m）	Og	实测重力值（单位：mGal）
2km	0～2km 近区地改值（单位：mGal）	20km	2～20km 地改值（单位：mGal）
166.7km	20～166.7km 地改值（单位：mGal）	Bg	布格重力异常值（单位：mGal）
Fr	自由空间重力异常值（单位：mGal）	Iso	均衡重力异常值（单位：mGal）

4.4   基点差查询

基点差查询功能主要是用于不同基点网测量的重力数据提供"57 网"和"85 网"在各物探重力 I 级基点网起算点的换算查询。

操作步骤

（1）选择**"数据整理"**→**"基点差查询"**，弹出基点差查询对话框（图 4.4.1）。

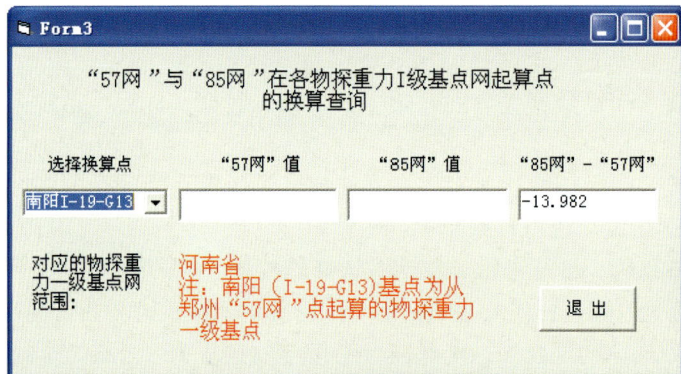

图 4.4.1   基点差查询对话框

（2）参数选择。

从选择换算点的下拉列表中选择不同的网点，在**"57 网"**值和**"85 网"**值以及**"85 网"**—**"57 网"**的对话域中给出网点在**"57 网"**和**"85 网"**的重力起算点。

4.5　固体潮改正

本系统提供了用于重力混合零点改正和固体潮改正的计算。计算结果得到的是测点的固体潮改正值和绝对重力值。

用户需要准备的数据为*.dat 或*.txt 格式的文件。其中包括测点号、测量时间、重力仪读数 3 列信息组成的文件，如下：

0	8.23	104.391
218135	9.09	104.181
218137	9.26	104.475
……		
219132	16.26	105.461
219133	16.36	105.193
0	17.09	104.501

数据文件中第一列记录了测点的编号；第二列记录数据测点的观测时间，以 24 小时制为计时方式；第三列记录重力仪读数值。改正后生成的数据增加两列，分别为绝对重力值和固体潮改正值。

操作步骤

（1）按照格式要求建立输入数据文件，存放在一个文件目录中。

（2）选择"**数据整理>固体潮改正**"菜单，弹出改算界面，如图 4.5.1 所示。

（3）依次输入相关参数：仪器格值、早晚基点绝对重力值（单位：mGal）、测区经纬度、改正日期。

（4）点击"**确定**"，计算完毕后，系统给出提示信息，改算结果文件即按照用户给定的文件名形成，并存放在指定目录；单击"**取消**"，取消会话设置。

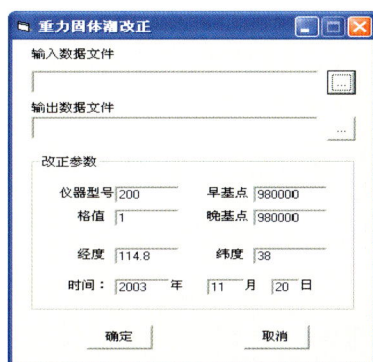

图 4.5.1　固体潮改正对话框

第5章 数据预处理

数据预处理主要包括对观测数据进行坐标转换、网格化、空区处理、数据扩边、剖面提取以及对网格数据进行数值转换等，同时还提供了一些方便用户成图的工具，使得经过预处理的数据满足进一步数据处理的要求。

5.1 坐标转换

坐标转换包括了高斯坐标（6 度带）、地理坐标、等角割圆锥投影坐标、墨卡托投影和 UTM 投影等不同投影坐标之间的相互转换。可以对单点数据或以文件方式存放的多点数据进行转换。对于不同投影坐标之间的相互转换，需要输入的投影参数因投影转换方式的不同而不同，其中：

　　◇ **等角割圆锥投影参数**：用户需要输入**第一标准纬线**、**第二标准纬线**、**中央经线**和**零点纬线**四个参数。

　　◇ **高斯投影**：输入数据可以是带带号的，也可以是不带带号的高斯投影数据。带带号情况，选择"**带号+高斯数据**"；不带带号的，需给定中央经线。
<u>RGIS 系统目前还不提供以任意经线为中央经线的高斯投影的转换。</u>

　　◇ **地理坐标系**：输出和输入均是十进制表示的"**度**"，不需要输入其他参数。

　　◇ **墨卡托投影**：需要输入**中央经线**和**零点纬线**两个参数。

　　◇ **UTM 投影**：用户需要输入中央经线。

进行坐标转换的数据文件可以是任意多列的"*.dat"或"*.txt"数据文件，数据列之间以空格为间隔，数据列需要包含列标识。操作步骤如下。

（1）选择"**数据预处理**"→"**坐标转换**"，弹出坐标转换对话框，如图 5.1.1 所示。

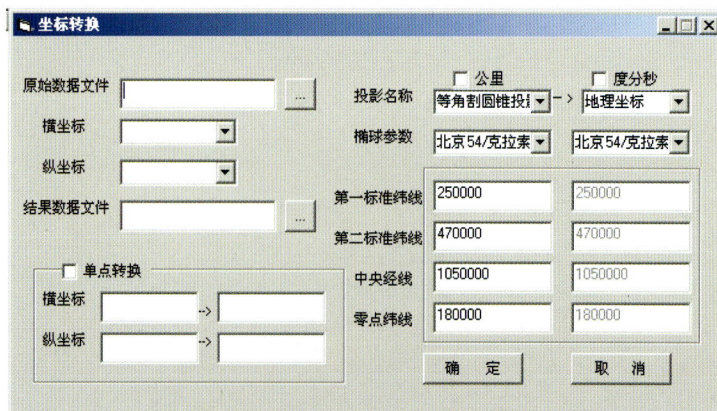

图 5.1.1　坐标转换对话框

（2）读入原始数据文件和文件中坐标所在列的标识符。这里**横坐标**对应的是沿经线方向变化的坐标值，**纵坐标**对应于沿纬线方向变化的坐标值。

（3）确定投影转换方式，对于每种投影转换，用户需要确定数据的单位，对于非经纬度投影变换的数据，系统默认的单位是"m"。

（4）设置坐标转换后的结果数据文件保存的目录和文件名。

（5）单击**"确定"**，系统开始进行坐标转换处理，结束后给出坐标转换完成信息。

（6）单击**"取消"**则结束坐标转换处理过程，返回到系统界面视图方式。

坐标转换生成的数据文件保留原文件的所有内容，仅把转换生成的两个坐标列添加在原数据列的最后。其格式和读入数据的格式一样。

对单点坐标进行转换，用户需单击对话框左下角的单点转换复选框，选择投影转换方式，填写横、纵坐标值，单击**"确定"**，即生成转换后的坐标值。

5.2　数据列操作

数据列操作是对数据表中某一列数据进行加、减、乘、除、数据前加一个数、去掉前 n 位数据等运算。运算数据要求是以行列方式存储的带有头信息的**"*.dat"**或**"*.txt"**格式的数据文件，数据的行列数为任意值，操作时只对其中一列数据进行运算。如下所示：

x	y	z
450000.	3520000.	4711.
450000.	3522000.	4658.
……		
1060000.	3910000.	4682.

操作步骤

（1）选择**"数据整理"**→**"数据列操作"**，打开数据列操作对话框，如图 5.2.1 所示。

（2）读入需要进行运算的数据文件。

（3）参数设置。

◇ **选择需要修改的列**　从数据中选择需要进行运算的列标识符，如"X"列。

◇ **修改方式**　设置数据列修改方式，包括加、减、乘、除、在数据列前加一个数、去掉前 n 位数据等运算。

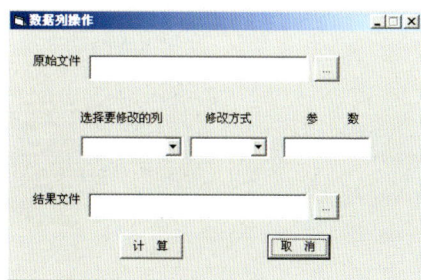

图 5.2.1　数据列操作对话框

◇ **参数**　设置进行运算的参数值。当修改方式选择"在数据列前加一个数"时，参数文本框输入要加的数；选择"去掉前 n 位数据"时，输入要去掉的位数，如"2"，则去掉该列数据的前 2 位。

（4）**结果文件**　设置运算后文件保存的路径和文件名。系统可自动给出或自定义。

（5）**计算**　给出执行操作命令。

（6）**取消**　取消会话设置，关闭窗口，返回系统主界面。

5.3　网格数据光滑

网格数据光滑采用样条光滑方法对数据进行平滑处理，可以使绘制出的曲线更加圆滑，实现步骤为：

（1）选择**"数据预处理"**→**"样条光滑"**，弹出选择文件对话框，读入要进行光滑处理的数据文件。这里要求数据文件明码格式**"*.grd"**文件。

（2）单击**"打开"**，进入样条光滑对话框，如图 5.3.1 所示。

系统提供了两种样条光滑处理方法，一种是对数据文件插值，另一种方法是重新网格化数据文件。通过设置该对话框各项参数来实现样条光滑过程。其中：

◇　**输入网格化文件**　读入网格化文件。单击其后的信息按钮（ⅰ）可查看数据文件的信息，包括数据的行列数，各行列的最大值和最小值。

◇　**样条光滑方法**

➢　**插入节点**　插入节点个数框激活，填入在两行和两列之间插入节点的个数。

➢　**重新网格化**　使用样条插值方法重新网格化数据文件，如选择重新网格化方法，则最终网格文件框激活，确定后，生成数据文件的行数和列数。

◇　**输出文件**　设置样条光滑处理后数据文件保存的路径和文件名

（3）参数设置完毕，单击**"确定"**，系统对所选文件进行光滑处理，并保存文件。

（4）单击**"取消"**则取消对数据文件的光滑处理，并返回到系统主界面。

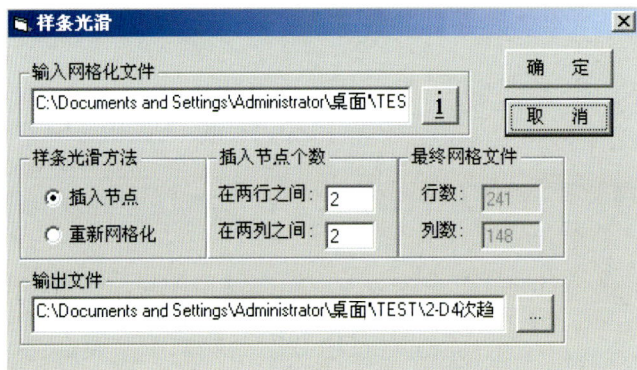

图 5.3.1　样条光滑对话框

5.4　网格算术计算

网格算术计算主要用于对以网格格式存储的数据进行算术运算，用来研究两个网格数据的数学偏差、和积变化等，操作方法如下。

选择**"数据预处理"**→**"网格算术计算"**，打开网格算术计算窗口，如图 5.4.1 所示。

该对话框主要用于设置以下几项参数：

◇　**输入网格文件 A**　读入用于进行数学运算的第一个网格文件，单击其后的信息按钮，可以打开数据文件的信息窗，查看网格文件的行列信息。

◇ **输入网格文件 B**　输入文件 B，其范围大小和网格距须与网格数据 A 完全相同。

◇ **输入网格文件 C**　给定文件 A 和文件 B 运算后生成的文件名和保存路径。

◇ **输入网格运算函数**　确定网格文件 A 和 B 的运算关系，可以是"+、−、*、/"四种
方式的运算。

点击"info"按钮，可以查看网格数据的相关信息。

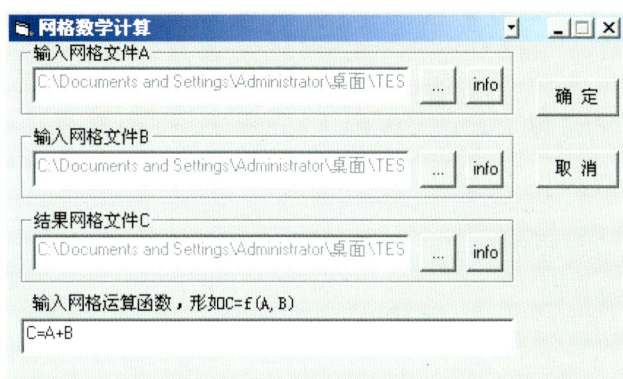

图 5.4.1　网格算术计算对话框

5.5　提取剖面

采用网格数据截取剖面功能，可以在异常等值线图上，任意截取一条剖面进行精细研究，
本功能操作方法简单适用，具体操作如下：

（1）选择**"数据预处理"→"提取剖面"**，打开创建剖面对话框，操作打开文件按钮，
打开欲从中提取剖面的网格数据（横、纵网格距可以不相同），如图 5.5.1 所示。

（2）**确定剖面位置**　网格数据剖面截取提供了两种方式确定剖面的起点和终点，一是通
过鼠标在网格数据直接截取（图 5.5.2），二是通过键盘输入方式确定剖面的起始点位置。

➤ **鼠标选择模式**　选择**"剖面数据提取"→"鼠标选择"**，按住鼠标左键沿预定剖面线
在网格数据上拉一条直线，弹出剖面提取对话框，如图 5.5.3 和图 5.5.4 所示：系统
自动读入网格数据信息和剖面数据的起点、终点坐标。

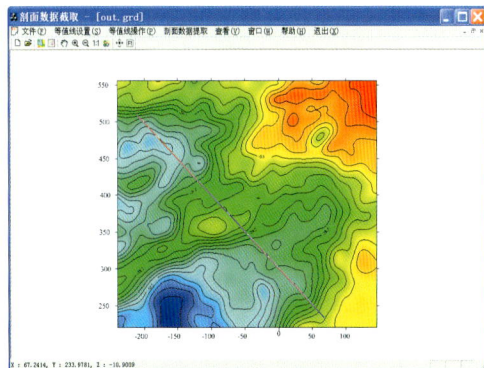

图 5.5.1　网格数据截取剖面示意图

图 5.5.2　截取剖面结果示例

> **键盘输入模式** 选择 **"剖面数据提取"** → **"键盘输入"** 直接打开剖面提取对话框，如图 5.5.4 所示，在剖面位置信息中输入剖面起始点坐标。

（3）**选择高程数据文件** 如果有相应地区的高程数据，则选择高程数据复选框，读入相应的高程数据。如果没有相应地区的高程数据，输出文件中高程列数值为 0，参见图 5.5.3。

高程数据必须是和异常网格数据相同范围、相同网格距的网格数据。建议用户实际输入的剖面点距最好不小于系统提供的剖面点距。

（4）**保存文件** 单击 **"确定"** 完成剖面提取。

剖面数据格式：提取的剖面数据保存成三列，如图 5.5.2 所示：其中第一列数据为剖面的测线距离，第二列数据为对应的高程数据，第三列是相应点的异常值。如果没有选择高程数据文件，第二列数据所有值为零。

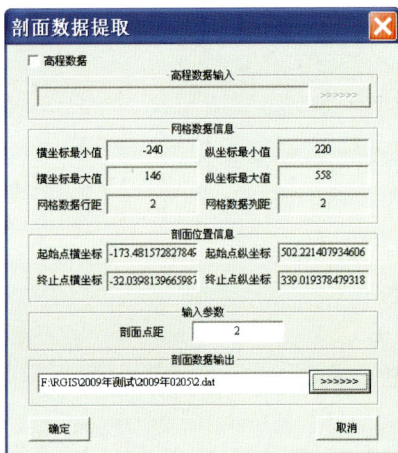

图 5.5.3　鼠标剖面截取参数设置对话框　　　图 5.5.4　键盘剖面截取参数设置对话框

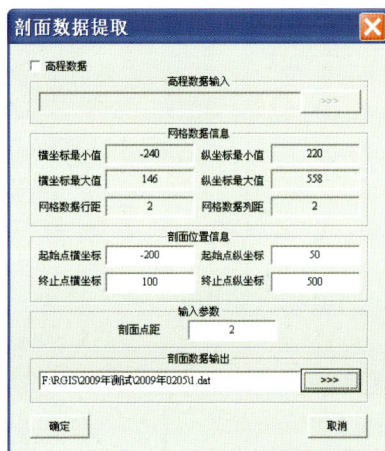

5.6　数据扩边

无论在空间域还是在频率域，位场数据扩边都是提高位场在测区边缘区域转换处理可靠性和精度的有效措施。系统提供的位场数据扩边模块是基于差分方法进行的。

（1）选择 **"数据预处理"** → **"数据扩边"**，进入位场数据扩边计算的界面。位场数据扩边计算对话框如图 5.6.1 所示。

（2）选择需要做位场数据扩边计算的数据文件（这里读入的数据文件中不能有空值，否则需要先进行空白区填补），并给定数据扩边处理结果数据文件名。

（3）输入网格数据左边扩充、右边扩充、下边扩充和上边扩充数和边部扩边数据初始值。一般建议四个方向的扩边数最好相等，初始值给平均值、最小值或最大值。

（4）单击 **"确定"**，系统进行数据扩边计算，计算结束

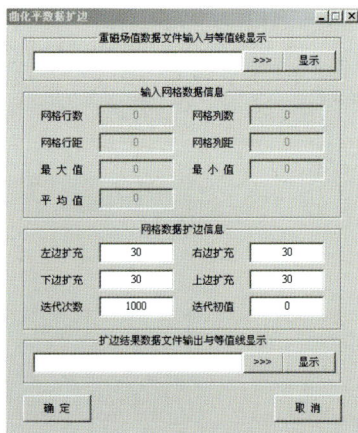

图 5.6.1　位场数据扩边处理对话框

时给出计算完毕信息。

（5）单击 **"退出"**，则退出位场数据扩边模块，返回到系统主界面。

5.7　空白区填补

该功能主要时对测区内存在空白区域进行数据补充。目的是将空白区通过插值填补上数据，一是满足某些数据处理方法的要求，二是在减少空白区对处理结果的影响。

选择 **"数据预处理"** → **"空白区填补"**，打开对话框，如图 5.7.1 所示。系统判断读入数据的行列数和空区中的数据点数，采用差分迭代进行插值填补。迭代次数可由用户确定，默认为 100 次。

可以通过点击 **"等值线显示"** 查看异常形态和空白区情况。

5.8　空白区还原

存在空白区的数据经过插值后的结果，在进行各种处理后所生成的成果数据的异常在形态上比较连续，但在空白区内的异常往往并不与实际相符，不能用以解释推断。因此，还需要将空白区内的数据删除。系统提供了空白区还原功能，用于解决这一问题。

选择 **"数据预处理"** → **"空白区还原"**，打开对话框，如图 5.8.1 所示。

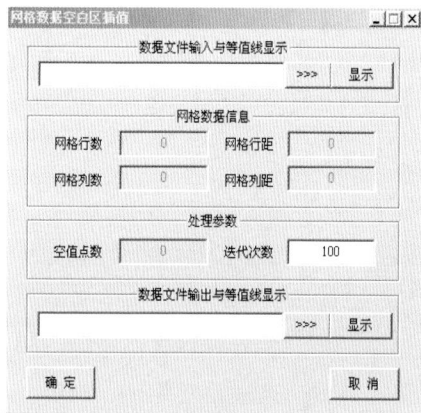

图 5.7.1　网格数据空白填补对话框　　　　图 5.8.1　网格数据空白区还原对话框

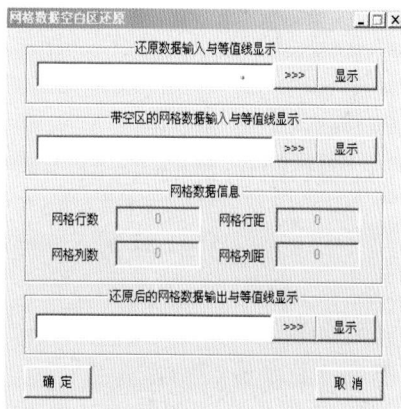

用户需要给定两个数据文件，需要还原处理的网格数据文件，和包含空区的原始网格数据文件（两个网格数据的范围要一致），系统通过读取包含空区的网格文件来删除需要还原的网格文件中实际的空白区。给定文件后，点击 **"确定"**，得到存在空白区的网格数据文件。

5.9　剖面等点距插值

RGIS 的空间域及频率域剖面数据处理是对等点距剖面数据进行的，因此，需要对不等间距剖面观测数据进行插值，形成等点距的剖面数据文件。插值的计算方法是线性内插。步骤如下：

（1）选择**"数据预处理"** → **"剖面等点距插值"**，进入剖面的等点距插值计算的界面。剖面等点距插值计算对话框如图 5.9.1 所示。

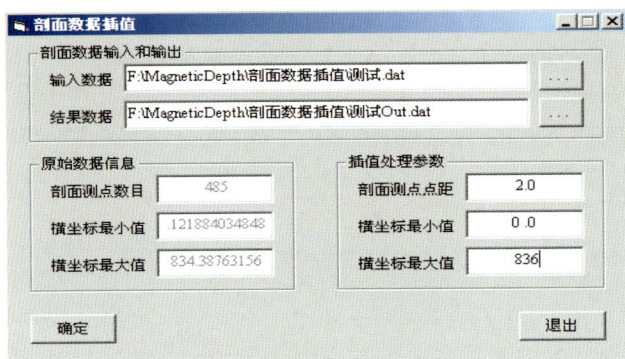

图 5.9.1　剖面等点距插值对话框

（2）选择需要做剖面等点距插值的数据文件，这里读入的数据文件格式见附录 I.7。给定剖面等点距插值结果数据文件名（也可使用读入数据文件后系统自动给出的默认名称，即原文件名后附加 out.dat）。

（3）输入插值处理参数，可根据原始数据信息显示的内容及剖面实际测量点点距确定插值点距、坐标最小值、坐标最大值的输入值，但应保证以此计算的测点总数目为整数。

（4）单击**"确定"**，系统进行剖面等点距插值计算，计算结束时给出计算完毕信息。

（5）单击**"退出"**，则退出剖面等点距插值模块，返回到系统主界面。

5.10　网格化图选数据

通常直接对 MapGIS 点数据文件进行网格化处理。这里所说的"网格化图选数据"功能是对屏幕上显示的一批点的数据（以文件形式存储），直接进行网格化。要求点数据文件必须具有数值类型的"场值"属性列，可以是从数据库中检索的数据，也可以是用户自行生成的带"场值"属性的点数据。

操作：将要进行网格化的点文件加载到当前工程中，并设置成可以编辑的状态，然后选择菜单**"数据预处理>网格化图选数据"**，根据屏幕弹出窗体的提示，选择场值列，然后点击**"确定"**按钮，会弹出网格化参数输入窗体，根据需要输入对应的参数和结果存放文件名及地址，点击**"确定"**可以完成数据的网格化。下面用一个实例说明其具体操作步骤。

（1）加载点数据文件到当前工程，并设置成可以编辑状态，如图 5.10.1 中的**"结果数据.wt"**。打开菜单**"数据预处理>网格化图选数据"**，弹出**"选择场值列"**对话框，确定网格化操作中的场值列，然后点击**"确定"**。

系统要求的点数据具有**"场值"**列，并不一定要求属性列名是**"场值"**二字，而是要求场值列为数值类型，如果找不到具有数值类型的属性，系统会提示错误。

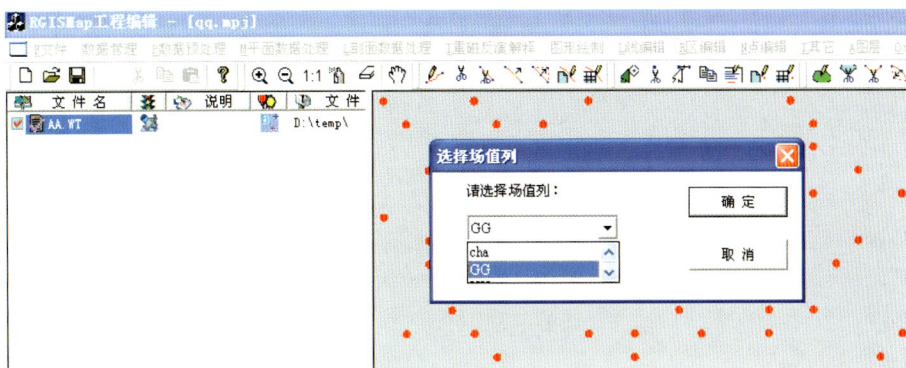

图 5.10.1　网格化图选数据

（2）点击"**确定**"后，弹出"**数据网格化参数设置**"界面，用户在该界面中输入网格化参数和结果数据存放文件名及存放路径。在网格化数据文件过程中需要设置下面几项内容：

◇ **选择数据列**

➤ **X**　选择数据列中用于网格化的横坐标列。

➤ **Y**　选择数据列中用于网格化的纵坐标列。

➤ **Z**　选择数据列中要进行网格化的数据列。

三列数据在系统提取数据时自动形成，不需要进行调整，X，Y 列是取自点数据的纵横坐标，其坐标系统和单位与点文件一致，Z 列是取自场值列，与在第一步中选择的"场值"列数据及数据单位一致。

◇ **网格化方法**　从下拉列表中选择网格化方法。

➤ **选择选项**　单击"**选择**"按钮打开网格化方法的"**高级选项**"设置对话框，如图 5.10.2 所示，这里用于设置相应网格化方法的搜索半径，其单位为数据的坐标单位。

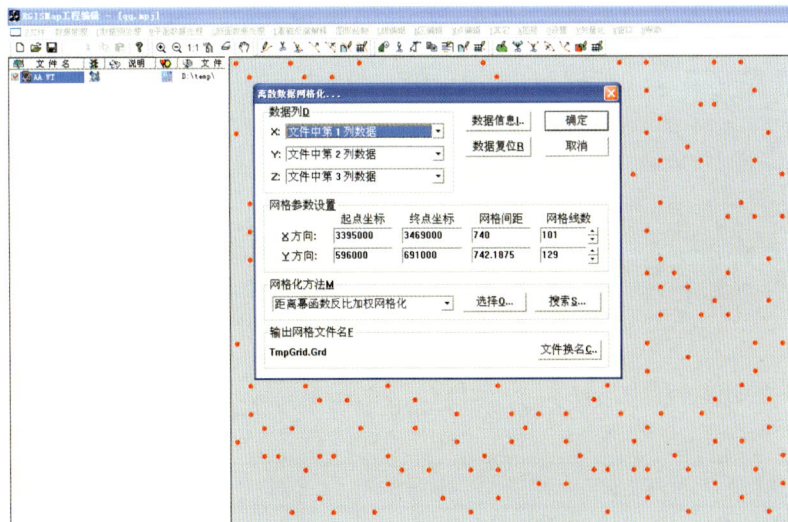

图 5.10.2　数据网格化参数设置

◇ **输出网格文件名**　设置网格化处理后结果数据保存的路径和文件名。

◇ **网格参数设置**　主要用于设置生成数据的行列数，即网格化处理后数据的行数、列数和间距，其中间距和行列数是相互制约的。

> **起点坐标** 所要生成网格化数据的 X 方向和 Y 方向坐标最小值。
> **终点坐标** 所要生成网格化数据的 X 方向和 Y 方向坐标最大值。
> **网格间距** 网格化数据的 X 方向和 Y 方向坐标的点间距，即网格间距。
> **网格线数** 网格化后生成数据的横、纵坐标行、列数。

（3）参数设置完毕，单击"确定"，图选数据网格化开始。系统处理结束后，会给出数据网格化完成信息。网格化数据文件格式与 Surfer 软件"*.grd"格式相同。网格化之后可以使用图形绘制菜单下的绘制等值线功能，绘制该网格数据的等值线图。

5.11 网格化文件数据

网格化文件数据命令主要是针对以文件格式存放的数据，而不是存放在数据库的数据进行网格化处理，要求被网格化的数据文件是 ASCII 明码格式的***.txt 或*.dat** 文件，至少包含坐标和场值三列数据。网格化文件数据的操作步骤为：

（1）选择主菜单中**"数据预处理"** → **"网格化文件数据"**，弹出打开数据文件对话框，与图 5.10.1 一样。

（2）选择需要进行网格化的数据文条件，单击打开，弹出网格化数据文件对话框。

（3）该对话框所有各项设置方法和前面一样，不再详述。

（4）参数设置完毕，单击**"确定"**，系统进行计算，生成并保存网格化文件。

5.12 地磁要素计算

地磁要素是用来表示地球上某点地磁场的大小和方向特征的物理量。地面上任一点的地磁场总强度 T 通常可用直角坐标系来描述，在直角坐标系下，地磁要素有七个，它们分别是：磁偏角 D、磁倾角 I、总磁场强度 T、垂直磁场强度 Z、水平磁场强度 $H[H$ 的水平 X 分量 H_{ax}（北向）、H 的水平 Y 分量 H_{ay}（东向）]。地磁要素的空间关系如图 5.12.1 所示。

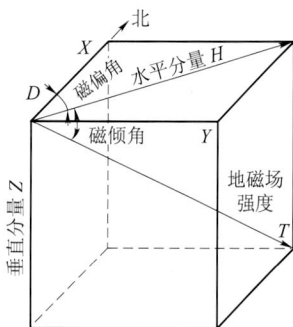

图 5.12.1 地磁要素示意图

本程序利用了最新的国际地磁参考场模式 IGRF11 模型，计算地球上任意一点的地磁要素值，时间跨度为 1900 年到 2015 年。时间在 1945 年到 2005 年范围的计算结果是确定性的，在这个时间范围之外其他时间的计算结果精度有所降低，可供参考之用。地磁要素计算各物理量定义如下表所示。

参数页	参数项	说　明	备　注
输入参数	计算时间	数据测量时间，以年为单位，可以取小数	取值范围为 1900.0～2015.0
	地形高程	计算点的地形高程，以 m 为单位	
	测区经度	计算点的地理经度坐标	取值范围为 −180°～180°
	测区纬度	计算点的地理纬度坐标	取值范围为 −90°～90°

续表

参数页	参数项	说　明	备　注
输出参数	磁化偏角 D	计算点的地磁场的磁化偏角	磁北自地理北东偏，D 为正，磁北自地理北西偏，D 为负。
	磁化倾角 I	计算点的地磁场的磁化倾角	T 下倾，I 为正，T 上倾，I 为负
	地磁总场 T	计算点的地磁场总强度	单位为 nT
	水平分量 H	计算点的水平磁场强度	单位为 nT
	北向分量 X	计算点的水平磁场强度的 X 分量	单位为 nT
	东向分量 Y	计算点的水平磁场强度的 Y 分量	单位为 nT
	垂直分量 Z	计算点的垂直磁场强度	单位为 nT

　　系统的"**地磁要素计算**"模块提供了"**单点计算**"和"**多点计算**"功能。用户可以根据自己的需要选用。

1. 单点计算

操作步骤如下：

（1）操作"**数据预处理**"→"**单点地磁要素计算**"，进入"**地磁要素计算**"子窗口，如图 5.12.2 所示。用户在窗口左侧"**参数输入**"部分输入相应的"**计算时间**"、"**地形高程**"、"**测区经度**"和"**测区纬度**"等数据。

（2）确认以上数据输入无误后，点击"**确定**"按钮，计算结果显示在右侧窗口。

（3）如果还想计算其他点的地磁要素值，点击"**刷新**"按钮，重新输入相应的"**计算时间**"、"**地形高程**"、"**测区经度**"和"**测区纬度**"等数据并进行计算。

（4）点击"**退出**"按钮，可以退出地磁要素值程序。

2. 多点计算

"**多点计算**"适用于批量处理多个计算点的地磁要素，它的操作步骤如下：

（1）操作"**数据预处理**"→"**多点地磁要素计算**"，进入"**多点地磁要素计算**"子窗口，如图 5.12.3 所示。

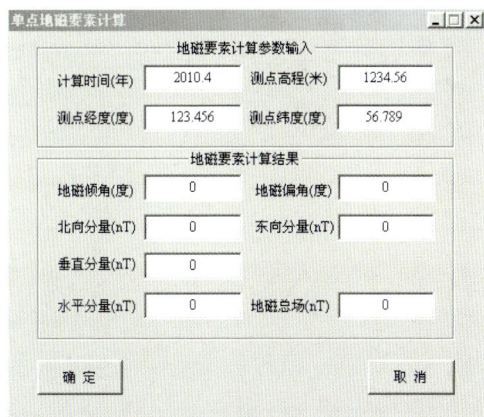

图 5.12.2　单点地磁要素计算窗口　　　　图 5.12.3　多点地磁要素计算窗口

（2）在**文件选择**对话框里，选择**地磁要素计算文件**。

（3）选择**保存地磁要素计算结果文件**，确认数据文件输入无误后点击"**确定**"按钮，计算结束是会有提示。

（4）点击"**取消**"按钮，可以退出地磁要素计算程序。

地磁要素计算的输入文件为 ASCII 文本文件，共有 4 列，存储内容分别为：**测区经度（十进制度）、测区纬度（十进制度）、地形高程（m）和计算时间（年）**。每列数据之间用空格分开。以下为多点**地磁要素计算**文件的存储内容。

88.18291 43.31956 5251.55 1987.1

88.18446 33.32413 5233.88 1987.2

88.19112 33.33771 5202.44 1987.5

……

88.20004 33.35550 5173.38 1989.6

5.13　航磁数据格式转换

该程序用来转换航磁数据格式。将 Geosoft 格式离散数据转换成包含点、线号的点位数据。

选择"**数据预处理**"→"**航磁数据格式转换**"，显示如图 5.13.1 所示的对话框，输入原始数据文件和结果数据文件，点击"确定"，可得结果。转换实例如图 5.13.2 所示。

图 5.13.1　航磁数据格式转换对话框

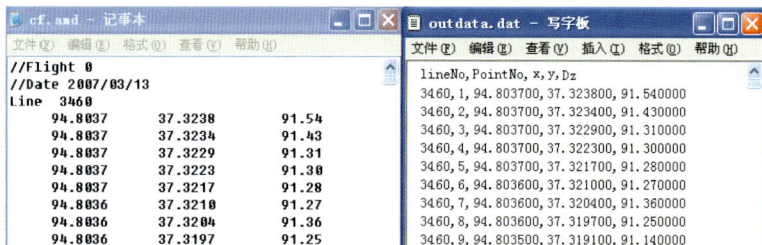

图 5.13.2　航磁数据格式转换示例（左为 Geosoft 格式，右为转换结果）

第6章 重磁数据处理与反演

布格重力异常是地壳内部密度不均匀的综合反映,磁异常是地下居里深度以上磁性不均匀的综合反映。二者都包含着地下目标体和非目标体的综合信息。为了获得所探测目标地质体（也称异常体或场源）的信息,得出可靠的认识与解释成果,有时需要进行相关的数据处理和反演计算,以突出目标体的异常特征和推断其物性和几何参数。本系统为重磁异常数据提供了空间域和频率域若干常用的数据处理方法,包括各类位场转换处理和二度半体(简称2.5D)的可视化重磁剖面联合反演,基本可以满足重磁资料处理和解释的需要。本章叙述面积性重磁数据处理（频率域和空间域重磁异常转换、重磁场分离与相关分析等处理）、剖面重磁数据处理（频率域和空间域重磁异常转换和处理）、剖面及平面重磁异常的反演解释。所叙述数据转换、处理及反演的方法原理请参考附录 II 和附录 III。所涉及的数据格式,平面数据与 Surfer 的 "*.grd" 一致,剖面数据为 ASCII 码文本文件,具体见附录 I。RGIS 除了提供常用的重磁位场数据转换、处理与联合反演方法模块以外,还增加了多个专用于磁异常解释的功能模块,如化磁极和磁源深度计算。

【注意】位场转换处理方法不仅适用于重力异常,也适用于磁异常。实际工作中往往要进行重、磁异常综合解释。

6.1 面积性重磁数据处理

6.1.1 频率域位场转换

向上延拓

将观测面上的实测重磁异常值换算到观测面以上的某一高度上的异常值的计算,叫做向上延拓。重磁异常的向上延拓作用主要是突出规模较大的（如区域性的或深部较大规模的）异常体的异常特征,而压制规模较小的（如局部的、浅而小的）异常体的异常特征。有时可以用几个不同高度上的异常联合分析,以此扩大解反问题的能力。

实现向上延拓的步骤如下:

（1）选择"平面数据处理"→"频率域"→"向上延拓"→"请选择处理数据文件",读入数据文件,进入向上延拓处理界面,弹出向上延拓参数设置对话框,如图 6.1.1 所示。参数设置完毕,点击"确定",在新窗口中显示延拓处理后的异常等值线图,如图 6.1.2 所示。原有界面显示读入数据文件的等值线。也可以在向上延拓参数设置对话框中点击"取消",进行下面的操作。

（2）选择"文件"→"打开文件",读入数据文件,界面显示读入数据文件的等值线。

（3）选择"数据"→"数据处理",弹出向上延拓参数设置对话框,如图 6.1.1 所示。参数设置对话框中包括数据扩边的设置（以下称"扩展参数"或"扩边参数"）和延拓参数设置，数据扩边是对行和列在延拓前进行扩边处理，以消除边界效应。这里要求行列按照 2 的整数幂进行扩边。例如数据文件的行和列分别为 58 和 136，这两个数分别介于 $2^6 \sim 2^7$ 和 $2^7 \sim 2^8$，则可置行扩展参数为 128，列扩展参数为 256。

RGIS 系统根据读入网格数据，自动给出扩边行、列数供参考，通常已满足扩边要求。但有时，这一扩边不能满足实际要求，用户可以根据需要加大扩边的行、列数。

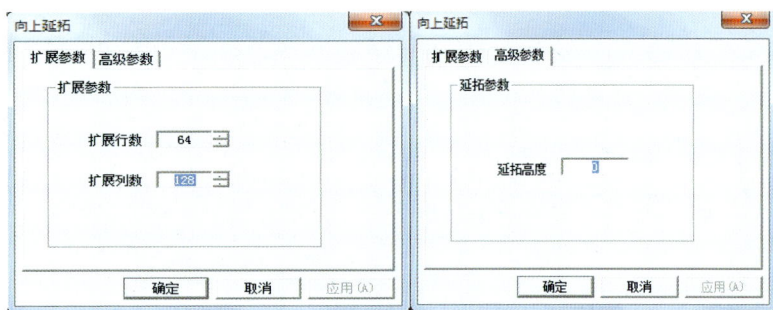

图 6.1.1　向上延拓参数设置

延拓参数即延拓高度。

RGIS 系统频率域延拓高度的单位和数据点距单位相同，如点距是以 m 为单位的，则延拓高度以 m 为单位，如点距是以 km 为单位，则延拓高度以 km 为单位。

（4）参数设置完毕，点击"**确定**"，界面即显示延拓处理后的异常等值线图，如图 6.1.2 所示。

（5）选择"**文件**"→"**保存文件**"，输入所要保存的文件名和文件夹，点击"**确定**"，则保存延拓处理后的结果。此时，系统自动弹出新窗口显示所保存的处理结果的等值线图，如图 6.1.3 所示。

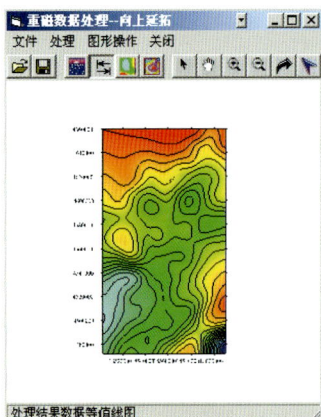

图 6.1.2　向上延拓图形窗口

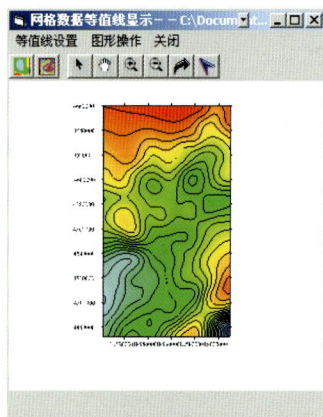

图 6.1.3　保存向上延拓结果后弹出的窗口

为了方便使用，在数据处理的界面上，系统增加了简单图形操作功能。用户在数据处理计算过程中，可以直接查看和切换浏览数据处理前后的结果。该功能显示在子窗口界面中。功能菜单包含：

➢ **数据**　包含数据处理、等值线属性和等值线切换功能。

> **数据处理**　数据处理窗口还可以通过单击工具栏中数据处理按钮打开数据处理对话框。其具体内容见各处理方法中的详细介绍。

> **参数设置**　等值线参数设置对话框，如图 6.1.4 所示，也可以通过单击工具栏上的等值线参数设置按钮打开等值线参数设置对话框。

> **等值线切换**　实现等值线处理前视图和处理后视图之间的相互转换；也可以使用工具栏中的等值线切换按钮实现该功能。

> **显示设置**　等值线显示设置控制色标、影像图、标注、图框和等值线是否显示，对话框如图 6.1.5 所示。

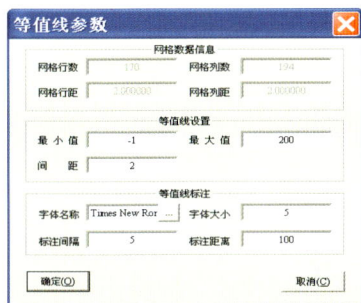

图 6.1.4　等值线参数设置对话框

图 6.1.5　等值线颜色设置

> **等值线操作**　图形操作功能提供了改变视图方式的方法，主要包括移动、放大、缩小、还原和取消的功能，各功能分别对应于工具栏中的以下几项内容：

　　移动工具　通过漫游工具，可以任意地布局等值线图的显示位置。

　　放大工具　放大显示等值线图。

　　缩小工具　缩小显示等值线图。

　　还原工具　恢复等值线图的全窗口显示。

　　取消工具　取消鼠标的图形操作状态。

在后面介绍的各种处理方法中都包含有上面所述的各项功能，其作用是相同的，不再详细介绍。

【注意】向上延拓的高度与所反映异常体的深度没有直接的关系！

向下延拓

与向上延拓相反，向下延拓的作用是突出局部和浅部的异常特征，以及分解在水平方向叠加的异常，大致了解场源体位置和深度。由于下延使得延拓面更接近场源，异常等值线圈闭的形状与场源体顶面形状更为接近，因而可用来了解异常源的平面投影轮廓。频率域向下延拓属于积分不适定问题，所以用户在使用该方法时要慎重选择下延高度，并注意对结果进行必要的滤波处理。实现向下延拓的步骤和前面的方法类同。其参数设置同向上延拓，不再详述。

【注意】向下延拓的数学计算上是不适定的，不可延拓到场源内部！

另外需要注意的是，根据向下延拓的数学问题性质，不能根据向下延拓计算的结果，来确定隐伏场源的深度、位置和形态，并进而布置工程验证，而应进一步进行定量反演解释。

一阶导数

在重磁异常处理解释中，人们可采用一阶水平导数的极大值位置，粗略判断隐伏断裂带的位置和隐伏异常体的边界位置。不同方向的导数，还可以突出垂直方向的断裂构造分布情况。

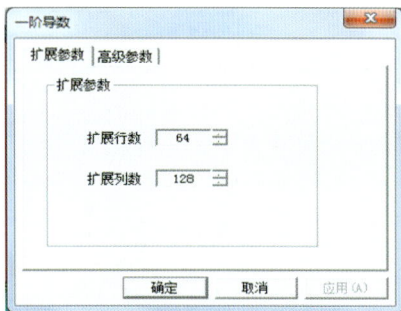

图 6.1.6　一阶导数参数设置

求取重磁异常的一阶方向导数的过程如下：

（1）选择**"平面数据处理"** → **"一阶导数"** → **"请选择处理数据文件"**，读入数据文件，进入一阶导数处理界面，弹出一阶导数参数设置对话框，如图 6.1.6 所示。参数设置完毕，点击**"确定"**，在新窗口中显示异常求导后的等值线图，参见图 6.1.7。原有界面显示读入数据文件的等值线图。也可以在一阶导数参数设置对话框中点击**"取消"**，进行下面的操作。

（2）选择**"文件"** → **"打开文件"**，读入数据文件，界面显示读入数据的等值线图。

（3）选择**"数据"** → **"数据处理"**，弹出一阶导数方法处理对话框，如图 6.1.6 所示。

（4）**参数设置**　在一阶导数处理方法中，需要设置基本参数、扩展参数和处理参数。其中扩展参数同前所述。处理参数，即求导参数，包含求导方向偏角参数和求导方向倾角参数。求导方向参数用于求取不同空间方向上的导数。

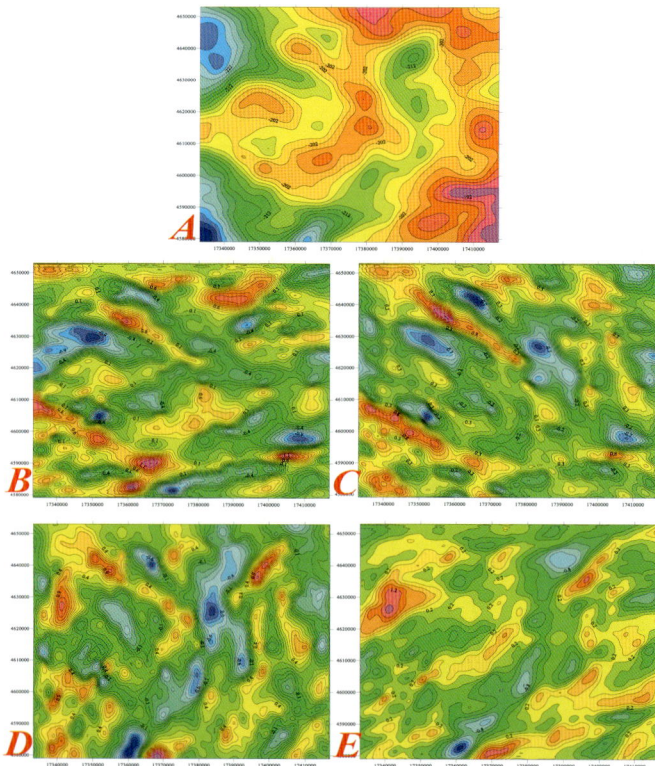

图 6.1.7　一阶导数处理结果示例图

（A、B、C、D、E 按顺序为原始异常、0°、45°、90°和 135°方向的导数）

【注意】通常所说的水平方向上的导数，可设置偏角为 0～180°之间的任意值。此时，将倾角设为默认值 0。如果只求垂向导数，则要置方向倾角为 90°，而将偏角设为默认值 0。需要注意的是，在当前版本的 RGIS 软件中求取垂向导数时，偏角置为 0，不表示同时求取了水平方向为 0°的一阶导数。

（5）参数设置完毕，单击**"确定"**，界面显示异常求导后的等值线图。

（6）选择**"文件"** → **"保存文件"**，可保存处理后的数据文件。

图 6.1.7 为不同方向一阶导数计算结果示例图。

二阶导数

对重磁异常求一阶导数，可以用来粗略确定地下构造的边界和断裂带的位置。通过求取异常的二阶导数，可以突出浅而小的地质体或断裂构造带的异常特征而压制区域性或深部地质因素的影响。

二阶导数的计算过程和一阶导数完全相同，可以参阅一阶导数的步骤实现二阶导数的求取。

水平总梯度模

重力、磁力异常的水平总梯度模也称为水平方向导数模，可用来辅助确定线性构造如断裂或岩性接触面的位置。操作步骤如下。

（1）选择**"平面数据处理"** → **"水平方向导数模"** → **"请选择处理数据文件"**，读入数据文件，进入水平方向导数模界面，弹出水平方向导数模参数设置对话框。参数设置完毕，点击**"确定"**，在新窗口中给出进行处理后的等值线图。原有界面显示读入数据文件的等值线图。也可以在水平方向导数模参数设置对话框中点击**"取消"**，进行下面的操作。

（2）读入网格数据文件，系统绘出等值线图。

（3）选择**"数据"** → **"数据处理"**，打开了参数设置对话框，这里只需要设置数据的扩边行列数，其设置方式同上所述。

（4）单击**"确定"**，系统进行运算，运算完毕给出进行处理后的等值线图。

（5）选择**"文件"** → **"保存文件"**，可以保存处理后的文件。

解析信号

重磁异常的解析信号（也称总梯度模）可以用来辅助确定线性构造，如断裂或岩性接触面的位置。操作步骤如下。

（1）选择**"平面数据处理"** → **"解析信号"** → **"请选择处理数据文件"**，读入数据文件，进入解析信号界面，弹出解析信号参数设置对话框。参数设置完毕，点击**"确定"**，在新窗口中给出进行处理后的等值线图。原有界面显示读入数据文件的等值线图。也可以在解析信号参数设置对话框中点击**"取消"**，进行下面的操作。

（2）读入网格数据文件，窗口打开数据文件的等值线图。

（3）选择**"数据"** → **"数据处理"**，打开参数设置对话框，这里只需要设置数据的扩边行列数，其设置方式同上所述。

（4）单击**"确定"**，系统进行运算，运算完毕给出进行处理后的等值线图。

（5）选择**"文件"** → **"保存文件"**，可以保存处理后的文件。

6.1.2 空间域位场转换

本系统中的空间域数据处理方法包含有滤波处理、导数换算、向上和向下延拓等。在各方法模块中，提供了数据信息文件查看和数据等值线显示的功能，可以方便用户根据计算结果及时地修改计算参数，并获得满意的计算结果。

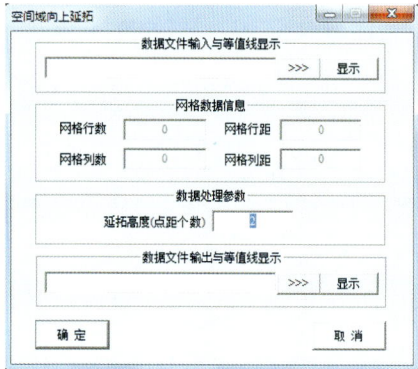

图 6.1.8　空间域向上延拓

本系统提供的空间域方法在计算时要求用户输入的网格数据的行距和列距必须是相等的，且数据中不能有空区。

向上延拓

与频率域一样，向上延拓可以抑制浅表干扰异常或范围较小的局部异常，突出埋藏深度较大或规模较大的地质体异常。

（1）选择"平面数据处理"→"空间域"→"向上延拓"，进入向上延拓计算的界面。空间域向上延拓对话框，如图 6.1.8 所示。

（2）选择需要做延拓处理的数据文件。单击对话框后的"等值线显示"按钮，可以显示读入数据的等值线图。

（3）给定上延处理结果数据文件名。在处理完成后，单击对话框后的等值线显示按钮，可以显示处理后的数据等值线图，用于查看延拓后的结果和效果。如不满意，可以改变延拓高度参数，再处理，直到得出合适的延拓结果。

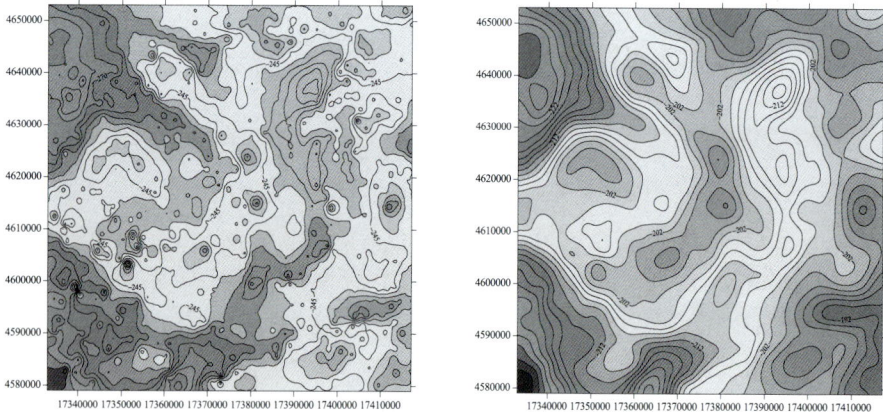

图 6.1.9　空间域向上延拓处理结果实例

（4）向上延拓处理参数输入只有延拓高度一项，它是以网格数据的网格距为单位的。如网格距为 500m 时，延拓高度输入 2 时，表示向上延拓 1000m，如果网格距为 2km 时，延拓高度输入 2 时，表示向上延拓 4km。

（5）单击"确定"，系统进行向上延拓计算，延拓计算结束给出计算完毕信息。

（6）单击"退出"，系统退出向上延拓模块，返回到系统主界面。

图 6.1.9 为延拓处理前和延拓 4 个点距后的异常平面等值线对比图。

向下延拓

向下延拓计算可以逼近异常体，使得延拓后的异常能更好地反映异常体的埋深和形态，但也同时放大了干扰异常和浅表局部异常。因此，为配合下延计算，常进行圆滑处理。

向下延拓操作方法与向上延拓相似。

（1）选择**"平面数据处理"** → **"空间域"** → **"向下延拓"**，进入向下延拓计算的界面，如图 6.1.10 所示。

（2）选择需要做延拓处理的数据文件，给定向下延拓处理结果数据文件名以及保存路径。

图 6.1.10　空间域向下延拓处理窗口

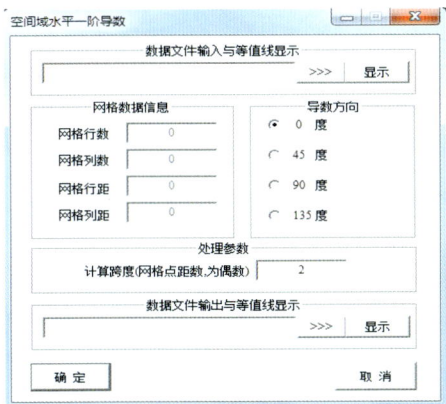

（3）向下延拓处理参数输入亦只有延拓高度一项，是以网格数据的网格距为单位的，这里延拓高度是以点距计算的，输入的值必须是大于等于 1 的整数，其含义同向上延拓相同。

（4）单击**"确定"**，系统进行向下延拓计算，延拓计算结束给出计算完毕信息。用户可以通过等值线显示按钮查看计算结果，以便调整数据处理参数，得到合理的处理结果。

（5）单击**"退出"**，系统退出向下延拓模块，返回到系统主界面。

<u>RGIS 系统空间域向下延拓计算，一次最多只能下延四个点距，如果要延拓到更大深度，可以对下延结果再进行一次或多次向下延拓计算。</u>

水平一阶导数

求取水平方向导数的目的是为了突出线性构造在重磁场中的反映。异常导数极值点的连线大致对应线性构造位置。求导方向应与所揭示线性构造的伸展方向垂直。

一般地，对于地质构造展布尚不明了的新区，可选做 0°、45°、90°、135°四个方向的水平导数，可大致了解一个地区在垂直此四个方向上的构造分布特征。然后，综合分析所得异常特征，调整求导方向。

导数异常换算精度较低，对干扰异常有较大的放大作用。对此，在导数异常换算前可进行适当的滤波处理。

（1）选择**"平面数据处理"** → **"空间域"** → **"水平一阶导数"**，进入水平一阶导数换算的界面。空间域水平一阶导数换算对话框，如图 6.1.11 所示。

（2）选择需要做导数换算的数据文件，给定存放处理结果的数据文件名。界面左侧的网格数据信息框架中将显示处理数据相应的信息，以供用户做数据处理时参考。

（3）水平一阶导数模块提供了 0°、45°、90°和 135°四个方向的一阶导数计算，用户可以根据自己的需要选择。

（4）输入**"计算跨度"**参数，计算跨度是指参与导数计算的两个网格点之间的距离，以点距数为单位，为偶数，一般取 2、4、6、8 等。

图 6.1.11　空间域水平一阶导数处理对话框

（5）单击**"确定"**，系统进行水平一阶导数计算，计算结束时给出计算完毕信息。

（6）单击**"退出"**，系统退出水平一阶导数模块，返回到系统主界面。

图 6.1.12 为前例中布格重力异常和利用该方法求得的不同方向导数的平面等值线图。空间域水平一阶导数的单位为：重磁异常场值单位/网格间距单位。如重力异常单位 mGal，网格间距单位为 m，则计算的导数单位为 mGal/m；如磁异常单位 nT，网格间距单位为 km，则计算的导数单位为 nT/km。

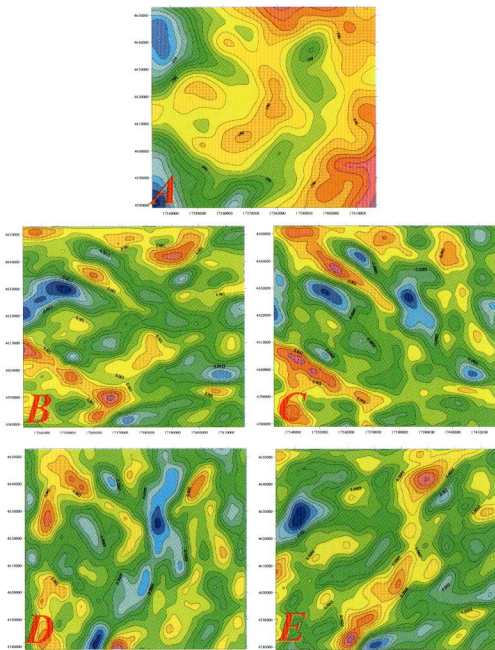

图 6.1.12   水平一阶导数处理结果（A、B、C、D、E 按顺序为原始数据、
0°、45°、90°和 135°方向的导数，计算跨度为 2 个点距）

垂向一阶导数

（1）选择**"重磁数据处理"** → **"空间域"** → **"垂向一阶导数"**，进入垂向一阶导数换算的界面。对话框如图 6.1.13 所示。

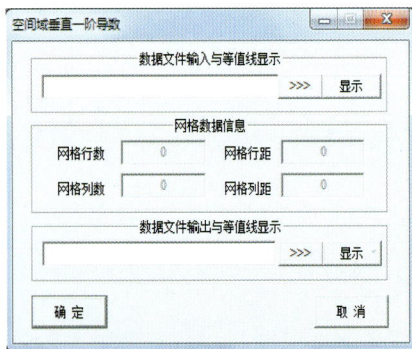

图 6.1.13   空间域垂直一阶导数

（2）选择需做导数换算的数据文件，给定处理结果数据文件名以及保存路径。右边的**"等值线显示"**按钮可以方便用户随时显示处理数据和结果数据的等值线图，以便修改参数重新计算。

（3）单击**"确定"**，系统进行计算，计算结束时给出计算完毕信息。

（4）单击**"退出"**，系统退出垂向一阶导数模块，返回到系统主界面。

图 6.1.14 为前例的布格重力异常图及其垂向一阶导数图。

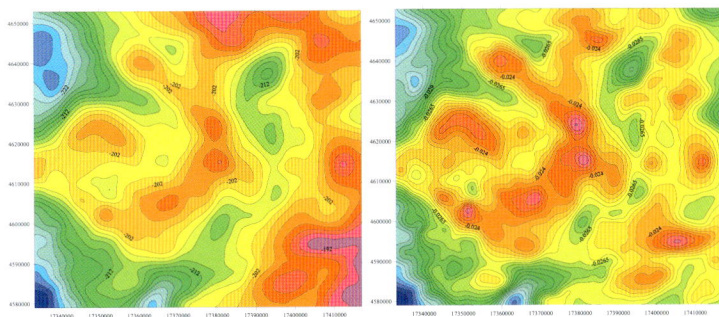

图 6.1.14 布格异常（左）垂向一阶导数计算结果（右）

水平二阶导数

（1）选择"**平面数据处理**"→"**空间域**"→"**水平二阶导数**"，进入水平二阶导数换算的界面，对话框如图 6.1.15 所示。

（2）选择需要做导数换算的数据文件，给定水平二阶导数处理结果数据文件名。

（3）水平二阶导数模块提供了 0°、45°、90°和 135°四个方向的二阶导数计算，用户可以根据自己的需要选择。

（4）单击"**确定**"，系统进行水平二阶导数计算，计算结束时给出计算完毕信息。

（5）单击"**退出**"，系统退出水平二阶导数模块，返回到系统主界面。

图 6.1.16 为应用该方法计算所的二阶导数结果示例。

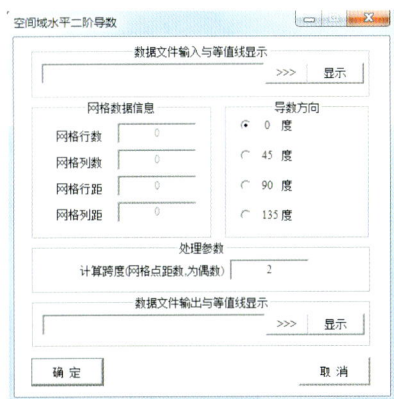

图 6.1.15 空间域水平二阶导数处理对话框

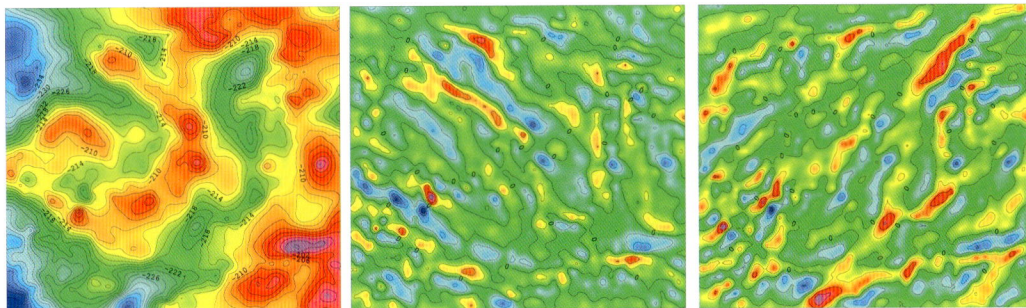

图 6.1.16 空间域水平二阶导数处理结果

（左图为原始数据，中图为 0°方向水平二阶导数，右图为 90°方向水平二阶导数）

垂向二阶导数

垂向二阶导数可用于压制区域异常的影响，突出局部异常特征，揭示剩余重、磁异常难以清晰反映和区分的地质体界限。垂向二阶导数的零值线可以用来粗略划分构造和岩体的边界线等。

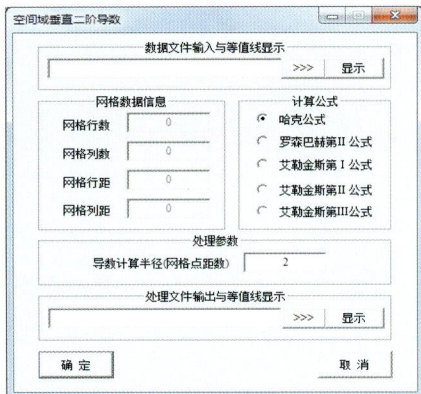

图 6.1.17　空间域垂向二阶导数处理对话框

（1）选择"**平面数据处理**"→"**空间域**"→"**垂向二阶导数**"，进入垂向二阶导数换算的界面。对话框如图 6.1.17 所示。

（2）选择需要做导数换算的数据文件，给定垂向二阶导数处理结果数据文件名。

（3）选择要采取的算法。垂向二阶导数计算提供了哈克公式、罗森巴赫Ⅱ公式、艾勒金斯Ⅰ公式、艾勒金斯Ⅱ公式、艾勒金斯Ⅲ公式等五种算法计算垂向二阶导数。通常多采用罗森巴赫Ⅱ公式。

（4）输入"**计算半径**"参数，计算半径是指导数计算取数的最小环半径，以点距数为单位。

（5）单击"**确定**"，系统进行垂向二阶导数计算，计算结束时给出计算完毕信息。

（6）单击"**退出**"，系统退出垂向二阶导数模块，返回到系统主界面。

图 6.1.18 是空间域垂向二阶导数计算结果示例，从 A 到 F 依次为处理前的数据和采用哈克公式、罗森巴赫第Ⅱ公式、艾勒金斯第Ⅰ公式、艾勒金斯第Ⅱ公式、艾勒金斯第 Ⅲ 公式（计算半径均为 1 个点距）计算得到的垂向二阶导数的平面等值线图。

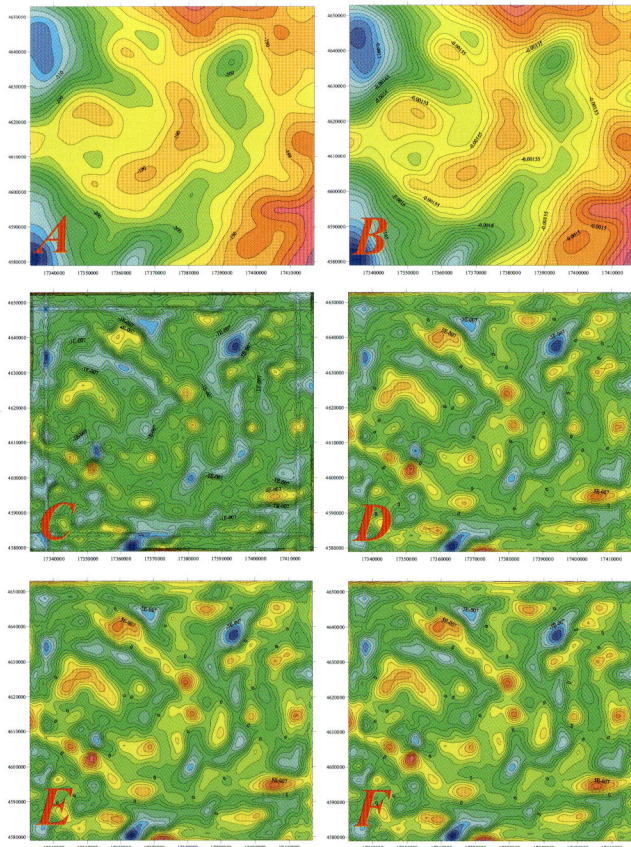

图 6.1.18　空间域垂向二阶导数处理结果（A、B、C、D、E、F 顺序依次为原始数据，按哈克公式，罗森巴赫第Ⅱ公式，艾勒金斯第Ⅰ、第Ⅱ、第Ⅲ公式计算结果。计算半径为 1 个点距）

曲化平

一般情况下，重力或磁法测量是在起伏地形上进行的。测量数据经各项改正后，所提取出的重、磁异常仍旧位于原来的起伏地表上，为了消除地形影响，给平面异常转换处理和反演应用创造条件，起伏地形上重、磁异常转换的一项内容是由起伏地形上重、磁异常换算出某一平面上的重、磁异常，这一过程简称为"曲化平"。系统提供的曲化平方法与其他同类方法相比具有速度快、精度高的特点，具体原理请参照附录 II。

用于进行曲化平的数据文件应是经过扩边处理的数据文件，这样主要是为了减小边界效应造成边界数据的损失。参与曲化平计算的重力数据文件和高程数据文件都不能包含有空值点。

（1）选择**"平面数据处理"→"空间域"→"曲化平"**，进入曲化平计算的界面。对话框如图 6.1.19 所示。

（2）选择需要做曲化平计算的重力数据文件和相应的高程数据文件名，给定曲化平计算结果数据文件名。重、磁数据文件和高程数据文件的行列数必须相等。界面左侧的框内将显示处理数据相应的信息，以供用户做数据处理时参考。

（3）输入的重力或磁异常和高程网格数据左边扩充、右边扩充、下边扩充和上边扩充数，这里四个方向的扩边数是指计算数据进行曲化平前的扩边数。扩边范围应不小于 30 个点距。四个方向的扩边数必须相等。

（4）输入曲化平平面高度值，选取曲化平平面高度值可参照地形高程数据的最大值。曲化平平面高度值不能小于地形高程数据的最大值。即，曲化平平面高度必须位于观测曲面所有测点之上。

图 6.1.19 曲化平对话框

（5）单击**"确定"**，系统进行曲化平计算，曲化平计算相比其他数据转换与处理程序来说用时较长，计算结束后会给出计算完毕信息。

（6）单击**"退出"**，系统退出曲化平模块，返回到系统主界面。

6.1.3 位场滤波与分离

在重磁解释工作中，通常需要提取目标异常体的异常，而滤除干扰因素产生的异常。RGIS 系统提供了几种滤波方法供选择。下面逐一介绍其操作步骤。本节介绍的方法可以用于局部异常与区域场的分离。

正则化滤波

采用正则化稳定滤波因子，对重磁异常进行的低通滤波。该方法适应能力较强的，实际资料处理效果较好。正则化滤波突出的实用性在于，其参数正则化滤波因子与要消除的局部异常场的尺度近似对应，并可直接从原始异常剖面图或平面等值线图上量取。

（1）选择**"平面数据处理"→"正则化滤波"**，进入正则化滤波的界面。

（2）选择**"文件"→"打开文件"**，从打开数据文件对话框中选择所要滤波的重力或磁异常文件，读入数据，系统会自动生成该数据的异常等值线图，如图 6.1.20（左）所示。

（3）单击数据处理工具，弹出滤波参数设置窗口（图 6.1.21）。

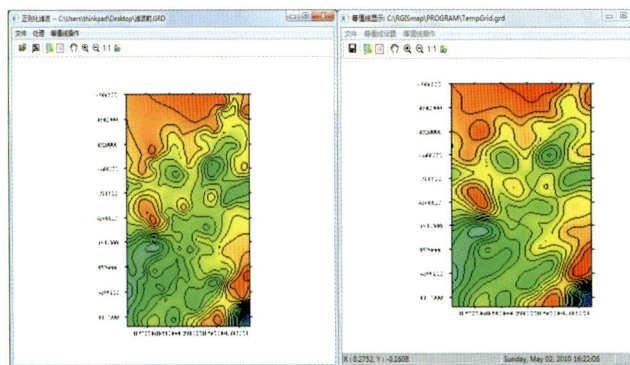

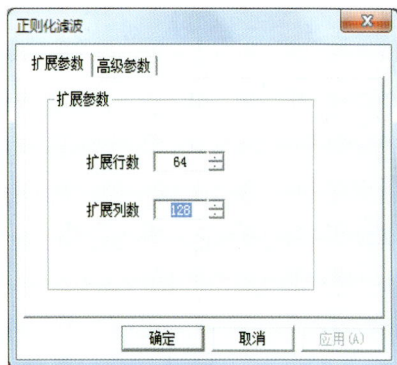

图 6.1.20　正则化滤波前（左）后（右）异常图例子（λ=10）　　图 6.1.21　正则化滤波界面

正则化稳定滤波的滤波参数有两个，一个是数据扩边参数，另一个是滤波因子参数。数据扩边是对行和列进行扩边处理，以消除边界效应。有关参数要求参见频率域向上延拓一节（6.1.1 节）。

水平几何尺度是指被滤掉异常的最大宽度，小于这一宽度规模的异常将被滤除。因此，对于不同的地区和目的，为了确定最好的滤波程度，需要试用不同的参数，以选择最合适的几何尺度因子。

（4）参数设置完毕，单击**"确定"**，窗口中显示滤波后的异常等值线，如图 6.1.20 所示。

从图中可以看出，经过滤波处理后，异常等值线一些较小的干扰因素被滤除掉，异常变得平滑。

（5）当得到满意的处理结果后，可以选择**"文件"**→**"保存文件"**，保存处理后的数据文件。

补偿圆滑滤波

（1）选择**"平面数据处理"**→**"补偿圆滑滤波"**，进入补偿圆滑滤波的界面。

（2）选择**"文件"**→**"打开文件"**，从打开数据文件对话框中选择异常文件，读入数据，系统会自动生成文件的等值线图。

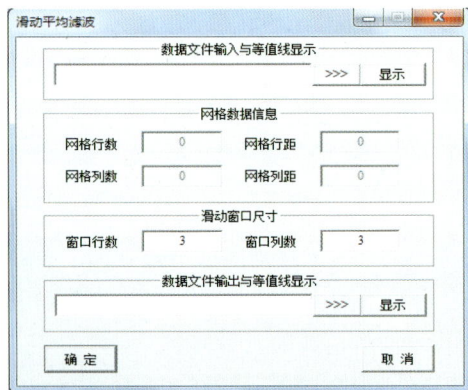

图 6.1.22　滑动平均滤波对话框

（3）单击数据处理选项，弹出滤波参数设置窗口，如图 6.1.22 所示。

滤波参数有两个：扩边参数和处理参数。

扩展参数　同正则化滤波方法。

处理参数　指数因子和补偿因子。由用户根据资料的情况和需要滤除的异常自行输入。

【注意】一般来说，指数因子越大，补偿圆滑滤波器越接近理想滤波器，滤波作用越强，压制高频成分效果越好；补偿因子越小，滤波作用越强，压制高频成分效果越好。

（4）参数设置完毕，单击**"确定"**，窗口中显示滤波后的异常等值线图，经过滤波处理后，异常等值线变得平滑，一些较小的干扰因素被滤除掉。

（5）当得到满意的处理结果后，可以选择**"文件"→"保存文件"**，保存处理后的数据文件。

滑动平均滤波

滑动平均滤波就是要消除包含在异常中的随机的观测误差、计算误差，或者消除小的、非目标体产生的干扰异常。用滑动平均方法计算时，把圆滑点设为中心点，求窗口内其他点异常的平均值，并赋给圆滑点。

（1）选择**"平面数据处理"**→**"滑动平均滤波"**，打开滑动平均滤波对话框，如图 6.1.23 所示。

（2）输入网格数据文件，对于读入的数据，用户可以通过**"等值线显示"**按钮查看数据等值线，计算结束后，用户可以查看计算结果文件的数据信息，并查看等

图 6.1.23 补偿圆滑滤波参数设置窗口

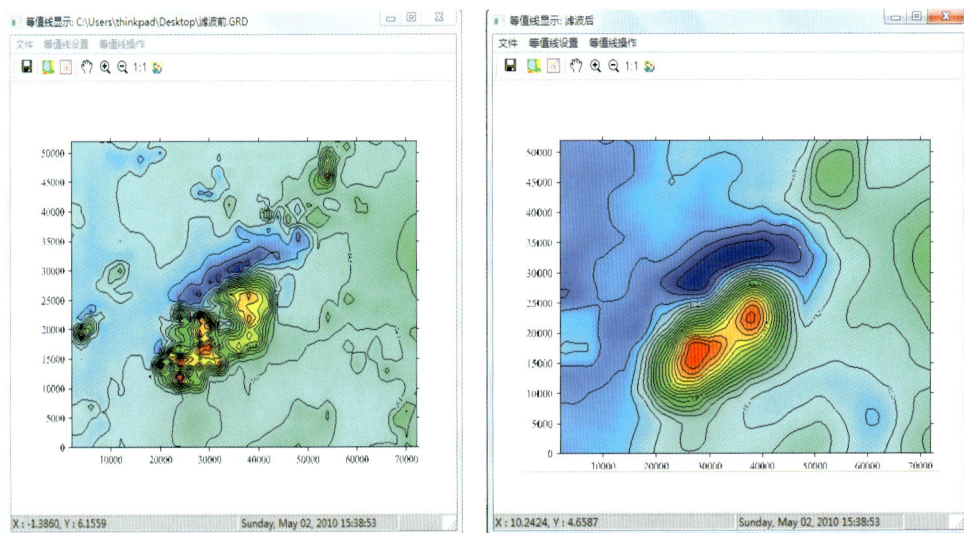

值线图，如图 6.1.24 所示。这样用户可通过反复修改对比不同参数计算的结果，获得最为满意的结果。

图 6.1.24 滑动平均滤波计算示意图，右图磁异常是对左图磁异常进行 9×9 滤波的结果

（3）给定滤波后文件保存的路径和文件名。

（4）设置滤波窗口大小，窗口越大压制高频成分的滤波效果越好。<u>此处所给定的滤波窗口的行列数必须是奇数。</u>

（5）单击**"确定"**，对数据进行滤波处理，并保存数据文件。

（6）单击**"取消"**，放弃滑动平均的会话操作。

趋势分析

趋势分析法根据空间抽样的数据，拟合一个光滑的数学曲面，该曲面反映该数据空间分布所在的趋势背景起伏变化情况。趋势分析用在重磁区域异常和局部异常的划分时，将多项

式所拟合的趋势背景当作区域场，偏差部分当作局部异常。

操作步骤

（1）选择**"平面数据处理"** → **"趋势分析"**，打开趋势分析对话框，如图 6.1.25 所示。

（2）读入网格数据文件，并给定趋势分析后数据文件保存的路径和文件名。

（3）选择趋势面阶数，系统提供了 1～20 次趋势面的不同阶次的趋势平滑公式。对于异常趋势分析效果的好坏，首先取决于全区区域异常能否用一个多项式来描述，其次取决于多项式函数的阶次。当所取阶次过高时，则区域异常中必然含有较多的局部异常成分。实际应用中，应根据研究区的情况灵活选取。

（4）单击**"确定"**，系统开始计算，计算完毕，给出计算结束的提示，这时趋势分析对话框上的**"查看趋势分析信息"**按钮激活，单击该按钮，打开趋势分析信息对话框，如图 6.1.26 所示。这时，可以显示结果数据等值线，以查看效果，如不满意，可重新选择其他阶次趋势面进行计算。

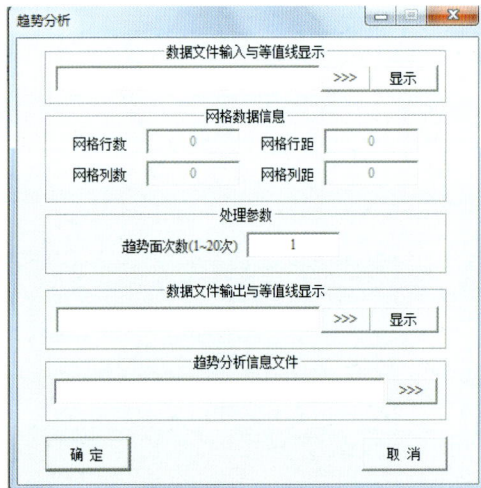

图 6.1.25　趋势分析对话框

图 6.1.26　趋势分析信息

"查看趋势分析信息" 对话框显示趋势分析中趋势面的阶数、系数个数和系数值、趋势值统计参数和偏差统计参数。如果需要保存这部分内容，单击下面的 **"保存趋势分析信息"** 指定保存路径和文件名，保存信息。

位场分离

上述各种滤波或趋势分析，可以得到滤波后或分析计算后的背景场，也就是趋势场。在原始场中减去趋势背景场，即得到局部场，也就是局部异常。具体计算可以使用数据预处理中的"网格算术计算"功能来实现，见第五章第 5.4 节。

6.1.4　位场分析

线性增强

线性增强是利用数学上对导数变化大的值进行放大增强的"梯级带滤波增强技术"来凸现异常中存在的线性构造的异常特征，使得测区的线性异常信息更加突出。具体步骤如下。

（1）选择"平面数据处理"→"线性增强"进入线性增强界面。

（2）选择"文件"→"打开文件"，读入数据文件。系统会在界面上显示读入数据文件的等值线图。

（3）单击数据处理工具，系统会自动对数据进行线性增强处理计算，计算完毕，给出线性增强处理完毕对话框。

（4）单击"确定"，界面上显示处理后的数据等值线图，如图 6.1.27 所示（图示为对图 6.1.20 所示异常的线性增强结果）。经过处理的异常可能较为明显地反映地下地质体的边界、走向和规模等信息。可以利用工具条中的各种工具改变等值线的视图方式。

（5）选择"文件"→"保存文件"，保存处理后的数据文件。

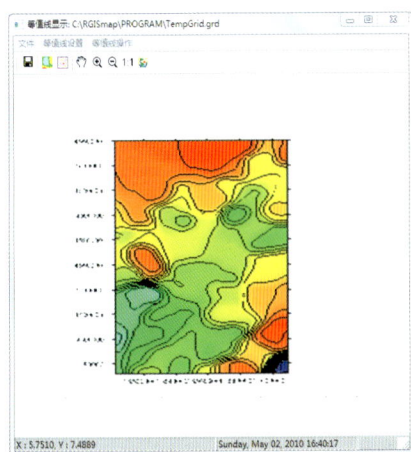

图 6.1.27　线性增强窗口

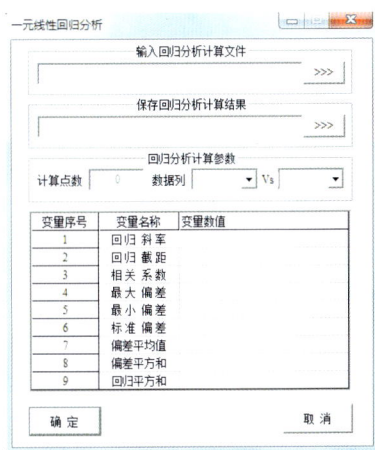

图 6.1.28　线性回归对话框

回归分析

RGIS 系统的一元线性回归分析模块，用于研究两个变量的线性相关性。

在一定面积内，用高程与布格重力异常或自由空间异常进行回归分析，可以大致了解异常与地势的相关程度。进行线性回归的数据文件是按列存储的，数据的列数不受限制。

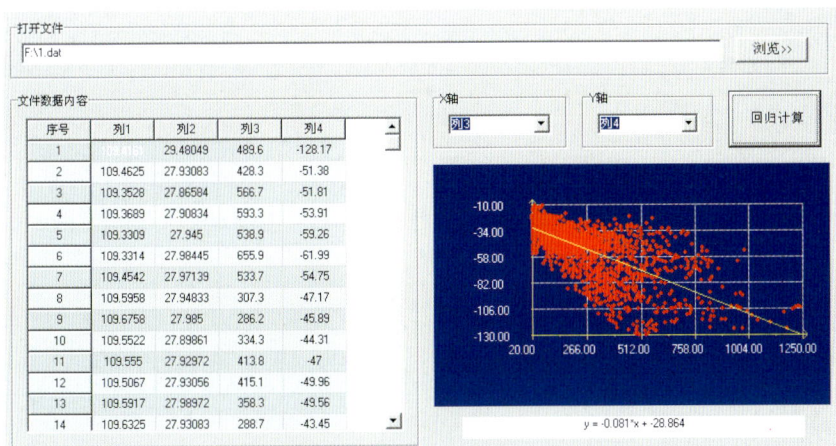

图 6.1.29　回归分析数据列表与图示

回归分析操作步骤如下。

（1）选择**"平面数据处理"** → **"回归分析"**，打开线性回归对话框，如图 6.1.28 所示。

（2）读入数据文件，系统会自动读入测点数。

（3）选择进行回归分析的相关的两列数据。

（4）单击**"确定"**，系统开始对两列数据进行回归分析。并在计算完毕后在图 6.1.28 中的对话框中给出所得各项参数值。二变量相关的统计图绘制如图 6.1.29 所示。回归计算结果可以保存在文件中。

相关分析

测区的地形对重力异常的影响不容忽视。地形的隆起或凹陷，将导致重力异常图在形态上的直接变化，影响对异常的客观解释。

将布格重力异常和地形两个的物理量进行相关分析，可用来反映测区内地形起伏对重力异常的影响情况，以及地形改正是否完全或改算方法是否完善。这里所需要的重力异常数据文件和高程数据文件必须是以相同的网格间距网格化的、具有相同的横纵坐标的**"*.grd"**网格化文件。

操作步骤

（1）选择**"平面数据处理"** → **"相关分析"**，弹出相关分析对话框，如图 6.1.30 所示。

（2）选择两个相关物理量的数据文件，如重力异常和对应的高程。

（3）根据网格化的间距填入对应分析窗口半边长值。

（4）指定输出结果（相关系数、斜率和截距）存放的路径和文件名，在进行相关分析时，系统生成三个文件，分别是此二物理量之间的相关系数、斜率和截距。

（5）单击**"确定"**，系统会完成分析，并保存结果，用户可以通过等值线显示按钮查看计算结果，并调整参数，取得满意的结果。

图 6.1.31 为前述例子中的布格异常值与高程的相关分析生成的相关系数结果绘制的等值线。

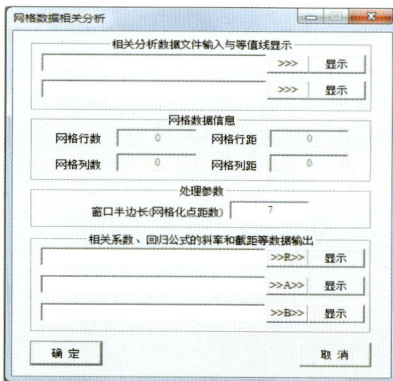

图 6.1.30   相关分析对话框

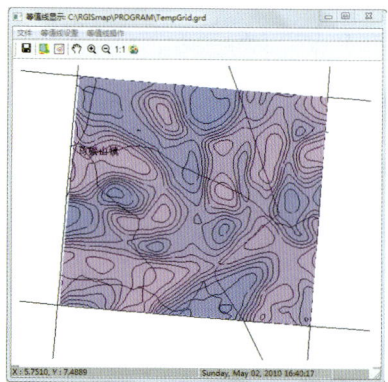

图 6.1.31   布格异常和高程相关系数等值线图

6.1.5   磁异常转换处理

本系统提供了专用于磁测数据处理解释的模块。包括中高纬度地区的磁异常化极、低纬

度地区使用的低纬度化极、测区纬度跨度较大时使用的变纬度化极、三分量转化、任意分量
转换及磁源深度计算等。

磁异常化极

磁异常化极在理论上是指将位于地磁极以外的磁性地质体引起的磁异常换算为假定磁
性地质体位于地磁极处所引起的磁异常。实际应用中把斜磁化的异常转换为垂直磁化异常的
过程称为化极。化极后的磁异常中心与磁矩中心（或有效磁化中心）在地表的投影位置更加
接近，便于定性分析和定量计算解释。

在做转换处理前，首先了解一下地磁参数的物理意义，磁化倾角和磁化偏角等地磁参数
示意图，如图 6.1.32 所示。

在测量当中，测线方向（X 轴）与基线方向（Y 方向）垂直。测区数据的网格化，按照
测点的高斯（或其他地球投影）坐标进行，形成网格化文件，格式与 Surfer 软件的数据格式
相同。其意义如图 6.1.33 所示。这种情况下的行方向就是地理的东方向，列方向就是地理北
方向。

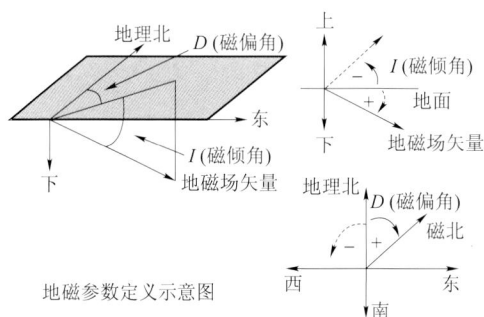

图 6.1.32　地磁参数示意图

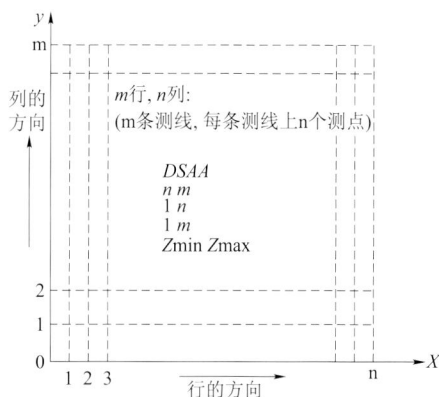

图 6.1.33　测区数据网格化物理意义示意图

如果某测区的测点坐标采用了自定义坐标的相对测量，而不是地球投影的坐标系，而且
测线不是东西向的，则网格化后的行列就不是东西、南北向的。这种情况下，若进行化极或
分量转换等与地磁场相关的处理，就须输入网格化数据的行方位角（也是测线方位角），以
将其转换到地球坐标系中。

在 RGIS 系统中，多个磁测数据处理与转换模块都涉及网格化数据行方位角和列方位角
的选取，这相当于测线方向和基线方向的选取。行方位角为网格化数据的行方向和地理北之
间的夹角（顺时针为正值），列方位角定义为网格化数据的列方向和地理北之间的夹角（顺
时针为正值）。

化极的操作步骤如下：

（1）选择"平面数据处理"→"化磁极"，进入磁异常化极处理子界面。

（2）选择"文件"→"打开文件"，读入数据文件。程序显示读入数据的等值线图。

（3）单击数据处理选项，弹出磁异常化极方法处理对话框，如图 6.1.34 所示。

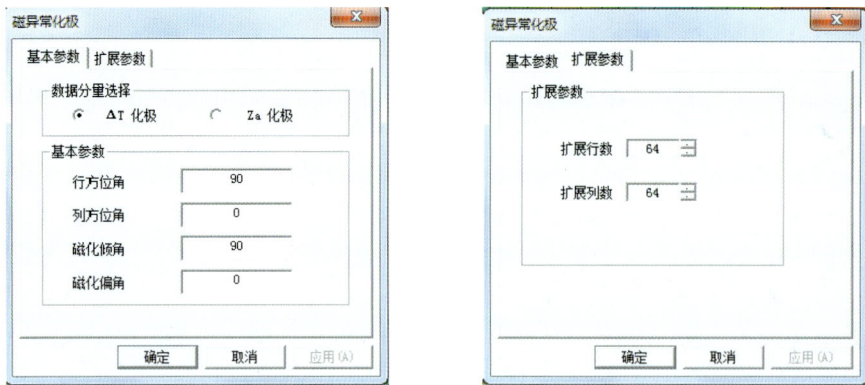

图 6.1.34 磁异常化极参数设置窗口

（4）**参数设置**。磁异常化极参数设置中处理参数设置包含两个方面，即**基本参数**和**扩展参数**，扩展参数设置同前所述，基本参数主要包括以下几项内容：

- ➤ **行方位角** 输入网格化数据文件的行方向与地理北的夹角。按高斯等地球投影坐标进行网格化时取默认值 90，即东方向；按测区的相对坐标或点线号进行网格化时，要输入网格化数据 X 方向与地理北的实际夹角。
- ➤ **列方位角** 输入网格化数据文件的基线方向与地理北的夹角。按高斯等地球投影坐标进行网格化时取默认值 0，即北方向；按测区的相对坐标或点线号进行网格化时，要输入网格化数据 Y 方向与地理北的实际夹角。
- ➤ **磁化倾角** 计算数据所在地区的地磁场倾角。
- ➤ **磁化偏角** 计算数据所在地区的地磁场偏角。

（5）参数设置完毕，单击**"确定"**，窗口中显示化极后的异常等值线图。

（6）当得到满意的处理结果后，选择**"保存文件"**，可保存处理后的数据文件。

示例：如图 6.1.35 所示，一个航磁测区（图 A）测线方向 130°（基线方向 40°），地磁倾角 56°，偏角–5°。测量定位采用地球投影高斯坐标 km 单位。直接对测点文件进行网格化，也就是对高斯坐标数据进行网格化，相当于 x 为地理 90°，y 为地理 0°。网格化结果磁异常如图 B（正异常西北侧有明显的负异常）。因此，在化极参数输入中，使用测线方向 90°，基线方向 0，倾角 56°，偏角–5°，化极结果如图 C 所示。

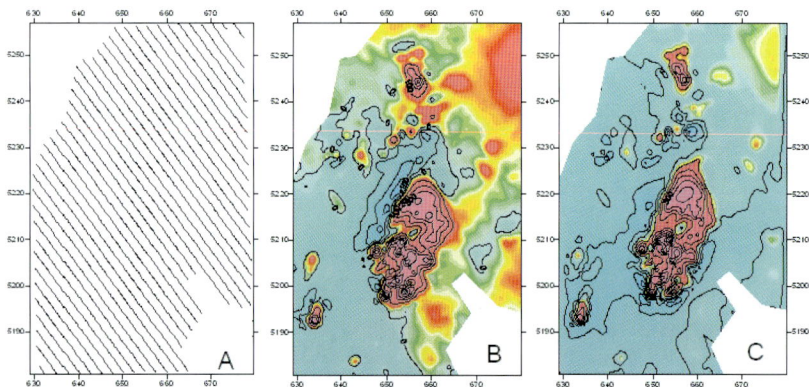

图 6.1.35 某航磁测区磁异常化极的实例

低纬度化极

在赤道附近的低磁纬度地区，一般磁倾角小于30°的地区，观测所得的磁场形态要比在高磁纬度地区相同地质条件下复杂。负异常明显，伴生异常增多。低纬度化极工作就是设法消除低倾角倾斜磁化造成的磁异常的复杂性，还原磁异常在垂直磁化情况下的面貌。低纬度化极处理实现方法和前面所述方法略有不同。

选择"**平面数据处理**"→"**低纬度化极**"，进入低纬度化极处理界面。

选择"**文件**"→"**打开**"，将工作区的网格文件读入子窗口，选择"**低磁纬度化极**"，进行参数设置，如图6.1.36所示。

图 6.1.36　低纬度化极参数设置

设置完成后，点击**"确定"**，提示**"低磁纬度化极计算结束"**，显示化极后等值线图。图 6.1.37 是一个模型例子。

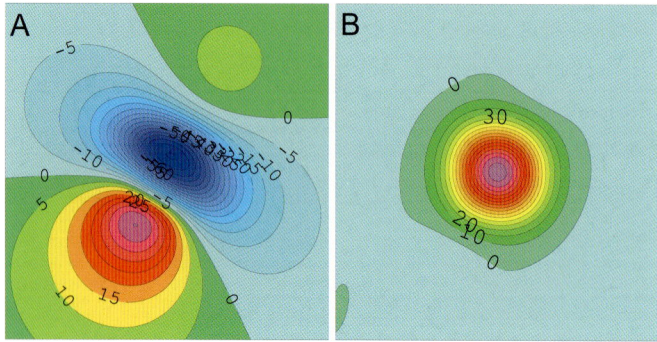

图 6.1.37　低纬度化极示例图

（左为原始异常，磁倾角 15°，偏角 30°，右为化极后异常）

参数设置如下表。

参数项	参 数		说 明	备 注
网格数据信息	数据测线数		读入网格数据的测线数	系统自动读入
	每条测线上的测点数		读入网格数据的测线上的测点的数量	系统自动读入
	测线距		网格数据测线距离	系统自动读入
	测点距		网格数据测点距离	系统自动读入
	扩充以后测线数		在进行低纬度化极时，数据列外扩后的数据测线数，按 2 的整数幂扩充	默认为原有行数的下一个 2 的整数幂级。用户可以自行更改
	扩充以后测点数		在进行低纬度化极时，数据点外扩后的数据测点数，按 2 的整数幂扩充	默认为原有行数的下一个 2 的整数幂级。用户可以自行更改
	行方位角		网格数据行方向（X）和地理北的夹角	单位：十进制度
	列方位角		网格数据列方向（Y）和地理北的夹角	单位：十进制度
去除高频干扰方法	正则化滤波		设置正则化滤波因子	用户输入
	补偿圆滑滤波		设置对应的衰减指数和补偿次数	用户输入
参数设置	单一地磁场倾角和偏角		输入研究区的地磁场倾角和偏角	用户输入
	变地磁场倾角和偏角	不规则变磁倾角和偏角	读入研究区的变化磁倾角和偏角文件	网格数据文件读入
		近似线性变化	读入数据四个角点的磁倾角和偏角	用户输入

变纬度化极

当测区纬度跨度比较大，一般大于 2° 时，常规化极已不能满足较高的精度要求，此时需要作变纬度化极处理。

选择**"平面数据处理"**→**"变纬度化极"**，进入变纬度化极处理界面。

选择**"文件"**→**"打开"**，读入数据文件，在窗口中打开读入数据文件等值线图。操作工具栏中**"变磁倾角化极"**工具，打开变磁倾角化极对话框，如图 6.1.38 所示。

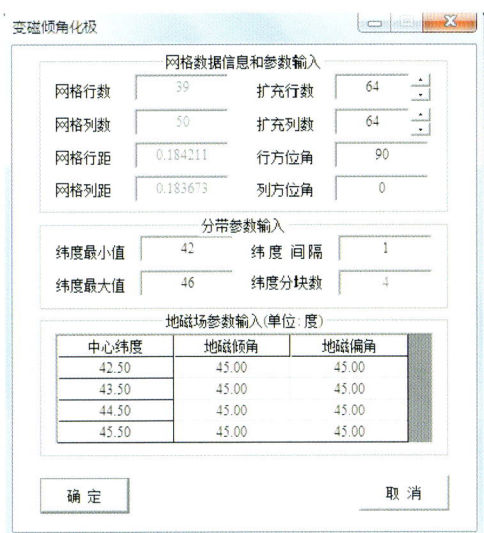

图 6.1.38　变纬度化极参数设置

参数设置如下表

参数项	参　数	说　　明	备　　注
网格数据信息	数据行数	读入网格数据的行数	系统自动读入
	数据列数	读入网格数据列数	系统自动读入
	测线距	网格数据测线距离	系统自动读入
	测点距	网格数据测点距离	系统自动读入
	扩充以后测线数	在进行低纬度化极时，数据列外扩后的数据测线数，按 2 的整数幂扩充	默认为原有行数的下一个 2 的整数幂级。用户可以自行更改
	扩充以后测点数	在进行低纬度化极时，数据点外扩后的数据测点数，按 2 的整数幂扩充	默认为原有行数的下一个 2 的整数幂级。用户可以自行更改
	行方位角	网格数据行方向（X）和地理北的夹角	单位：十进制度
	列方位角	网格数据列方向（Y）和地理北的夹角	单位：十进制度
分带参数	纬度最小值	测区纬度最小值，单位度	用户输入
	纬度最大值	测区纬度最大值，单位度	用户输入
	纬度间隔	分带的宽度，单位度	用户输入
	纬度分块数	系统自动计算的研究区的分带个数	系统计算
地磁场参数		输入各分带的地磁倾角和偏角	用户输入

参数设置完成后，点击"**确定**"。计算完成后，提示"**磁异常分区化极计算结束**"，显示变纬度化极后的等值线图。

磁异常三分量转换

在磁异常的推断解释过程中，有时需要磁场的多种分量，以增加解释信息，提高解释的可靠性。但是在实际磁测工作中一般只测某一分量，如 Z_a 或 ΔT。

本系统中的磁场三分量转换程序可以实现 Z_a、ΔT、H_{ax} 和 H_{ay} 四种分量之间的互相转换。

在实际操作中，实现三分量转换和实现圆滑滤波方法相同。这里，用户需要在处理参数中设置基本参数、扩展参数和高级参数。

操作步骤如下：

选择**"重磁数据处理"** → **"三分量转换"**，进入三分量转化处理界面，选择**"文件"** → **"打开文件"**，将工作区中的网格文件读入子窗口，选择**"处理"** → **"数据处理"**，进行处理参数设置，如图 6.1.39 所示。

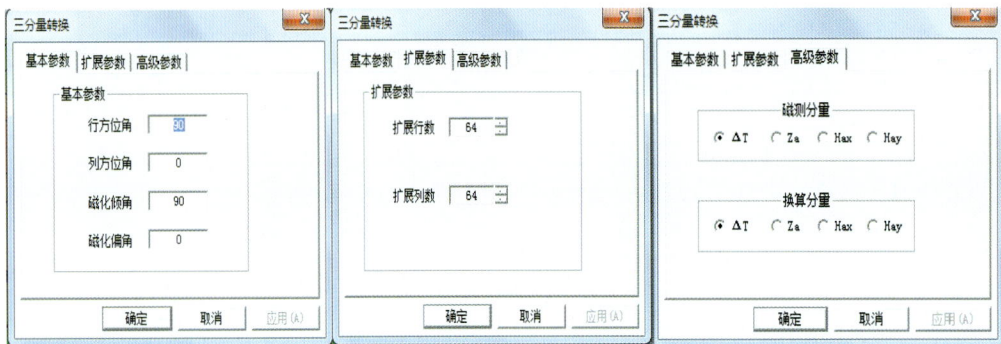

图 6.1.39　三分量转换参数设置示意图

三分量转换参数设置中各种参数含义如下表：

参数页	参数项	说　明	备　注
基本参数	行方位角	网格数据的 X 方向和地理北的夹角	
	列方位角	网格数据的 Y 方向和地理北的夹角	
	地磁倾角	地磁场方向和观测面的夹角	
	地磁偏角	地磁场方向在观测面的投影和地理北的夹角	
扩展参数	扩展行数	分量转换时行数的扩展数	以 2 的整数幂扩展
	扩展列数	分量转换时列数的扩展数	以 2 的整数幂扩展
	衰减因子	分量转换时的滤波因子	一般取默认值
高级参数	测量数据分量类型	已知输入的磁场分量	
	换算分量	进行转换的磁场分量	

【注意】无论是磁化方向的换算（包括：三分量转换、化极计算、低纬度化极计算）还是磁源重力异常换算，都涉及磁化方向（磁倾角和磁偏角）参数的选取。仅当一个地区的磁性体的磁化强度以感应磁化强度为主（可以忽略剩余磁化强度）或者感应磁化强度方向和剩余磁化强度方向一致，并且可以忽略消磁作用时，可以将地磁场方向看作有效磁化方向；在其他情况下，有效磁化强度方向的确定，需要通过采集和测定定向标本的物性参数来进行。

磁异常任意分量转换

磁异常的任意分量转换用以求取给定空间角度的磁异常分量值。该模块的实际操作同三分量转换。不同的是参数设置中的高级参数项，如图 6.1.40 所示。

转换方向倾角：欲转换到的磁场倾角，可以是 90°～–90°之间的任意角度。

转换方向偏角：欲转换到的磁场偏角，可以是 0～180°或–0～–180°之间的任意角度。

磁源重力异常换算

磁源重力异常换算的作用是把由磁异常换算后的磁源重力异常和同一区域上的重力异常作比较，从而判断引起异常的原因，判断重、磁异常是否同源。由泊松公式可知，已知各磁场分量就可以计算出相应的重力异常 Δg。由于 Δg 是由磁异常换算而来的，因此它称为磁源重力异常，或伪重力异常，或假重力异常。

操作：**"平面数据处理"→"磁源重力异常"**，进入磁源重力异常处理子窗口，选择**"文件"→"打开文件"**，读入需要处理的磁异常数据文件。

选择**"处理"→"数据处理"**，或者选择工具栏上相应的图标，打开磁源重力异常换算处理参数设置对话框，如图 6.1.41 所示：

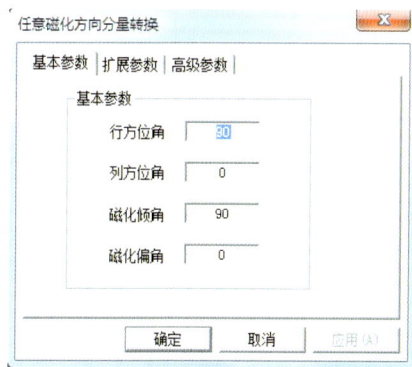

图 6.1.40　任意分量转化高级参数设置　　　图 6.1.41　磁源重力异常计算参数设置对话框

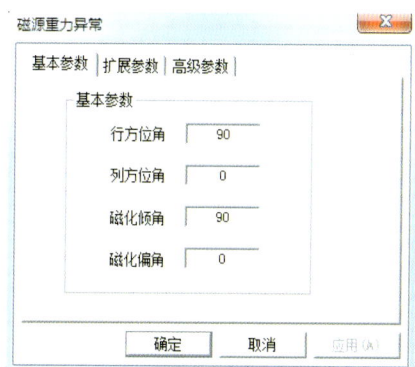

参数设置包括：**基本参数、扩展参数和高级参数**，其中基本参数和扩展参数设置方法同前所述。

高级参数包括设置**磁化强度**和**剩余密度**两项内容。

➤ **磁化强度**：磁异常体的磁化强度

➤ **剩余密度**：重力场源体的剩余密度

参数设置完毕，选择**"确定"**，即可完成磁源重力异常换算处理。

【**注意**】磁源重力异常反映的仍是磁性体，因为它是由磁异常换算过来的，公式中用到的剩余密度值是假设的。磁源重力异常主要用于重磁场源的对应分析。对比磁源重力异常和重力异常，可有助于判别异常的性质。

6.2　剖面重磁数据处理

和网格数据处理一样，RGIS 的剖面数据处理也分为频率域剖面数据处理和空间域剖面数据处理两部分，适用于处理重、磁剖面数据。剖面数据处理要求输入数据的测点点距必须相等，文件为 ASCII 格式，默认后缀为**".dat"**或**".txt"**。具体数据存储格式见附录 I。

频率域剖面数据处理

RGIS 频率域剖面数据处理的功能有：提取区域场、提取局部场、去高频滤波、水平一阶导数、垂向一阶导数、解析延拓、化磁极、磁重转换（即磁源重力异常换算）、水平分离场和对数功率谱。频率域剖面数据处理的操作界面如图 6.2.1 所示。

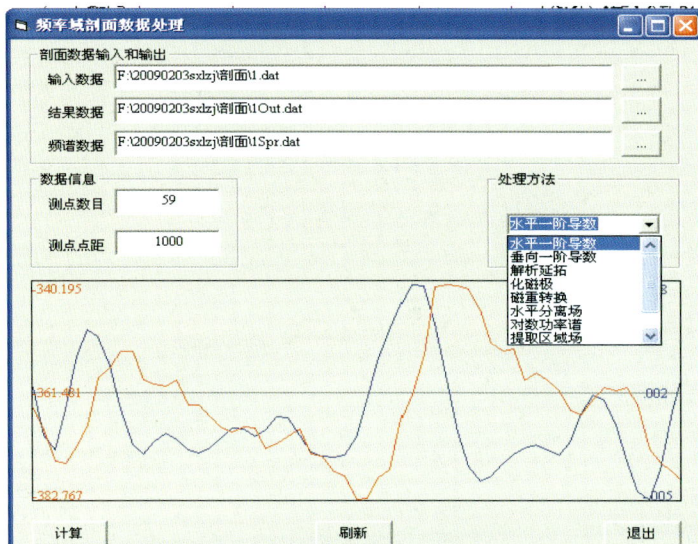

图 6.2.1   频率域剖面数据处理

在图 6.2.1 中，原始数据剖面曲线图及标注用红色表示，处理结果数据剖面曲线图及标注用蓝色表示。在输入原始剖面数据后，用户可以通过选择下拉菜单框的功能，或其组合，选用相应的数据处理方法进行剖面数据处理。

各方法及输入参数如下表所示。

处理方法	输　入　参　数	参　数　说　明
提取区域场	频率 P1，P2，P3，P4 及其对应的频谱值 P5，P6，P7，P8	用户需要先进行对数功率谱计算，然后在对数功率谱曲线图上选点，系统自动读入所选点的频率及其频谱值
提取局部场	频率 P1，P2，P3，P4 及其对应的频谱值 P5，P6，P7，P8	用户在对数功率谱曲线图上选点，系统自动读入选点的频率及其频谱值
去高频滤波	滤波系数	选值范围在 1.0～2.5 之间，通常取 1.5
水平一阶导数	无	
垂向一阶导数	无	
解析延拓	延拓高度	延拓高度为实际高度，单位与剖面点距相同。正值为向下延拓，负值为向上延拓
化磁极	磁化倾角	单位为度，以十进制表示
磁重转换	磁化倾角、泊松比	泊松比取 1 时，得同源伪重力异常；取实际值时，得同源剩余密度的重力异常
水平分离场	异常距离、异常幅值比	异常距离为欲分离的两个异常之间的距离，通常取两异常中心坐标之间的距离，单位为点距。异常幅值比是欲分离的两个异常的幅度比值
对数功率谱	无	

在进行频率域剖面数据处理时，用户还要注意如下几点：

（1）原始数据的测点间距必须是等间距。

（2）剖面的测点数必须是奇数。如不满足条件，可使用程序用户可以手动在数据文件的头部或尾部增加或减少一个测点。

（3）原始数据取值应到达正常场，否则会引起付氏变换带来的边缘效应。

（4）输出结果的距离单位和原始异常数据的单位相同。

（5）在进行水平分离场操作之前，可先对原始异常求水平导数，根据水平微商的两个极值，确定欲分离的两个异常之间的距离。异常幅值比大于 1 时分离效果好。水平分离功能适用于两个形态相似的异常的分离。

（6）高频滤波处理的滤波系数一般可取 1.5。实际应用时，应进行多次试验，以更具针对性。

（7）提取区域场或局部场时要先对剖面数据求对数功率谱，根据对数功率谱曲线，找出对应深源场与浅源场的两个直线段，利用鼠标左键在对数功率谱曲线图分别确定能代表这两个直线段的四个点。两个直线段的分析及四个点的确定是关键，应注意其代表性。P1、P2、P3、P4 为这四个点的横坐标值，单位为基频，纵坐标值为这四个点对应的频谱值 P5、P6、P7、P8。选取点时一定要注意确保 P1<P2<P3<P4。

空间域剖面数据处理

RGIS 的空间域剖面数据处理包括的功能包括不同点数的最小二乘圆滑和不同系数的上、下延拓两大类。其中，数据圆滑包含的功能有：五点二次圆滑、七点二次圆滑、七点四次圆滑、九点二次圆滑、十一点二次圆滑、十一点四次圆滑和十一点三角圆滑。数据延拓包含向上延拓一、向上延拓二、向上延拓三和向下延拓一（第一套系数）、向下延拓二（第一套系数）、向下延拓三（第一套系数）、向下延拓一（第二套系数）、向下延拓二（第二套系数）和向下延拓三（第二套系数）。频率域剖面数据处理的操作界面如图 6.2.2 所示。空间域剖面数据处理的系数见附录 V。

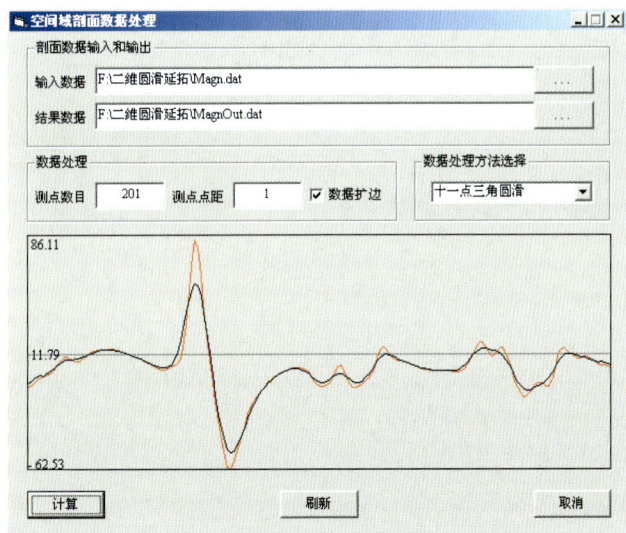

图 6.2.2　空间域剖面数据处理

处 理 方 法	数据缺失个数
五点二次圆滑	4
七点二次圆滑	6
七点四次圆滑	6
九点二次圆滑	8
十一点二次圆滑	10
十一点四次圆滑	10
十一点三角圆滑	10
延拓处理（第一套系数）	20
延拓处理（第二套系数）	20

注：这里的"延拓一"相当于延拓 1 个点距，"延拓二"相对于延拓 2 个点距。

空间域剖面数据处理一般会造成剖面数据的边缘损失，系统提供的剖面数据处理分为数据扩边和数据不扩边两种，供用户选择使用。

在图 6.2.2 中，原始数据剖面曲线图用红色表示，数据扩边时结果数据曲线图用黑色表示，数据不扩边时结果数据曲线图用蓝色表示。在输入原始剖面数据后，用户可以通过下拉组合框选择其中相应的数据处理方法进行剖面数据处理。

当数据不扩边进行各种方法的数据处理时，剖面数据缺失的个数如上表所示。要进行剖面数据延拓计算，数据的测点数必须大于 21。

6.3　重磁异常反演解释

剖面磁源深度计算

本系统采用功率谱方法计算磁性场源体深度。功率谱方法是对磁异常数据进行傅里叶变换，再计算变换后的对数功率谱。对数功率谱曲线的特点是：深源场响应的低频段快速衰减，而近地表场源的响应曲线下降较缓。依据功率谱对频率的关系可以近似计算引起异常的磁性体顶面的平均深度。该功能模块主要用于通过剖面异常进行粗略计算，对于孤立异常，结果基本可靠。

选择**"重磁反演解释"→"剖面磁源深度计算"**，进入剖面磁源深度分析窗口，如图 6.3.1 所示。

剖面磁源深度计算大致包含以下几个部分：

选择数据文件　点击浏览按钮，在数据文件导入对话框中选择剖面数据文件。选择数据后，对话框上部图形框显示该剖面数据的异常曲线（剖面数据文件为 ASCII 文件，默认后缀为 **"∗dat"**，具体数据存储格式见附录 I）。

磁源深度计算可以对整条剖面进行全剖面分析，也可以选择其中的一段进行频谱分析即剖面段分析。系统默认为全剖面分析。如要进行剖面段分析，首先需要选择剖面段。**方法：按住 Shift 键**，单击鼠标左键在对话框上部异常曲线，确定剖面段一个端点，然后单击鼠标右键，确定剖面段的另一端点。如图 6.3.1 所示，其中 A 和 B 为某剖面段的两个端点。

　　端点的先后顺序，不影响计算。但必须选定两个端点。如果仅选一个，系统将提示："缺一端点"。用户补选另一端点后，方可进行计算。选取的剖面段在对话框下部图形框内显示。

　　绘制功率谱　点击"绘制功率谱"按钮，对话框中部图形框即显示该剖面数据的功率谱（能谱）曲线。横坐标是频率数。纵坐标是对数能谱幅值。

　　计算深度　选定剖面或剖面段后，根据其功率谱曲线形态，输入低频数与高频数，然后，鼠标单击"计算深度"按钮，程序计算相应频段反映的异常源深度。结果显示在"深度值"文本框内，如图 6.3.1 所示。

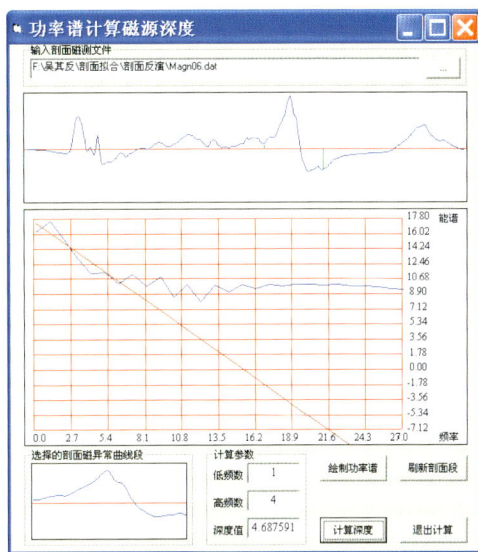

图 6.3.1　剖面磁源深度计算窗口

　　功率谱磁源深度计算，需要输入低频数与高频数构成的频率段。低频数是该频率段的起始频率数。

　　注意：

　　（1）低频数不得为 0，低频数必须小于高频数，而且高频数不能大于最大频率数。

　　（2）频率段选择要尽量选择能谱曲线相对稳定的区段。如果能谱曲线不平稳，高、低频数要尽量拉大差距。

　　（3）计算结果是所选剖面或剖面段异常源顶部的平均深度，位置大约在剖面或剖面段的中心。深度单位与剖面长度单位一致。

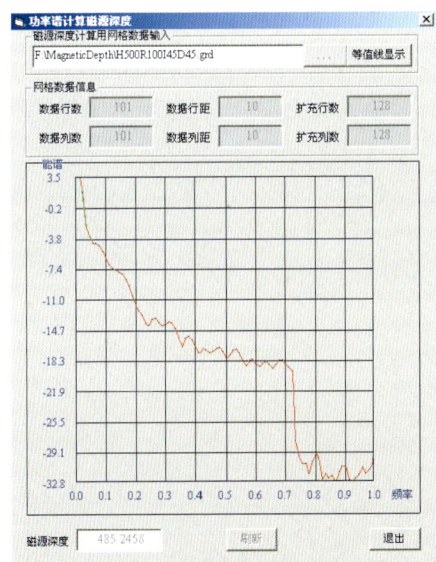

图 6.3.2　平面磁源深度计算

　　刷新剖面段　当一条剖面有多个完整异常或对当前异常的计算结果不满意时，用户可以通过刷新剖面段功能重新选择下一个异常进行磁源深度计算或对当前异常重选低频数和高频数，重新计算磁源深度。

平面磁源深度计算

　　平面磁源深度计算和剖面磁源深度计算原理相同，操作类似，不同之处在于输入数据为平面网格数据，通过平面分布的异常求取引起异常的场源体的平均埋藏深度。如图 6.3.2 所示。

　　用户在读入网格数据后，程序自动进行数据扩边，进行付氏变换，计算对数功率谱，绘制功率谱曲线图。功率谱曲线图的横坐标是频率数，纵坐标是对数能谱幅值。

　　用户利用鼠标，按住左键以拖动画线的方式，在功率谱曲线图上选取由低频数到高频数组成的功率谱曲线段。和剖面磁源深度计算类似，在进行平面数据磁源深度计算时，功率谱曲线段选择要尽量选择低频处能谱曲线相对稳定的区段。已经选取的功率谱曲线段用绿色线段表示，程序自动计算相应谱段反映的异常源深度。计算结果显示在 **"磁源深度"** 文本框内，如图 6.3.2 所示。计算结果是用户所选网格数据覆盖区域上的异常源的顶面平均深度，深度单位与剖面长度单位一致。

3D 磁源深度计算

对重磁异常进行三维磁源深度计算，可以了解地层或目标地质体深度及其变化的三维空间分布。三维磁源深度计算原理和前述剖面及平面异常功率谱近似，都是根据异常功率谱，估算磁源深度。

选择 **"重磁反演解释"** → **"3D 磁源深度计算"**，进入三维磁源深度计算窗口，如图 6.3.3 所示。具体操作按以下步骤进行：

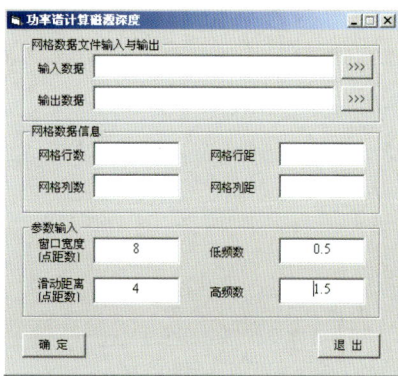

输入数据文件及输出数据文件 点击"输入数据文件"和"输出数据文件"选取按钮，选择需要输入及输出的文件。

参数输入 三维磁源深度计算程序的计算参数有 **窗口宽度**、**滑动距离**、**低频数** 和 **高频数** 四个。

窗口宽度 由于计算区域通常比较大，而当前的计算机速度难以应付较大区域的付氏变换计算。因此，采取滑动窗口的办法。滑动窗口为方形，宽度大小以所要计算的数据的点距为单位进行计算。要求输入的窗口宽度的数值为 2 的整数幂。对窗口大小的选择，取决于用户所选数据的异常规模大小以及对计算精度的要求。一

图 6.3.3 三维磁源深度计算窗口

般来说，窗口越大，计算速度也越慢。通常，窗口宽度选取为 16 或 32 即可。计算得到窗口范围的异常源顶部平均深度，标记为窗口中心位置的深度。

滑动距离 滑动距离是滑动窗口逐次移动的距离，也就是窗口中心点，或称计算点的距离。滑动距离以数据文件的数据点距为单位。一般来说，滑动距离越大，计算速度越快，计算点数越少，深度值点位密度越稀。

低频数 滑动窗口范围的异常功率谱变化平缓段的起始端对应的频率数。低频数不得为 0。

高频数 滑动窗口范围的异常功率谱变化平缓段的结束端对应的频率数。一般估算值可取小一些，以反映规模较大，深度较大的磁性层的深度。

计算 数据文件与参数设置完成后，鼠标点击 **"确定"** 按钮，系统开始计算。计算完成后会有提示。计算完成后，得到的结果是与所选数据文件行列相同、覆盖区域相同的异常源顶部平均深度的网格数据。单位与异常数据的点距单位一致。

密度界面反演

界面反演，就是根据重、磁异常计算组成其场源的界面的深度与起伏。通常，在研究地质构造问题中，应用界面反演的方法研究沉积盆地基底、区域地层和深部构造界面（如莫霍面）的起伏，从而探寻与构造有关的矿产和能源资源，特别是油气勘查中确定沉积盆地基底

形态，或反演一个或多个物性界面的深度。

密度界面反演，即根据区域重力资料来确定地下密度界面的起伏情况。密度界面反演实现方法如下。

（1）选择"**重磁反演解释**"→"**密度界面反演**"，弹出如图 6.3.4 所示的对话框。

（2）读入异常数据文件，选择保存反演结果数据的文件目录和文件名。

（3）设置参数，进行界面反演，需要给出界面的密度差，界面的平均深度、迭代次数和滤波因子。

（4）单击"**确定**"，系统进行计算，并保存文件。用户可以通过"等值线显示"按钮查看原始的和计算结果，并调整参数，取得满意的结果。

密度界面反演输入数据的空间坐标以千米（km）为单位。因此，在原始数据网格化时，注意选择 km 为单位。

磁性界面反演

磁性界面反演，即根据磁异常来确定地下磁性层面的起伏情况，磁性界面反演实现方法如下：

（1）选择"**重磁数据反演**"→"**磁性界面反演**"，进入三维磁性深度反演窗口，如图 6.3.5 所示。

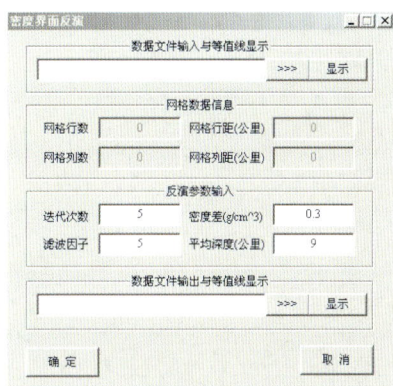

图 6.3.4　密度界面反演对话框　　　　　图 6.3.5　磁性界面反演对话框

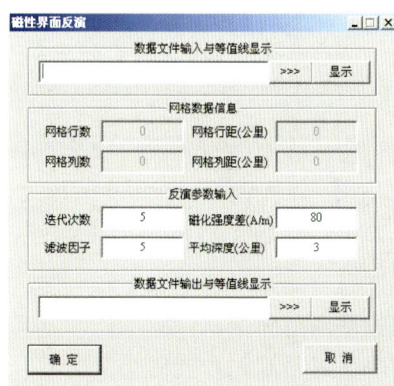

（2）读入数据文件，并指定结果文件保存路径及文件名。

（3）输入反演参数：平均磁化强度、界面平均深度、迭代次数、滤波因子。

（4）点击"**确定**"，系统开始计算，并保存结果文件。

磁性界面反演输入数据的空间坐标以千米（km）为单位。磁化强度单位是 A/m。因此，在原始数据网格化时，注意选择 km 为单位。

【注意】磁性场源的分布，大多不构成一个界面。个别情况下或在局部地区，磁性体分布可近似看作界面的，才可使用磁性界面反演。

2.5D 重磁联合反演

RGIS 提供基于成熟的二度半棱柱体（简称 2.5D）模型的重、磁异常联合反演方法，进行人机交互可视化重力和磁异常联合的正反演模拟计算，或单异常反演计算功能。可以输入地质剖面或地震解释成果剖面图像（位图）作为约束辅助设计初始模型；通过复杂 2.5D 棱柱体组合可以实现近似的三度体 3D 反演；可以 m 或 km 为单位；也可以仅进行正演计算。

程序界面从上到下，主要由菜单条、快捷键条、反演拟合区域和状态信息条组成。反演拟合区域分为三个子区：磁异常区、重力异常区、模型区，如图 6.3.6 所示。

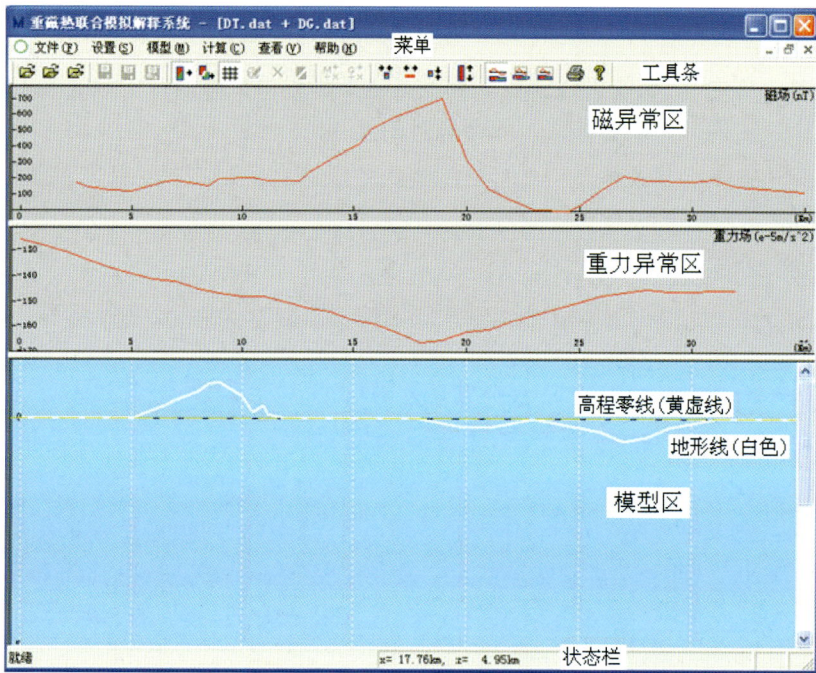

图 6.3.6　重磁异常剖面反演界面

程序在模块窗口顶部程序名后面，实时提示当前正在反演的异常数据文件的名称，有利于用户将剖面与模型相对应。

重、磁异常输入数据格式如图 6.3.7 所示。左侧是剖面上的重力异常数据，右侧是磁异常数据。其中，重、磁异常的测点位置可以不同，点距可以不等，剖面长度也可以不同。同一测点上具有不同高程值时，程序将提示并舍去后输入数据的高程值，如图 6.3.8 所示。

数据输入

程序输入的异常数据为：布格重力异常（Δg，单位为 10^{-5}m/s^2），总磁场异常（ΔT，单位为 nT），或磁场垂直分量异常（Z_a，又记作 ΔZ），或磁场水平分量异常（H_{ax} 及 H_{ay}）数据。可以仅输入重力，或只输入磁异常，进行单异常反演解释。

输入重、磁数据的文件名后缀为 dat 或 txt，均为三列数据，说明如下：

布格重力异常数据：测点坐标 x，测点高程 z（单位与 X 轴相同，水平地形全为零），布格异常值。

磁异常 ΔT 数据三列数据：测点横坐标 x，测点高程 z（单位与 X 轴相同，水平地形全为零），磁异常 ΔT。

图 6.3.7　重磁剖面输入数据实例

说明：

（1）三列数据之间使用空格分隔，剖面点距可以不一样。

（2）重力异常剖面和磁力异常剖面可以起点不同，点距不同，但地理位置应一致。

（3）可以仅输入磁力异常，或重力异常进行单异常拟合解释。

图 6.3.8　重磁高程信息不同提示窗口

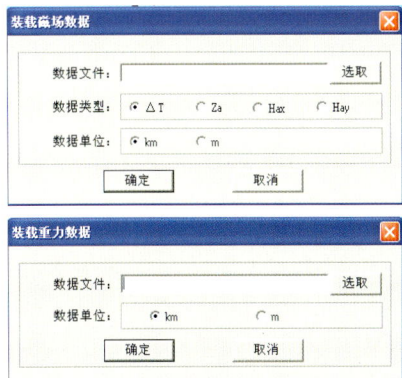

（4）剖面方向是从左向右。剖面右向即剖面方位。

（5）剖面方位角按顺时针偏离地理北的角度计算。角度以十进制表示。

数据输入的界面如下图 6.3.9 和图 6.3.10。数据输入后，即显示异常曲线，并在程序左上侧的标题栏提示当前反演的剖面数据文件名。

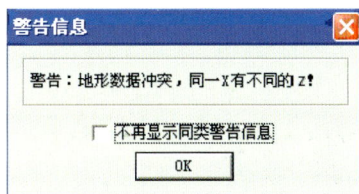

图 6.3.9　重、磁异常数据文件输入对话框

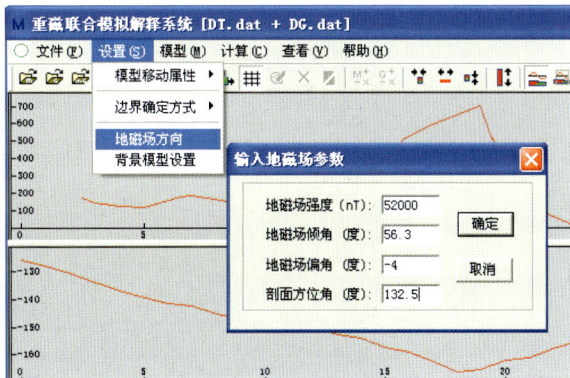

图 6.3.10　地磁场参数与剖面方位参数设置

参数设置

➤ 剖面参数设置

图 6.3.10 是地磁场与剖面方位角输入示意图，剖面所在地的地磁场为 52000nT，地磁倾角为 56.3°，地磁偏角为 –4.0°，剖面方位角为 132.5°。

如图所示，从菜单栏选择**"设置"** → **"地磁场方向"**，程序即弹出地磁场参数和剖面方位角输入对话框。输入剖面所在地的地磁场参数和剖面实际方位角即可。有关物理量的说明如下：

（1）地磁场强度单位是特斯拉（T），这里使用 nT。换算关系如下：

$$1\ T = 10^9\ nT$$

1 Oe（奥斯特）=1 Gs（高斯）=10^{-4} T；（例如：0.5Oe→50000 nT）

（2）地磁场倾角、偏角应使用剖面当地的地磁要素数据。单位是度，以十进制实数表示。

（3）剖面方位角单位是度，十进制实数表示。剖面方向按顺时针偏离地理北的角度计算，顺时针为正，逆时针为负。

➤ 模型建立及其参数设置

选择**"文件"** → **"装载重磁模型"**，读入已有模型数据，或者，直接在模型区使用**"Ctrl+鼠标左击"**进行建模，或者，可以选择**"文件"** → **"装载 BMP 背景图"**，然后参照背景图进行地质体模型建立，即创建模型。

建模操作：按下 **Ctrl** 键后在模型区域合适的位置依次用鼠标左键点击，构成封闭多边形，即建立了一个截面为多边形、垂直断面为有限长度的地质体（多边形角点一旦构成封闭，程序即认为是一个模型构成了），此后即弹出该新建模型的属性设置对话框，如图 6.3.11 所示，用于编辑其物理和几何参数，以及颜色和花纹。程序提供了多种用来填充模型体的图案。用户可以根据习惯和需要来设置模型的图案。

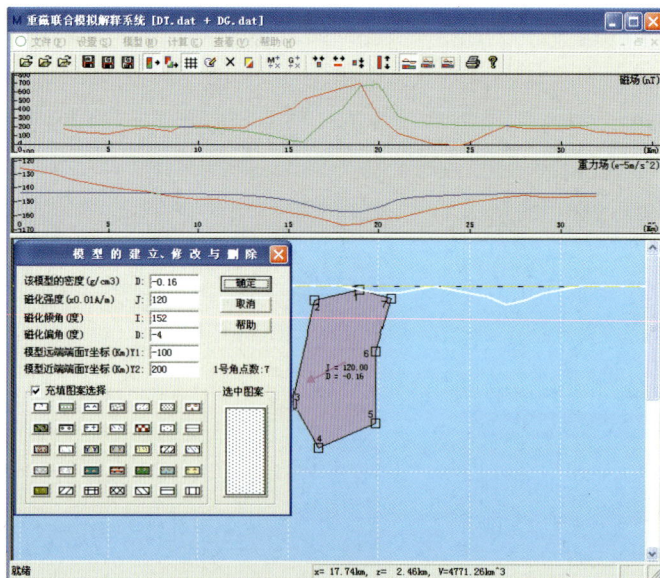

图 6.3.11　模型参数输入

模型建立且属性设定后，对应的正演计算异常曲线即显示在异常区。

可以显示异常轴右侧显示的原始异常与理论异常拟合的均方差值，以指示出反演拟合的精度。

在建模过程中，如果还没有完成，点击右键可以逐步后退，删除刚建立的角点。

对于已建的模型，鼠标选中后双击，也弹出所选模型的属性参数设置对话框，供修改。有关参数的说明如下：

（1）模型密度 D，单位是 g/cm^3。

（2）磁化强度 M：模型体的有效磁化强度。单位是 A/m。

【注意】

a. 这里使用 10^{-2}A/m。如实际值是 0.2A/m，在此输入值为 20。

b. 有效磁化强度是感应磁化强度与剩余磁化强度的矢量和。在不计剩余磁化强度（简称剩磁）和退磁的情况下，模型的磁化强度就是感应磁化强度（简称感磁），其数值等于地磁场强度与模型体磁化率的乘积（$M=kT/\mu_0$），方向与地磁场方向一致。

c. 一般情况下，不用考虑退磁的影响。但是，在模型体磁性很强时，则应考虑退磁作用。退磁的强度与模型的几何形态有关，需要进一步计算。

（3）磁化倾角 I：模型体的有效磁化强度的倾角，即有效磁化强度方向与剖面方向的夹角。

在不计剩磁和退磁的情况下，磁化倾角应选择为当地地磁场在剖面上投影矢量的倾角。

（4）磁化偏角 D：在不计剩磁和退磁，并且磁化倾角选择为当地地磁场在剖面上投影矢量的倾角的情况下，磁偏角为 0。

（5）模型远端端面坐标 $Y1$，入纸面为负。

（6）模型近端端面坐标 $Y2$，出纸面为正。

图 6.3.11 是单一模型异常反演示意图，图中模型与周围介质的密度差为 0.16g/cm^3。模型磁化强度为 1.2A/m。模型垂直剖面向里延伸 100km，向外延伸 200km。有效磁化强度倾角 152°，偏角−4°。

结合垂直于剖面的模型长度变化，可以全面模拟异常体在三维空间的展布情况。

模型与异常曲线外观

对于读入的异常曲线用户可以用三种不同的方式及不同颜色（即点、线、点划线）来显示。

操作：置鼠标于数据区，单击右键，选择**"原始数据"→"外观"**并选择其中的一种或多种方式来显示曲线，也可以选择**"查看"→"数据区"→"原始数据"→"外观"**，来改变原始数据的外观。

修改背景色

通过修改背景色，可改变异常区和模型区的背景颜色。选择**"查看"→"数据区"→"背景色"**，弹出背景色设置对话框，如图 6.3.12 所示。用户可以从基本颜色中选择自己需要的颜色，也可以通过自定义设置背景色。

对于模型区，系统也提供了一些改变模型视图的方法和模型在模

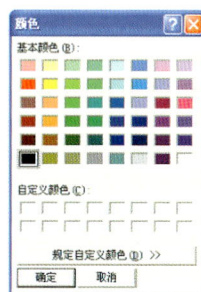

图 6.3.12　背景色设置

型区的显示方式,模型的视图方法包括显示或隐藏模型角点标识、模型角点大小(有效范围)、模型区的缩放和背景场的设置。模型在模型区的视图方式包括以最大宽度显示、根据数据宽度显示和根据模型区宽度显示。

角点标识 是标识角点位置的。选择标识,则所创建的模型以方框的形式显示角点,反之则不显示角点,可以选择**"查看"→"模型区"→"角点加标识"**,显示或隐藏角点。

角点有效范围 角点有效范围是角点的显示范围的度量。其值为从 3 到 8 的数值,它标识了角点标识的显示大小,值越大,标识越大。选择**"查看"→"模型区"→"角点有效范围"**,选择不同的值,可以方便的改变角点的标识大小。

模型区缩放 有时我们所建立的模型复杂而且模型整体厚度较小,为了显示上的更加清晰,可通过缩放模型区改变模型的显示比例。选择**"查看"→"模型区"→"模型区缩小一倍/模型区放大一倍"**。

修改模型

如果建立的模型所产生的异常和原始观测异常存在较大差异,则需要对模型进行修改。

➤ 物性的修改

鼠标放在模型内单击右键,或左键双击,弹出建模对话框,用以修改模型物性参数。

➤ 几何形状的修改

模型移动 模型形态的修改简单、方便且实时响应。鼠标指针放在模型多边形的内部,然后按下鼠标左键拖动(必要时,按下 Shift 健辅助),模型就跟着移动,模型场产生的异常曲线也实时变化。

角点移动 角点移动和模型移动一样方便。当鼠标在角点上时,按下鼠标左键拖动,角点就跟着移动,异常曲线及误差的响应也是相应地变化。

角点坐标编辑 鼠标放在角点上按右键,在弹出的列表上选择编辑角点,则该角点坐标列出在上部,整个模型的角点列出在下部。这时就可以修改模型的各角点坐标。修改后点击"确定",角点即移动到修改后的坐标,异常曲线发生相应变化。这一功能对有已知控制条件的细致反演具有帮助。

删除角点 鼠标放在角点上,按右键并在弹出列表上选择删除,该角点就可以删除。

增加角点 对已经建立的模型增加角点是在模型修改中经常需要的操作。具体操作很简单,只要在模型的边上,按右键选择增加角点,然后点击模型需要增加角点的一条边,即可以为模型在该条边上增加一个角点。

模型剖分 如果异常形态较复杂,或需要有较高的拟合精度,往往要对已建的较大模型进行分解,分解成较小、较细的组合模型,并修改其各自的物性等参数,即进行模型剖分。进行切分的模型,至少要有四个角点。操作如下:

◇ 从模型区选择一个模型;

◇ 选择工具条上的**"模型"→"切分模型"**;

◇ 将鼠标移动到要进行切分模型的一个角点上,鼠标变为剪刀形状;

◇ 使鼠标从模型的一个角点移动到另一个角点,单击鼠标左键,模型即被切分为两个独立的模型。

角点合并 对已经建立的几个分离的模型进行合并时,需要进行模型角点合并操作,具体操作是选中模型的角点，然后按左键移动到需要合并的角点处即可，合并后的角点即成为公共角点。

模型合并　对两个相邻且具有两个相邻公共角点的模型，按 Ctrl 健将其全部选中后，点击合并模型快捷键，可以将它们合并成为一个模型，合并后的模型的物理参数与原来其中一个模型的相同。

➢ 背景物性及背景场设置

反演剖面所在地区重、磁异常的背景场和区域物性背景值在多数情况下可看成是简单的、线性的。可以通过设置及调整背景物性及背景场的设置，来得到更合理的反演解释结果。

背景场设置　将鼠标放在剖面的异常曲线区，单击鼠标右键，选择趋势背景场，弹出"**背景场设置**"对话框，如图 6.3.13 所示。

该对话框中指明当前实测场中去除掉多少背景值（并不修改原始观测数据），可以输入一正常场作为背景。如果选择"**自动选择**"，则正常背景场会在建模、反演的过程中发生变化，根据模型数据与实际数据的吻合程度自动调整其大小，以使异常吻合最好。

对于较长的剖面异常反演建模，往往需要去除一个倾斜的线性背景场。通过"**附加倾斜**"即可附加一个倾斜的线性背景场，如图 6.3.14 所示。

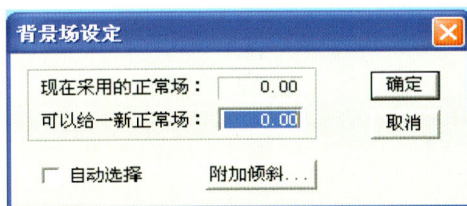

图 6.3.13　背景场设置

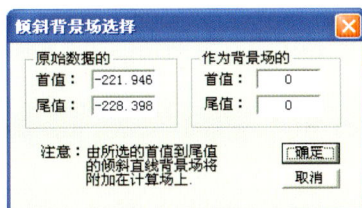

图 6.3.14　附加倾斜背景场设置图

程序自动给出观测剖面数据第一个值和最后一个异常值（即左端点值和右端点值）供参考。一般地，应根据显示的观测数据曲线的形态和异常剖面数据的第一个和最后一个值，给出作为背景值要去掉的第一个和最后一个。倾斜背景场就是所给的第一个与最后一个值连成的倾斜直线所确定的场。

【注意】磁异常的正常场（背景场）的选择对于定量反演至关重要！切勿简单地使用程序自动选择的方法确定正常场。务必根据实际情况，认真选择。

画线与注记

本软件系统提供了基于屏幕的文字编辑和画线功能。用户可以在反演解释计算完成后，在界面上标注钻孔，勾画断裂、地层界面等构造线。线型包括实线、虚线、直线、折线及圆滑曲线等。这些文字标注和线段可以显示，也可以隐藏。图 6.3.15 是一个例子。

对于输入的文字和线段可以对其属性进行修改。置鼠标于文字或线段处，单击左键，选中后单击右键，选择"**修改线段属性**"、"**修改文字字体**"或"**删除线段、文字**"，对文字和线段进行修改。

重磁异常的联合模拟反演

针对剖面上观测的重力异常和磁异常，RGIS 实现重磁联合反演的方法是对地下密度体和磁性体进行几何与物性参数的统一模拟计算。可分以下三种情况：

（1）对于重磁同源的情况，密度体和磁性体采用同一个多边形体进行密度和磁化强度及几何形状的模拟反演（参见图 6.3.11）。

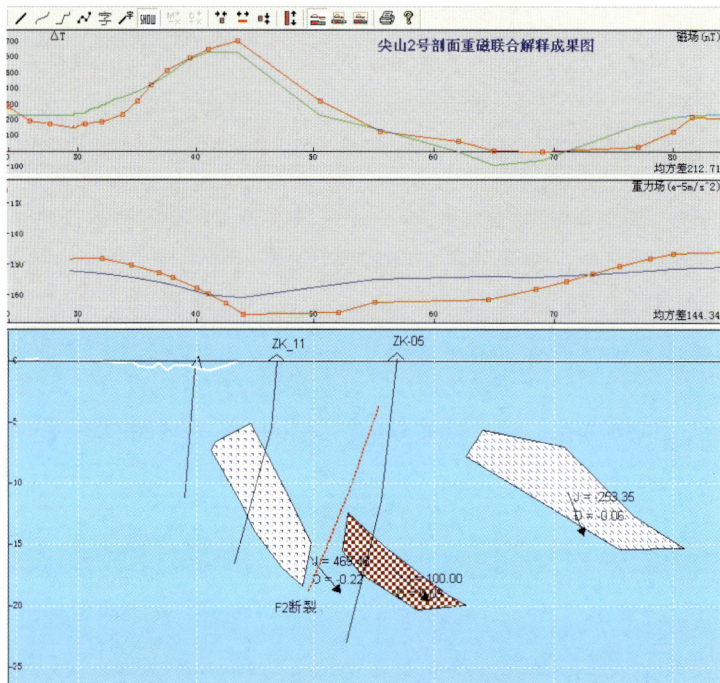

图 6.3.15   屏幕编辑与绘制钻孔和构造等地质信息

（2）对于重磁部分同源的情况，可以将一个地质体划分成不同的几个多边形体，分为同源部分和不同源部分分别进行密度、磁化强度和几何形状的模拟计算。

（3）对于重磁不同源的情况，可以使用两个或多个多边形体进行模拟计算。其中，计算重力异常的密度体的磁化强度设为 0，而计算磁异常的磁性体的密度（差）设为 0。

客观世界中的重、磁异常的场源，往往比较复杂。通过重、磁异常的联合反演，可以减少多解性，得到较为可靠的解释推断结果。

为了反演复杂异常，或拟合复杂的地质情况，可以多设置一些不同参数和形状的多边形地质体，或将一个大的多边形体剖分为若干小的多边形体，小多边形体的密度（差）和磁化强度参数也可以各不相同，并且要结合地质认识进行反演。

三维重磁异常形体模拟反演

三维重磁异常形体模拟反演是以场源的几何形态可视化为主的一种反演方法，它通过几何形态可视化人机交互方式修改场源体形态与物性参数，进行重磁异常反演计算。该方法用于了解地下场源体的空间分布，确定三维密度体和磁性体的位置和几何形态。该方法可用于重磁异常解释的精细反演工作，满足矿产资源勘探与工程和环境物探资料的细致解释应用工作。

一般情况下，求解本身固有多解性的位场反问题需要增加关于场源分布的辅助信息。增加辅助信息的办法是，场源模型的参数化和反演计算的约束条件。场源模型参数化是用较少的模型参数表示场源分布。这样可以简化反问题，把未知数从无限多个减少为有限个。参数化方法分为两类：物性模式、几何模式。物性模式：把场源分布区离散为一系列物性在一定范围内变化的栅格单元，固定栅格单元的形状，以每个栅格单元的物性作为反问题求解的模型参数。几何模式：用几何形体表示场源分布区，固定几何形体的物性参数，以几何形体的形状，位置，形体点的坐标作为反问题求解的模型参数。

两种不同的场源模型参数化方法对应两种不同的三维重磁异常反演方式：物性反演和形体反演。相应地，体数据格式也不相同。

三维重磁形体模拟反演模块把三维可视化技术、三角形多面体几何形状自动反演与人机交互正演模拟相结合，实现了重磁异常三度体可视化人机交互约束反演。

程序约定

三维实体坐标：从西到东为 X 轴，从南到北为 Y 轴，从下到上为 Z 轴；

三维屏幕坐标：从左到右为 X 轴，从底到上为 Y 轴，从里到外为 Z 轴。

三维重力数据反演时，物性为密度，单位为 g/cm^3；

三维磁力数据反演时，物性为磁化强度，单位为 $10^{-2}A/m$。

程序主界面

选择"**三维重磁异常形体反演**"，打开如图 6.3.16 所示程序界面。程序主界面的左侧是场及模型参数交互区，采用浮动方式，用户可以选择菜单"**视区**"→"**场与模型参数**"选项，来关闭和显示它。场及模型参数交互区有场值、模型和颜色三个列表式对话框组成，可以修改**场值参数**、**模型参数**和**模型体颜色**。

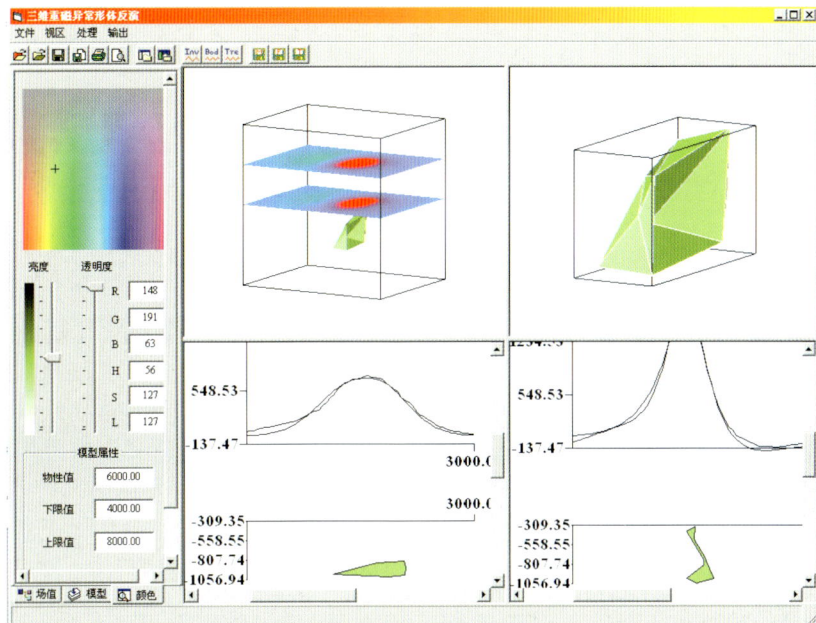

图 6.3.16　三维重磁异常形体反演程序界面

主界面的右侧一共分为四个视区，它们分别是**场及模型立体显示区、模型交互区和场剖面及模型截面显示区**。

场及模型立体显示区　该区位于界面左上区，主要用来显示反演过程中场和模型的动态变化，如图 6.3.17 所示。

模型交互区界面右上区，用户在这个视区里可以对模型进行各种操作和修改模型。如图6.3.18 所示。

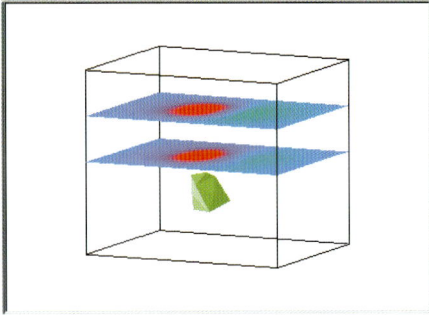

图 6.3.17　场及模型立体显示区

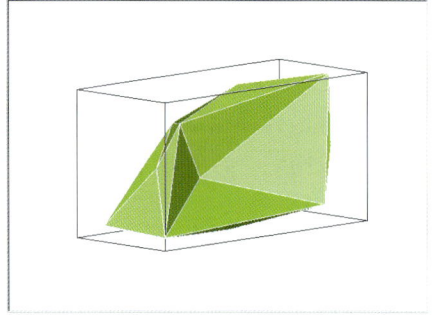

图 6.3.18　模型交互区

场剖面及模型截面显示区　左下视区和右下视区都是场剖面及模型截面显示区。该区主要用来显示过指定点（*X*，*Y*）的 *XOZ* 和 *YOZ* 两个十字剖面—截面，可以按鼠标右键来设定坐标轴参数和实测场及正演场剖面曲线颜色，如图 6.3.19 所示。

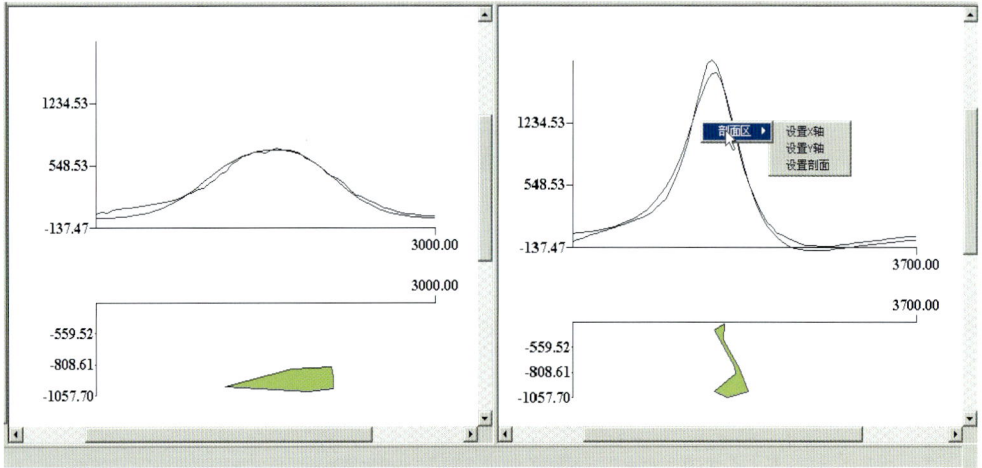

图 6.3.19　场剖面及模型截面显示区

用户可以选择菜单"**视区**"→"**剖面截面切换**"选项，通过鼠标在"**场及模型立体显示区**"里移动来浏览模型截面和经过鼠标点互相垂直的两条剖切面的场值拟合情况，屏幕实时刷新场剖面及模型截面显示区，如图 6.3.20 所示。同时屏幕下方的状态栏显示相应的鼠标的位置坐标。

基本步骤

（1）根据已知地质资料、异常特征、前期处理结果或其他方法技术资料确定反演区域及其相应的数据准备。

（2）根据已知地质情况，估计矿体中心，然后应用规则形体特征建立初始形体即地质矿体的初始模型，预置交互物性参数。

（3）如有必要，对初始模型进行计算机自动反演，显示各步迭代的计算结果，此步可以跨过，而且只应用于初始建模阶段。

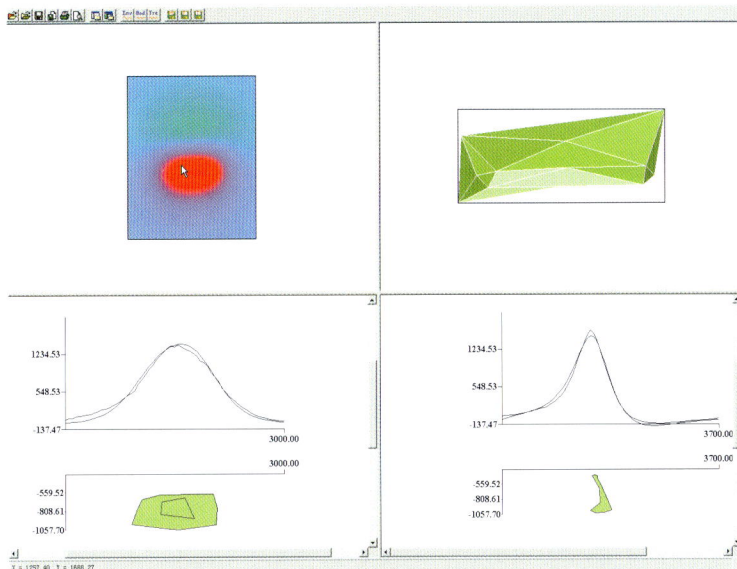

图 6.3.20   平面与剖面异常及模型截面显示

（4）进入交互阶段，计算逼近形体的正演场。

（5）根据交互解释的结果，确定是否进行滤波处理。

（6）漫游三维形体形状及其异常特征，这一步骤可以全方位查看逼近形体的正演场、实测场和形体的空间特征。

（7）形体操作，在这一步里可以根据异常的残差特征对逼近形体进行变形、三角网格加密、移动、增减、约束，可以随时对形体进行变形操作以减小残差。

（8）重复操作，使形体的形状逐渐向复杂和精细变化，直至交互解释结束。

数据准备

选择"文件"→"数据准备"，打开反演数据准备对话框，如图 6.3.21 所示。该对话框中需要用户设置下面几项内容：

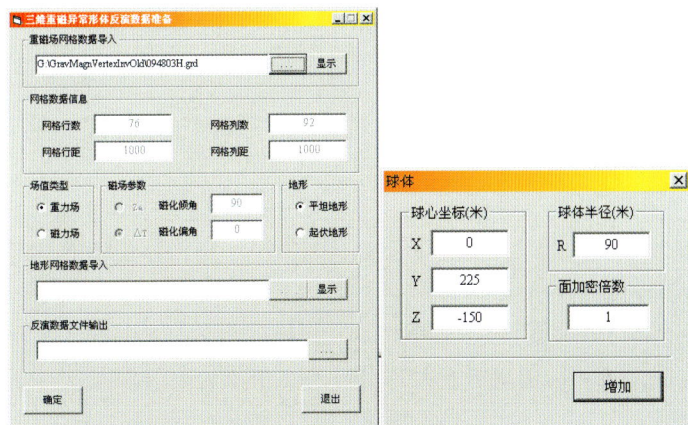

图 6.3.21   反演数据准备

场值类型：选择反演的数据类型，包括重力场和磁力场，如果是磁力场则需要进一步选择是 ΔT 还是 Za，并给出相应的磁化倾角和磁化偏角；

地形：选择数据测区的地形类型，平坦或起伏；

场值数据导入：导入重磁场数据文件，文件格式为 Surfer 网格文件。

高程数据导入：导入相应的高程数据文件，文件格式为 Surfer 网格文件。

确定：参数设置完毕，单击确定按钮，打开保存反演数据文件对话框，反演数据文件为文本格式，默认后缀为"***.gm3**"，给定保存数据文件名，并"**确定**"。系统自动给出初始模型设置参数，如图 6.3.22 所示，程序默认的初始模型为球状多面体，用户可以修改其球心位置、球体半径和球面加密倍数。

注意给定初始模型时，球体半径必须大于零，球心位于零高程平面以下，球心 Z 坐标输入负值。

此外，用户也可以直接操作"**文件**"→"**输入文件**"，直接读入反演数据文件，进行三维重磁数据的反演计算。

三维模型交互修改

三维模型的交互技术可以交互地建立复杂形体。在以后的操作中，涉及三维模型交互技术，其操作完全一致。用户读入数据并创建了第一个初始模型后，就可以进行三维模型交互反演了，三维重磁数据的反演主要是通过模型的建立和修改来实现的。下面着重介绍模型的交互反演。

模型交互时，鼠标指向模型体可随时按右键启动交互菜单进行模型交互选项，如图 6.3.22 所示。

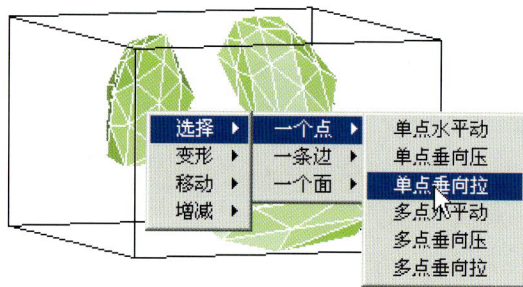

图 6.3.22　模型交互修改

模型交互功能包括形体表面**三维漫游**和对顶点进行**局部改变、插入顶点、形体整体变形、形体移动、形体增减等**操作。

三维漫游　首先用鼠标在"**模型交互区**"内点击一下，同时按住键盘上的"Shift"键和键盘上的"↑、↓、←、→"即"上、下、左、右"键，则模型能沿着这几个方向转动，用户可以观察到模型的形状。

交互功能的启动与关闭采用触发式结构，鼠标指向形体并按鼠标右键弹出交互菜单，通过交互菜单选取交互功能，即可进行交互操作；当某一交互操作功能处于启动状态时，按右键即可关闭交互功能。

要改变形体，按住左键拖曳即可，释放左键形体改变且完成正演计算，当计算完成后可继续重复操作。

在进行局部变形拖曳时鼠标要指向主变点，即变亮的顶点，在进行整体改变时鼠标要指向形体。在进行 Z 向（垂向）操作时采用按下左键后，再释放左键，等待形体变化和正演计算完成后，可继续重复操作，形体将继续改变。

单点改变　包括 **单点水平移动、单点垂向压缩、单点垂向拉伸**。

操作方法：鼠标必须指向形体，在要改变形体节点周围按下右键，屏幕弹出菜单，选择"**一个点**"→"**单点水平动**"（或单点垂向压、单点垂向拉），原鼠标指向处的节点被选中（变亮），程序处于等待形体改变状态，按下左键拖曳，在投影平面内节点位置改变。如果想停止交互按下右键，再抬起即可关闭交互功能。在进行垂向（Z 向）操作时采用按下左键后，再释放左键，等待形体变化和正演计算完成后继续重复操作，形体将继续改变，按右键则关闭本次交互功能。

多点改变　包括 **多点水平动、多点垂向压、多点垂向拉**。

操作方法：将鼠标指向形体，在要改变形体节点（主变点）周围按下右键，屏幕弹出菜单，选择"**一个点**"→"**多点水平动**"或"**多点垂向压**"、"**多点垂向拉**"，鼠标所指向的节点变亮，按住左键拖曳，在投影平面内节点位置改变，按右键则关闭本次交互功能。垂向改变与上类同。

插入节点　指在边或面上插入一个节点，并对原相关三角面进行剖分。

操作方法：将鼠标指向形体，在要插入节点的边周围或面上按下右键，屏幕弹出菜单，选择"**一个点**"/"**一个面**"→"**插入节点**"，即可在指定位置插入三维节点。

整体变形　指在三维空间内进行投影平面 XY 变形。

操作方法：将鼠标指向形体，按下右键，屏幕弹出菜单，选择"**变形**"→"**水平操作**"，程序处于等待形体改变状态。按住左键拖拽，即可使形体变形，按右键则关闭本次交互功能。

整体移动　指在三维空间内进行投影平面 XY 移动形体。

操作方法：将鼠标指向形体，按下右键，选择"**移动**"→"**水平操作**"，程序处于等待形体改变位置状态。按住左键拖拽，即可使形体变形，按右键则关闭本次交互功能。

模型增减　包括**增加模型**和**删除模型**。

增加模型包括增加球状多面体、长方体或形体文件，操作方式如图 6.3.23 所示。用户可以选择增加模型的种类：方体、球体或者是用户自己设计的模型文件。在增加球体和方体模型时需要输入模型的尺寸和空间位置，系统默认的模型文件后缀名为：***.mo3**。

删除模型时，用鼠标指向欲删除的模型，点击鼠标右键，弹出右键菜单，选择"**删除模型**"，即可完成模型删除。

只有视区存在两个或两个以上模型时，才能进行删除模型操作，且不能删除最后一个模型。

数据输出

程序可以输出模型数据、正演数据、区域场数据和三维体数据，其中正演数据和区域场数据为 Surfer 网格数据，当输出三维体数据时，程序直接切换到"**三维重磁异常形体反演体数据显示**"模块，并打开用户当前输出的三维体

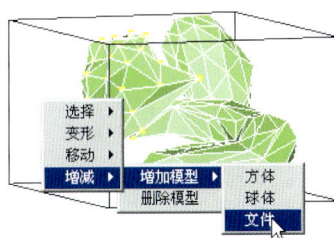

图 6.3.23　模型增减

数据。

三维重磁异常形体模拟反演成果数据显示

此功能模块是主要用于展示三维重磁形体模拟反演的结果,用于三维重磁形体模拟反演的实测场、正演场剖面数据和模型截面坐标数据输出,以方便和二维资料对比分析。另外,形体模拟反演的模型体不位于测区中心时,其两条十字中心剖面只能切到模型的边部,利用该成果显示模块可观察任意位置上的剖面情况。

程序主界面

用户可以从**"三维重磁异常形体反演"**模块中直接打开**"三维重磁异常形体反演体数据显示"**模块,也可以点击系统菜单**"三维重磁异常形体反演体数据显示"**,打开的程序界面如图 6.3.24 所示。

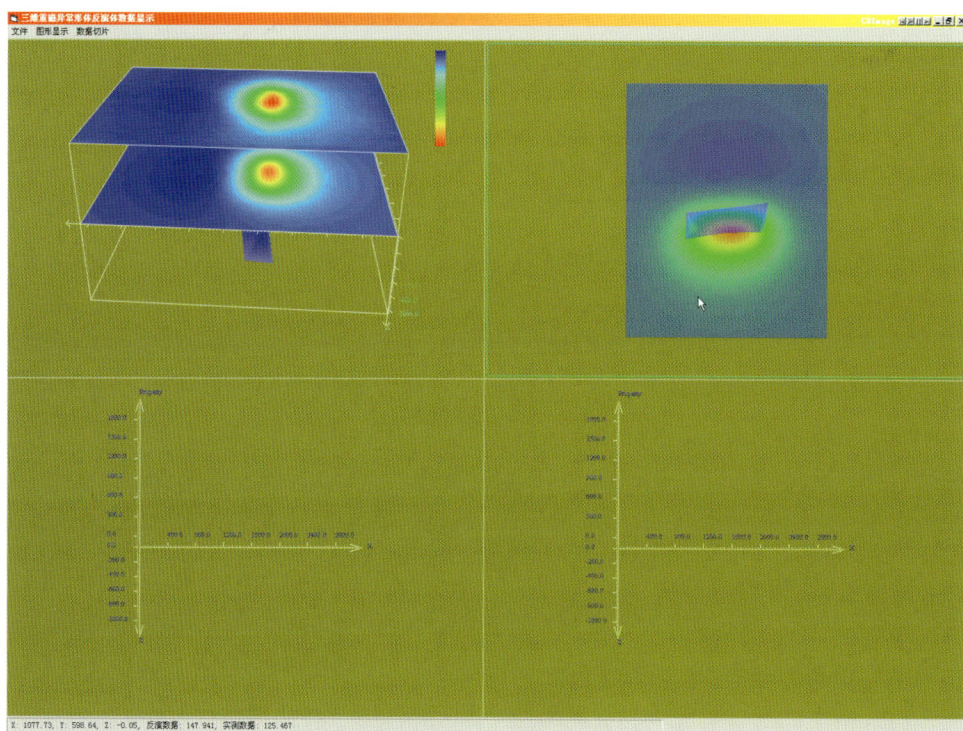

图 6.3.24   三维重磁异常形体反演体数据显示程序界面

程序主界面和**"三维重磁异常形体反演"**模块类似,同样分为四个视区,左上角是**场及模型立体显示区**,右上角是**场及模型切片交互区**,下边是**场剖面及模型截面显示区**。鼠标选中任意一个视区,双击鼠标可以把当前视区切换到全屏幕显示,再次双击鼠标又恢复成四个视区。

显示设置

显示颜色设置。可以设置屏幕背景、坐标轴、坐标标注。可以设置图形的透明度,如图 6.3.25 所示。

曲线颜色设置。设置**"场剖面及模型截面显示区"**里剖切面数据的颜色,包括地形数据、反演数据和实测数据,如图 6.3.26 所示。

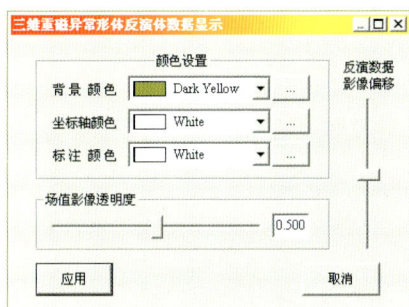

图 6.3.25　三维重磁异常形体反演体
数据显示颜色设置

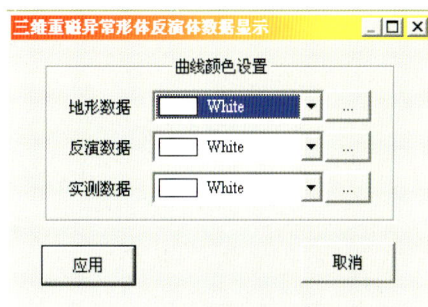

图 6.3.26　三维重磁异常形体反演体
数据曲线颜色设置

图形操作

图形操作包括放大、缩小、旋转、还原显示等。

图形放大、缩小操作只能针对**场剖面及模型截面显示区**，操作方法为：鼠标点击一下"**场剖面及模型截面显示区**"，然后拖动鼠标，即可实现图形放大、缩小。

图形的旋转、复位等操作只能针对**场及模型立体显示区**，操作方法为：鼠标点击一下"**场及模型立体显示区**"，然后拖动鼠标，即可实现图形的任意方向旋转。点击"还原显示"可以使图形恢复到初始状态。

模型切片

程序提供三种模型切片方式：鼠标操作 X、Y 方向规则切片、鼠标操作 X、Y 方向任意切片、自定义（键盘输入 X、Y 坐标）切片等三种模型功能切片。

规则切片和任意切片操作在**场及模型切片交互区**里进行，方法是点击相应的菜单后，然后鼠标在"**场及模型切片交互区**"里左键单击，此时**场及模型切片交互区**里出现两条互相垂直的十字线，随着鼠标移动，**场剖面及模型截面显示区**实时显示模型的两个剖切面和相应的剖面数据，当鼠标移动到用户确定的地置，单击鼠标左键完成切片操作，如图 6.3.27 所示。

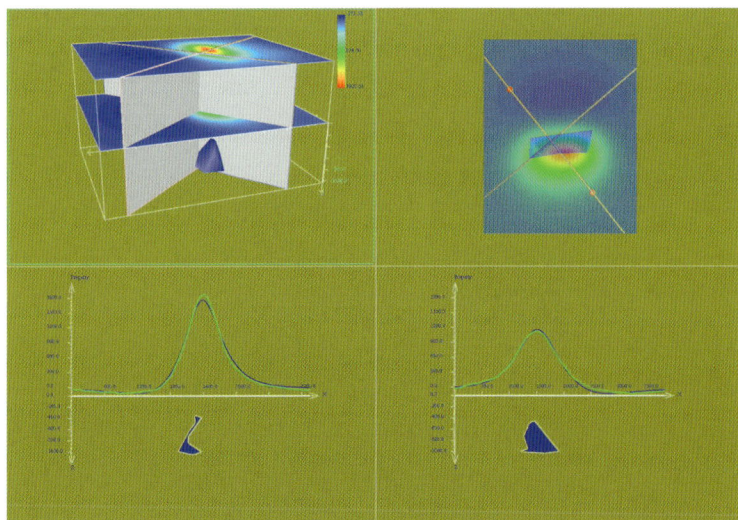

图 6.3.27　模型切片

为了方便用户，程序还可键盘输入剖面切片的 X、Y 坐标，如图 6.3.28 所示。规则切片时用户输入一个点的坐标，任意切片时用户需输入两个点的坐标。

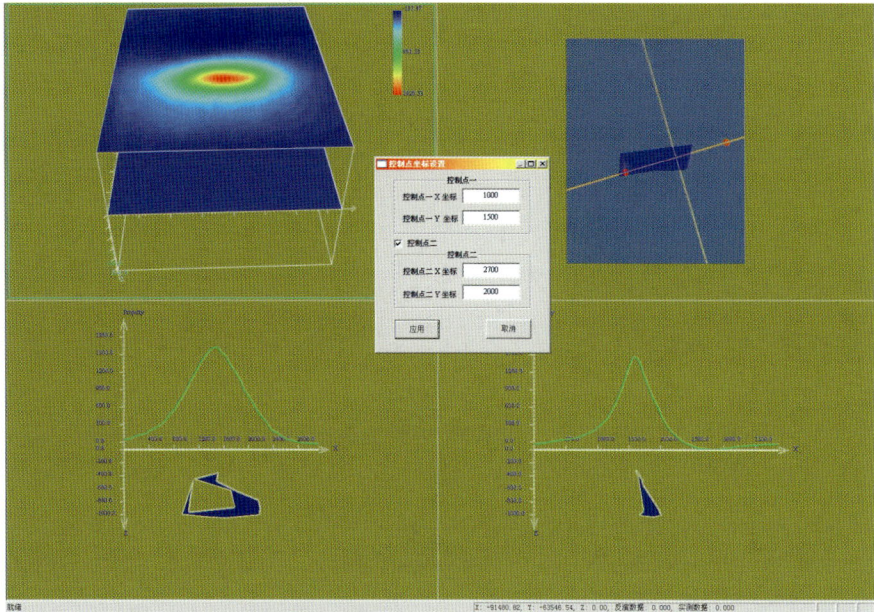

图 6.3.28   用户自定义切片

数据输出

程序可以输出两条剖面切片的实测场值、正演场值、地形等数据和模型截面坐标数据，稍加编辑可以形成剖面反演的模型数据文件。输出文件为文本格式。

三维重磁异常物性反演

三维重磁物性反演是将地下三维空间划分为若干规则的物性单元，通过反演计算确定各单元的密度和磁性参数大小，进而通过地下三维空间物性的变化，了解重磁异常场源的三维空间分布状态。该方法用于重磁异常解释的精细程度，取决于物性单元划分的详细程度。一般用于重磁异常的初步解释。

RGIS 系统的三维物性反演模块采用的反演方法为随机子域加权物性反演，该法根据三维物性反演中高维空间引起的超大计算量，提出子域反演方法；针对子域固定划分的弊端，提出随机子域方式；针对全权异常反演的缺点，提出格架权分离异常反演措施；通过理论模型误差分析对比，发现子域生成需要具有深部优先倾向性，提出子域随机生成深度概率，以提高反演的准确性。反演模块控制界面如 6.3.29 所示。

反演计算方法如下：

（1）对于面积性重磁数据，确定反演三维场源的范围。

（2）迭代选取子域，子域的位置、子域的尺度都是随机产生的，但具有倾向性，即较深处子域有更大的选中概率；针对子域的深度位置及大小，提取其几何格架（权）。

（3）根据子域几何格架（权）在整个反演模型区格架中所占的比重，提取相应的异常份额，作为反演目标异常；对选出的子域进行物性反演。

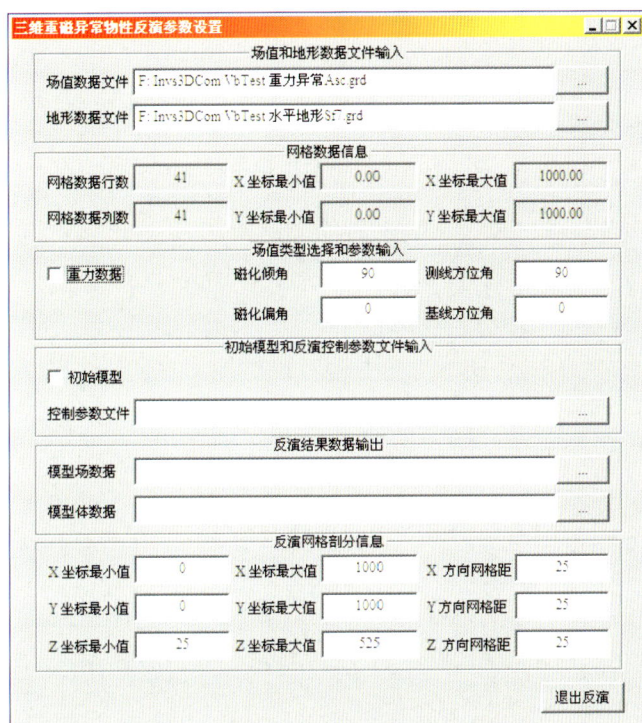

图 6.3.29　重磁三维反演模块控制界面

具体操作步骤如下：

输入场值数据文件名，即待反演的原始网格数据，Surfer 网格数据格式。如 6.3.29 所示。当输入原始数据后，控制界面上显示当前数据测区范围：$X_{min} \sim X_{max}$；$Y_{min} \sim Y_{max}$（当前物性反演三维模型的水平分布范围与测区数据对应）。另外建立了一个反演的深度范围：$Z_{min} \sim Z_{max}$，程序缺省值为：Z_{min} 为距离观测面一个点距的深度，Z_{max} 为测区水平范围尺度的近似一半。缺省深度范围值如不合适，可修改调整。

另外，需要输入地形数据文件，地形数据的范围和数据量必须和原始数据匹配，否则出错警告。

如果原始数据为重力数据，需确认该数据的点线距是否以 km 表示，如果是，则选择"km"，如不选，即默认认为以"m"为单位。注意：对于重力数据的反演，长度单位错误将导致结果错误！如果为磁力数据，则去掉"重力数据"选择项，此时"km"也隐去，因为对于磁异常数据，无需确认该数据的点线距单位，反演结果不受此影响。

出现**"磁倾角"**、**"磁偏角"**、**"测线方位角"**、**"基线方位角"**几个参数，如果是化极磁异常，磁倾角参数的数值为 90°，其他参数任意。否则，磁力数据是指总场磁异常 ΔT。如果选择**"初始模型"**，则可以输入已有模型作为反演的初始模型，如图 6.3.30 所示。

"控制参数文件"是调入三维物性反演的控制参数所在的文件（扩展名*.par），如图 6.3.30 所示。由于三维物性反演的控制参数较多，有时只是调整个别参数，如采取界面交互方式，效率不高，多次计算时连续性不强，故采取批参数控制处理方式。控制参数文件格式见附录。只有当以上参数和文件都输入完毕且没有错误时，**"开始反演"**按钮才会出现，输入反演结果数据文件名就可以开始进行反演了。

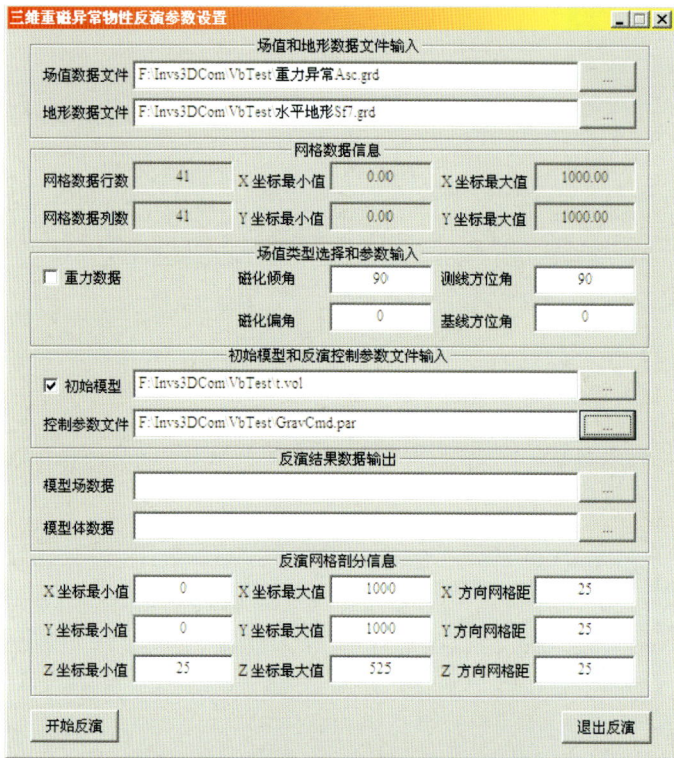

图 6.3.30 三维反演初始模型输入界面

其他如"**模型场数据存盘**"是指反演结果模型所对应的重力数据（如果原始数据是磁力数据，则输出就是模型的磁力数据），"**模型体数据存盘**"是指反演结果的三维模型数据体（文件扩展名"*.vol"）。

三维物性反演耗时较长，反演完成时，程序会有均方差显示，并提示用户是否继续进行反演，如图 6.3.31 所示。

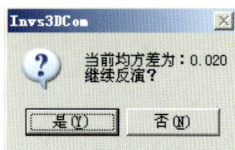

图 6.3.31 反演均方差显示

如果对反演均方差满意，用户则选择不再进行反演，程序将开始输出相关的反演结果数据，输出数据时间也比较长，程序会有相应提示，希望用户耐心等待。如图 6.3.32 所示。

最后当反演结果数据保存完毕后，程序会有相应提示并自动结束，如图 6.3.33 所示。

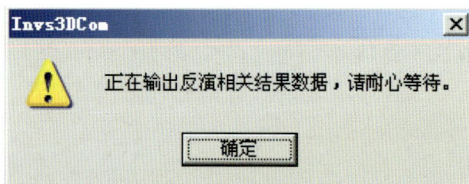

图 6.3.32 反演数据输出

图 6.3.33 反演结束

三维重磁异常物性反演结果数据显示

用户点击系统菜单"**三维重磁异常物性反演体数据显示**"，打开如图 6.3.34 所示程序界面。

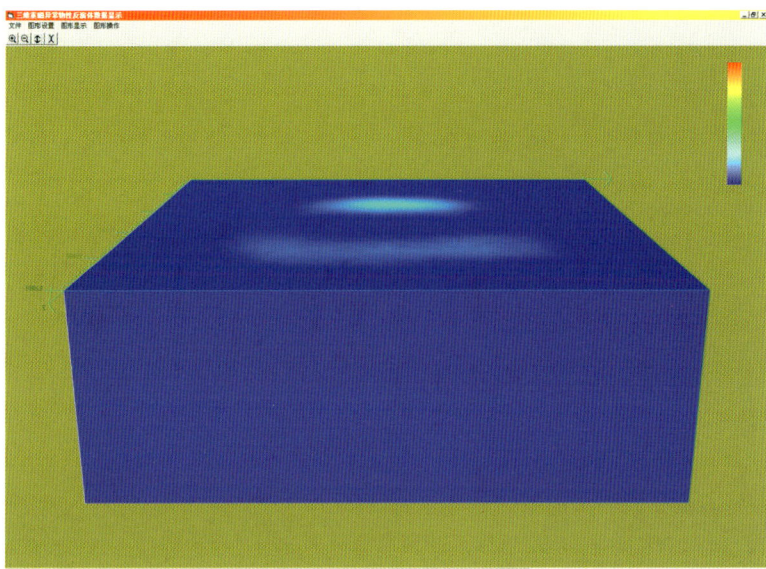

图 6.3.34 三维重磁异常形体反演体数据显示程序界面

和三维重磁异常形体模拟反演体结果显示模块类似，三维重磁异常物性模拟反演体数据显示模块的功能也大致包括**"显示设置"**、**"图形操作"**、**"模型切片"**、**"等值面显示"**和**"数据输出"**等功能。

显示设置

程序的显示设置功能是用来设置屏幕背景、坐标轴和坐标标注的颜色，如图 6.3.35 所示。

图形操作

图形操作包括放大、缩小、旋转、还原显示等。

图形放大、缩小操作包括图形的三个方向整体缩放和 Z 方向单独缩放两种方式，通过鼠标点击工具栏相应的图标来完成。

图形旋转有两种操作方法，一是鼠标拖动模型，实现图形的任意方向旋转，鼠标松开时，模型停止旋转。另外可以用鼠标点击**"模型自由旋转"**，鼠标左键单击模型时，模型停止旋转。

在这两种旋转方式下，点击**"还原显示"**都可以使图形恢复到初始状态。

图 6.3.35 颜色设置对话框

模型切片

程序提供两种模型切片方式：鼠标操作 X、Y、Z 方向规则切片和自由切片。自由切片可以在 XY 平面内对模型的 Z 方向进行任意剖切。

规则切片对话框如图 6.3.36 所示。规则切片可以对体数据的三个方向进行，切片方向下拉列表框选择。用户可以通过滑动条对模型进行快速浏览，要进行切片时，用鼠标点击对话框上的**"数据切片"**即可完成。相应切片编号、类型、位置和坐标信息在对话框的表中都有显示。

对模型进行三个方向的规则切片结果如图 6.3.37 所示。

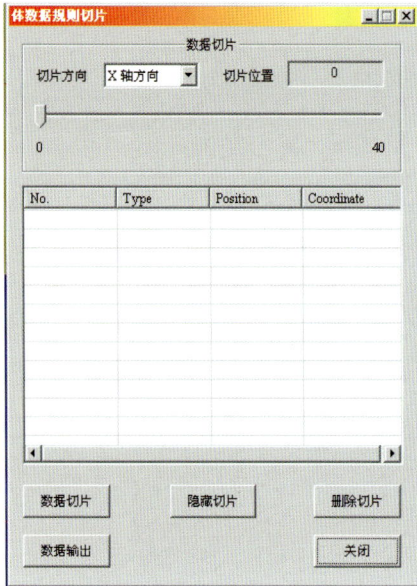

图 6.3.36　规则切片对话框

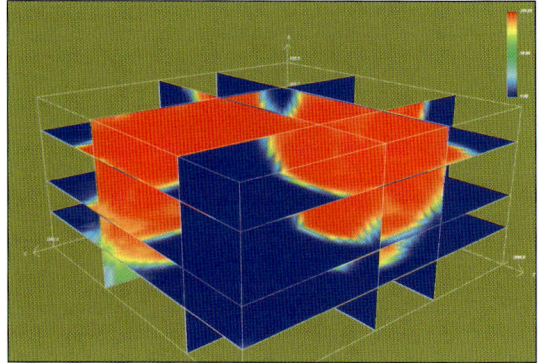

图 6.3.37　规则切片显示

用户还可以进行"**隐藏切片**"和"**删除切片**"操作，操作方法是在对话框的表中选择相应的切片，然后点击"**隐藏切片**"或"**删除切片**"操作即可完成。

自由切片的操作方法是：用鼠标选择"**自由切片**"菜单，模型由体显示变成面显示。鼠标左键在立方体边框内双击，确定第一点，鼠标左键在立方体边框内单击确定其他点，鼠标右键单击确定最后一点。自由切片的结果如图 6.3.38 所示。

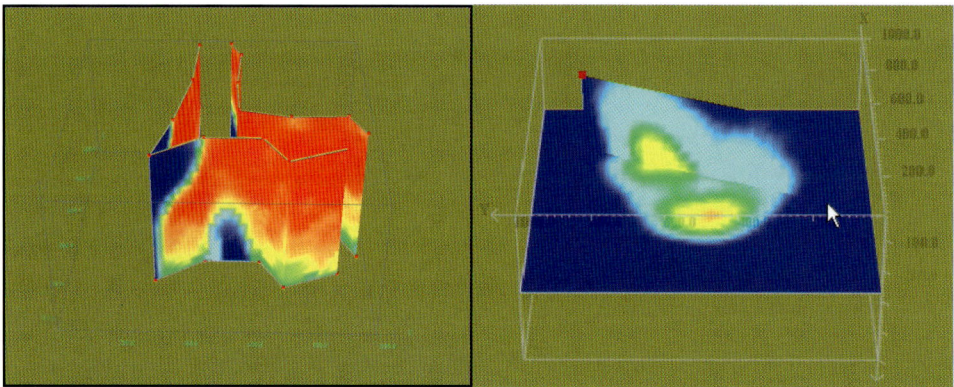

图 6.3.38　自由切片显示。左图为垂向任意切片，右图为垂向与水平方向交叉切片

等值面显示

用鼠标选择"**等值面显示**"菜单，弹出如图 6.3.39 所示的等值面参数设置对话框。用户可以通过滑动条对模型等值面进行快速浏览，相应的等值面在对话框的文本框里有显示。结合其他物探和地质信息，用户可以推断模型的大小和形状。等值面显示如图 6.3.40 所示。

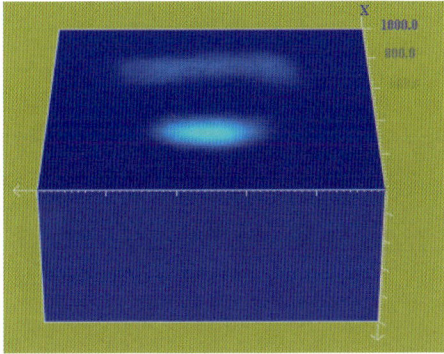

图 6.3.39　等值面显示主界面　　　　　　图 6.3.40　等值面显示操作（上）与显示结果（下）

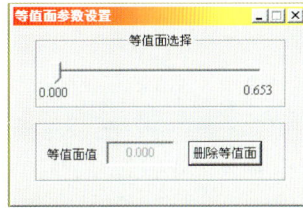

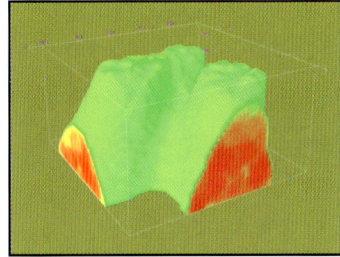

数据输出

程序可以输出 X、Y、Z 方向规则切片的网格数据，格式为 Surfer 二进制文件格式。操作方式为：如图 6.3.41 所示规则切片对话框里的切片列表里，选中要输出的规则切片，然后点击"**保存切片**"，输入文件名。

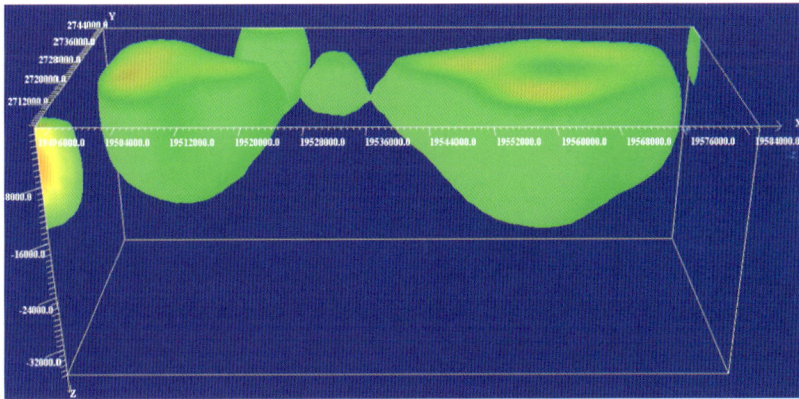

图 6.3.41　花山-姑婆山隐伏花岗岩体形态反演三维图示（中间结果）

第 7 章 电法数据处理与反演

RGIS 的电法数据处理功能模块包括一维电测深，二维电阻率、极化率正反演，二维 MT 反演，一维 TEM 正反演，电阻率地形改正。目前，这些功能模块的数据准备还不很方便，有待通过实际使用反馈而加以完善。

7.1 二维电阻率法地形改正

地形起伏不但使观测点不在水平位置，更重要的是使地下电场的分布相对水平地面发生畸变。与水平地面情况相比，地形起伏时测得的视电阻率曲线包含了地形异常和可能的有用异常。因此，当测量工作必须在地形起伏的环境下进行时，必须消除地形对观测结果的影响。

本程序根据一组给定的高程值先计算纯起伏地形模型的二维响应，进而对实测资料进行改正。可用于各种电剖面法和电测深法。

操作**"电法正反演"→"二维电阻率法地形改正"**，打开二维电阻率法地形改正对话框，如图 7.1.1 所示：

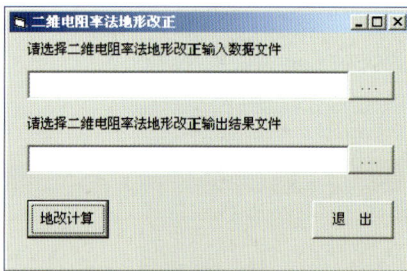

读入事先编辑好的地形改正输入数据文件，给定输出文件名，单击**"地改计算"**按钮，即可完成地形改正计算，地改结束后，系统会弹出对话框提示**"地改计算结束"**。点击**"退出"**按钮，退出地改计算程序。单击**"取消"**按钮，取消地形改正计算。

二维电阻率法地形改正程序的输入输出文件格式见附录 I。

图 7.1.1 二维电阻率法地形改正

7.2 一维电阻率/极化率测深正反演

一维直流测深方法的视电阻率和视极化率正反演程序能对二极电位、对称四极和轴向偶极测深装置进行一维层状介质的视电阻率和视极化率正演计算或对实测视电阻率和视极化率自动反演层参数。一维直流测深装置的视电阻率和视极化率正反演程序适用于五种类型装置形式，它们分别是：

➢ 二极电位测深装置，其电极距以 AM（m）标识；
➢ 测量电极距 $MN>0$ 的实用对称四极测深装置；
➢ 测量电极距 $MN\to0$ 的理论对称四极测深装置，其电极距为 $AB/2$（m）；
➢ 测量电极距 $AB=MN>0$ 的实用轴向偶极装置；
➢ 测量电极距 $AB=MN\to0$ 的理论轴向偶极装置，它们以 $OO'/2$（m）表示电极距。

程序功能如下：

➢ 一维电阻率和极化率正反演程序适用上述装置的任何大小 *AB* 供电及 *MN* 测量电极距，也适用于欧美等比测深装置，也可进行不同间隔系数的偶极测深；

➢ 对常用的二极和对称四极装置的视电阻率反演，软件通过曲线变换，提供了简易方便的图上选择初值方法，既方便用户使用也可使反演取得较好效果；

➢ 正反演速度快，精度高。

正演操作如下：

选择"电法正反演"→"一维电阻率极化率测深正反演"，打开程序主界面。如图 7.2.1 所示。可以分别进行正反演计算，下面分别介绍。

参数设置　操作"正演计算"→"正演数据输入"，或选择工具栏中打开正演数据文件按钮（🖝），打开正反演参数选择对话框，如图 7.2.2 所示。该对话框用于用户选择要计算的参数和装置类型。

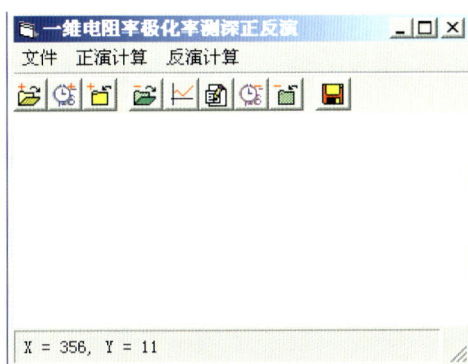

图 7.2.1　程序主界面

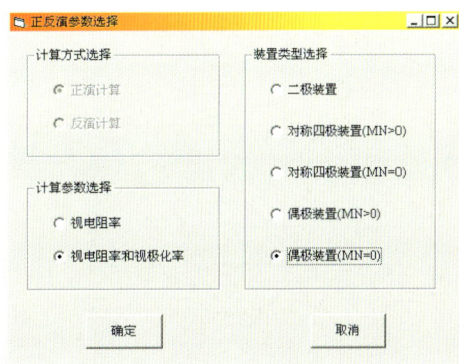

图 7.2.2　正演参数选择

➢ **数据读取**　参数设置完毕，点击"确定"按钮，打开正演数据文件的对话框，用户从中选择需要的正演数据文件名并确定，打开正演层参数选择对话框，如图 7.2.3 所示。

➢ **电性层参数输入**　这里要求用户在对话框中输入正演的电性地层层数。确定后，打开输入正演层参数对话框，要求用户在对话框中输入正演的电性层参数，包括**电阻率、层厚度和极化率**，如图 7.2.4 所示。

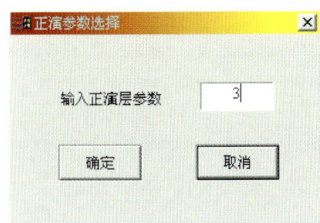

图 7.2.3　正演参数选择

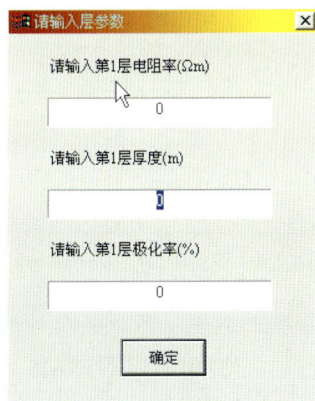

图 7.2.4　正演层参数输入

➢ **正演计算** 参数设置完毕，点击"**确定**"按钮，正演计算很快完成。程序在主窗口显示正演结果曲线，并提示用户保存正演结果数据，如图 7.2.5 所示。

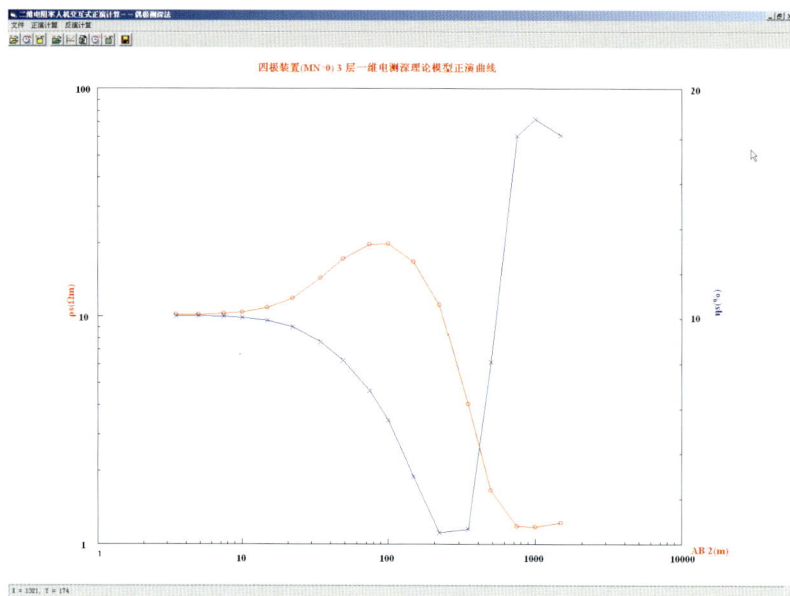

图 7.2.5 正演曲线显示

➢ **保存结果** 要正演结果图件，只需点击工具栏"**保存图形**"按钮，且赋予文件名即可，正演结果图件将以 BMP 位图格式保存。

反演操作方法：

➢ **数据输入** 依照正演操作过程，读入反演数据文件。

➢ **测深点号设置** 选择完测点位置数据，点击"**确定**"按钮，出现反演点号输入对话框，用户在对话框中输入反演点号即测深点顺序号。如图 7.2.6 所示。

➢ **迭代次数和迭代误差输入** 点击"**确定**"按钮打开**迭代次数和迭代误差输入**对话框，要求用户在对话框中输入迭代次数和迭代误差值，一般取对话框中的默认值即可。如图 7.2.7 所示，迭代次数和迭代误差设置完毕，即完成反演数据的读取过程。同时窗口显示该测深点的视电阻率曲线。如图 7.2.8 所示。

图 7.2.6 反演测深点反演序号输入

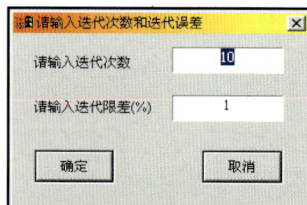

图 7.2.7 迭代次数和迭代误差输入

➢ **曲线变换** 对于**二极和对称四极装置**，均可使用变换曲线方法直接从图上选取初始参数。变换曲线操作方法：点击"**实测曲线变换**"按钮，出现变换曲线，依曲线特征判定层数。如图 7.2.9 所示。

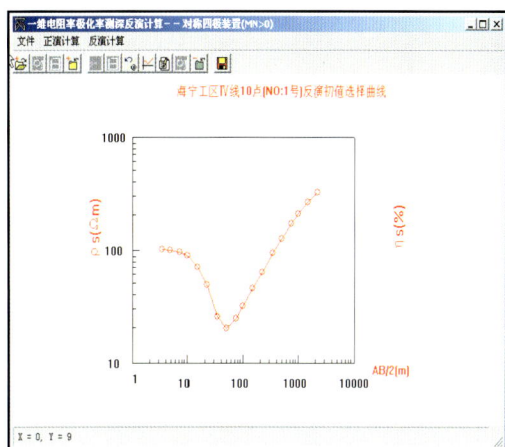

图 7.2.8　实测曲线显示

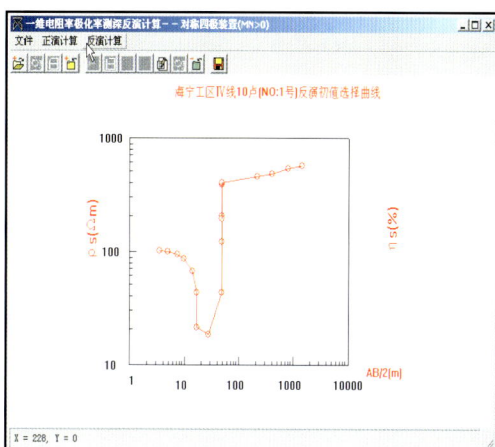

图 7.2.9　变换曲线

➤ **输入初值**　选择"**输入反演初值**"按钮，输入层数。对于**偶极装置**依次出现层数，各层初始层参数输入对话框，请用户逐一输入即可，如图 7.2.10 所示。

对于二极和对称四极装置，仅需用鼠标右键在变换曲线各层特征点位置点击层数的次数即可，点击点位置的纵横坐标即为该层的初始层参数，最后一层的厚度程序自动不计，仅需注意选择其电阻率。一般地，经过变换，在变换曲线上，各层分层处电阻率均有较大变化（梯度较大），请选择梯度较大处为层的厚度分界处；其电阻率值应高于或低于该处的变换曲线上左侧的电阻率值。用户首先可以用该地区电断面类型及大致层参数进行正演，然后依已知的正演层参数值观察变换曲线上的分层特征点位置特征。

注：初值层参数不必要很正确，但层数应划分得正确。

➤ **反演计算**　操作工具栏"**反演计算**"按钮，约不足半分钟即显示反演结果图形。若不满意反演结果，可点击"**否**"按钮，再取初值反演，如果满意，点击"**是**"，将计算结果保存至指定的文件名，如图 7.2.11 所示。如用户较熟悉操作，一个测深点反演不足 1～2 分钟。对于理论曲线，一般反演后拟合误差达千分之一的数量级，而反演的层参数值相对误差<3%（在 3 层时）。反演多层时，尤应注意中间层参数的正确选取，否则等值效应影响较大。

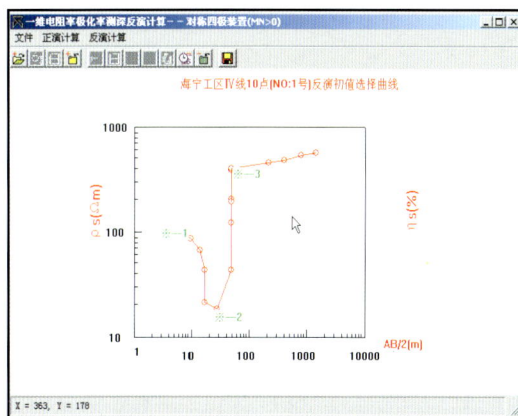

图 7.2.10　输入初值

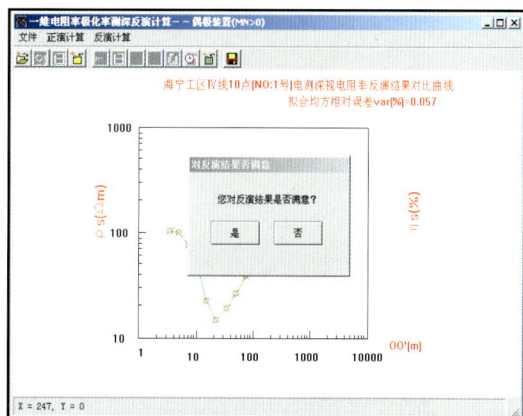

图 7.2.11　反演计算

➤ **保存反演结果**　操作 **"保存图形"** 按钮，输入文件名，将反演结果图保存。**退出反演**操作工具栏 **"退出"** 按钮，退出反演到软件主窗口界面。

一维电阻率极化率测深正反演程序的输入输出文件格式见附录I。

7.3　二维电阻率/极化率人机交互正反演

二维电阻率、极化率人机交互式正反演程序能对定源形式的充电、中间梯度，动源形式的二极电位剖面、联合剖面、对称四极剖面和偶极剖面，以及测深形式的二极电位测深、三极测深、对称四极测深和偶极测深共 10 种装置进行二维地电构造下的视电阻率和视极化率正演。二维电阻率、极化率人机交互式正反演程序按二维地电构造下纯异常电位有限单元算法设计。有限单元法计算的是纯异常电位，对算域采用矩形网格对角连线的三角形剖分，有利于模拟复杂地电构造。采用计算机图形技术人工构造地电断面、计算机自动获取剖分三角形单元电性值的方法，可避免人工输入单元电性的麻烦与困难，亦使地电断面修改简单易行，适用于试凑法人机交互反演。

程序功能如下：

➤ 可对二维地形起伏下所列各种装置的视电阻率ρ_s和视极化率η_s进行正反演计算；

➤ 充电装置的供电电源可以位于地表亦可处于地下（但观察位于地表）；充电电源个数可以多个；充电法可以是电位观测法和梯度观测法；

➤ 可以依电位或电位梯度计算充电装置下地表的视电阻率ρ_s和视极化率η_s，同时考虑地形高程的影响；

➤ 偶极剖面可进行多个不同间隔系数的偶极断面ρ_s，η_s计算，一般不宜多于 6~8 个间隔系数。

凡测深装置，其布线方向均沿二维剖面方向。

使用二维电阻率、极化率人机交互式正反演程序前，需预先准备数据文件。包括**正反演、计算参数、装置形式**等工作方式选择参数；如地形不平则需要有**地形高程数据**；还需有**各种装置参数**。如果进行试凑法反演，还需有**实测视电阻率**和**视极化率**数据，数据格式见附录I.9。

➤ **程序启动**　操作 **"电法正反演" → "二维电阻率极化率人机交互式正反演"**，进入二维电阻率、极化率人机交互式正反演窗口，如图 7.3.1 所示。

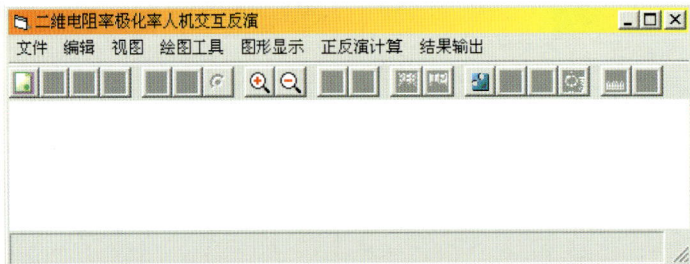

图 7.3.1　二维电阻率/极化率人机交互式正反演程序

➤ **计算方式选择**　操作 **"文件" → "新建"**，打开二维常规直流电法正反演对话框，如图 7.3.2 所示。

➢ **装载数据文件**　在新建对话框中需要设置系统工作方式、地形是否起伏、计算参数、装置形式。操作新建对话框中的**"装载数据文件"**按钮，可读入对应装置类型和参数的数据文件。如果数据文件中与对话框中参数的设置相符合，则进入主界面，否则提示**"所选择数据文件与当前设置不符合"**。这时，可以在新建对话框中重新设置各参数，然后选择相应的数据文件。

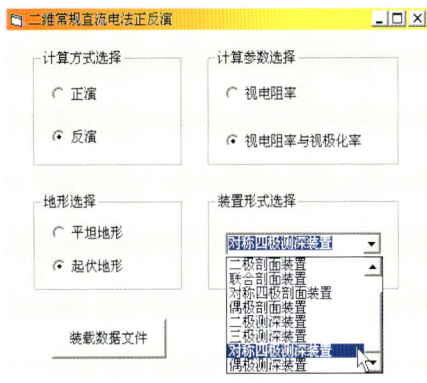

图 7.3.2　计算方式选择

➢ **点号标定**　点号标定是选取后续正反演图形显示区域的左下角坐标，在二维电阻率极化率人机交互式正反演窗口中，操作**"编辑"** → **"点号标定"**，显示一个新的窗口。在该窗口左下角任一位置点击鼠标左键，打开点号标定对话框，如图 7.3.3 所示。点号标定框中显示了当前点号、起始点号、终止点号和点距等信息。比例尺对话框显示当前的缩放比例，将当前比例尺放大一倍后，出现下图所示的初始地电断面模型，图 7.3.4 中曲线为地表地形线。在该图上部将同时出现实测 ρ_s 曲线图，选择正演计算时，该曲线缺失。也可以使用工具栏中的放大与缩小按钮来放大或缩小该图。

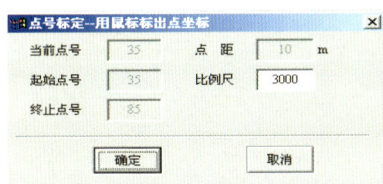

图 7.3.3　点号标定

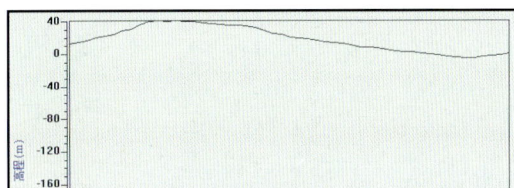

图 7.3.4　地形线

➢ **极化率图**　若工作参数中选择同时计算 ρ_s 和 η_s，操作**"查看"** → **"显示极化率图"**，将显示出与上面类似的极化率图，可以多次使用该功能在上述两图中切换。

➢ **构造地电断面**　在初始地电断面模型上，利用系统主界面工具栏上的**"直线"**、**"折线"**按钮绘制复杂的二维地电断面。其方法是首先点击**"折线"**（或**"直线"**）按钮，此时，鼠标光标显示为"+"，在算区地电断面范围内连续移动并点击鼠标左键将呈现一条曲线（按鼠标右键将终止曲线显示），如此可构成各种复杂地电断面，如图 7.3.5 所示。

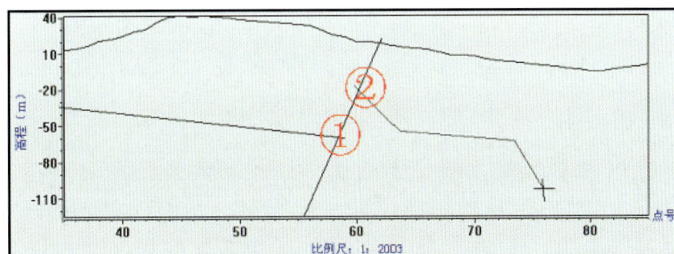

图 7.3.5　地电断面构造

未进行正演计算前，所绘制复杂地电构造的形态将在视极化率断面图上有相同的形态，经过正演计算后，再修改地电断面时，将分别进行修改且将可能有不同的形状。

所绘曲线（直线）应与地形线、算区边框线或其他曲线/直线明确相交，以便构造成一个封闭区域；相交折线应有明显的相交部分（出头部分程序会自行消除）；一条曲线/直线不能自行闭合，对一个需自行闭合的曲面，应用两条相交折线/直线/构造，并用一直线自闭合体内任一位置引伸到算区外（程序会自行消除该引伸直线）；可用编辑菜单删除最近绘制的折线或直线。

➢ **构造初始模型** 操作"**构造初始模型**"按钮，程序剔除图面未封闭成曲面的多余曲线，并可开始为地电断面赋电性值。在地电断面某一区域双击鼠标左键，弹出地电单元赋值对话框，如图 7.3.6 所示。

本对话框可为该地电断面单元赋电阻率值、设置断面显示颜色，进行地电单元赋值后，系统将给该地电断面单元赋予给定值和颜色，并且在地电断面图右上外侧显现相应图例。逐次进行将可给出地电断面各区域电性值与颜色。空气的不必赋值，程序自动给定空气的电阻率初值为 $10^6 \Omega \cdot m$，极化率为 0%。

对于极化率地电断面，可以操作**极化率图**工具，用同样方法为极化率断面赋值。**删除区域** 操作"**菜单**"→"**删除区域**"，可以删除某区域的地电断面的电性值及颜色，仅保留图形。至此，初始地电断面构造及赋值已经完成，如图 7.3.7 所示。

图 7.3.6   地电单元赋值

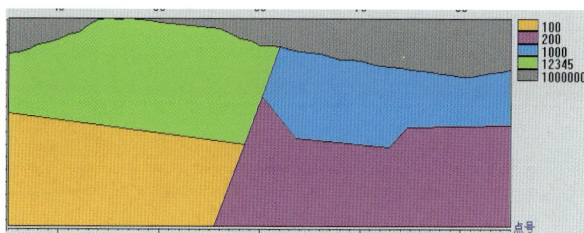

图 7.3.7   初始地电断面构造及赋值

➢ **建立算区网格** 操作工具栏上"**建立算区网格**"按钮，可以完成地电断面有限单元剖分过程，如图 7.3.8 所示。

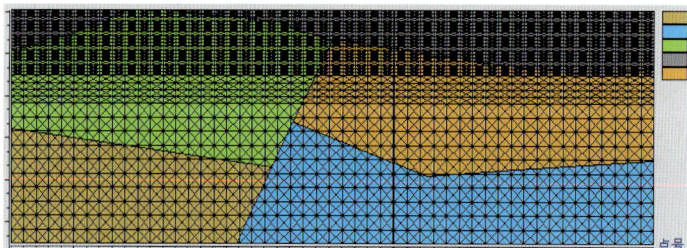

图 7.3.8   建立算区网格

➢ **获取有限单元电性参数值** 操作工具栏上"**获取网格数据**"按钮，将有限元各单元电性值自动存入程序， 此两步操作后，程序自动对极化率断面图进行相应操作。

➢ **计算并显示计算结果** 操作工具栏上"**正反演计算**"按钮，程序自动进行计算。计算结束自动弹出信息框"**计算完毕，请查看计算结果**"，点击"**确定**"，将在地电断面图上方显示计算结果曲线，如图 7.3.9 所示。至此，正演计算完成。

➢ **图形结果保存**　选择"**正演反演结果图形文件保存**"按钮，可将地电断面及曲线输出于图形文件保存，对于极化率图，亦需执行同样的操作。

➢ **正演反演结果数据文件保存**　操作工具栏上"**正演反演结果数据文件**"按钮，将弹出保存文件对话框，输入文件名保存，随即将计算结果的视电阻率和视极化率保存。

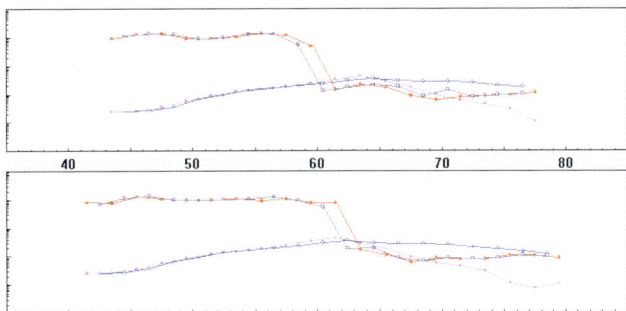

图 7.3.9　正演计算结果

➢ **地电断面剖分数据文件保存**　操作工具栏上"**地电断面剖分数据文件**"按钮，将弹出保存文件对话框，输入文件名并保存，将保存有关地电断面电性值的各种数据，以供用户利用其他图形系统绘制地电断面。

➢ **地电断面的修改**　正演计算后，若需修改地电断面形状及单元的参数值，可操作工具栏中"**修改网格数据**"按钮，用鼠标左键连击成一个封闭曲线区域后，单击鼠标右键，打开地电单元赋值对话框，通过重新设置，可将该区域修改为新的电性值。对于某一个别的有限元三角形单元赋值，点击"**修改网格数据**"后，可直接将鼠标指定该三角形单元后单击鼠标右键，同样将弹出赋值对话框，可修改该单元赋值。修改完地电断面后，应立即操作"**正反演计算**"进行计算，此时不必再操作"**获取网格数据**"。

用鼠标左键单击形成一个自行封闭的区域；点击工具栏"修改网格中数据"按钮一次只能修改一个区域或一个三角形单元，若需修改多个区域应多次点击后逐一操作修改；电阻率和极化率地电断面图分别修改。即修改电阻率地电断面并不修改极化率地电断面，反之亦然。因此若需修改极化率断面，必须执行修改电阻率断面同样的操作。

二维电阻率、极化率人机交互式正反演程序的反演操作和正演操作类似，实际操作过程为："系统启动"→"计算方式选择"（即"新建"）→"构造地电断面"→"获取有限单元电性数据"（即"构造初始模型"）→"正演计算"→"重新修改地电断面到正演计算的多次人工循环操作（试凑法反演）"→"计算结果存入文件档"→"退出系统"。

二维电阻率、极化率人机交互式正反演程序的输入输出文件格式见附录 I。

7.4　二维电阻率/极化率自动反演

二维电阻率极化率自动反演程序　将前人对网格单元或直角块中的电阻率和极化率参

数均匀的假设修改为连续变化。在二维有限元正演计算中，采用三角单元，使方法能适于各种地形，实测数据反演以前不需要进行地形改正。在目标函数中加入最简单模型以及背景场等先验信息，既压制了反演问题的多解性又使反演结果更接近实际情况。在最小二乘反演中，通过电位函数与模型参数间的简单关系来计算偏导数，大大减少了 Jacobian 矩阵的计算工作量。该程序适用于两极、三极、联合三极、对称四极和偶极—偶极等测量方式。

程序的启动　操作"**电法数据处理**"→"**二维电阻率极化率自动反演程序**"，进入二维电阻率极化率自动反演程序主窗口，如图 7.4.1 所示。

数据输入　窗口中菜单栏和工具栏提供了各种便捷工具，方便用户实现反演。操作菜单栏上的"**数据输入**"选项，如图 7.4.2 所示，系统提供了四种常用直流电阻率的装置类型所采集的野外数据功能。

图 7.4.1　二维电阻率极化率自动反演程序主窗口

图 7.4.2　程序数据输入

"**二极装置下实测电阻率/极化率数据的输入**"选择"**二极实测数据**"，进入二极数据输入对话框，如图 7.4.3 所示。

> **工作参数和电极点号信息输入**
>   - **最小 AM：**输入实际情况的最小 AM，以网格为单位，即最小 AM（m）/单位网格（m）。输入的最小值为 1，即最小 AM 为一个网格的长度。
>   - **最大 AM：**输入实际的最大 AM，以网格为单位。若不清楚，可输入一个较大的值（例如 20 或更大），以便包含实测的任何极距情况。最大 AM 应大于最小 AM。
>   - **移动间隔：**输入供电点 A 的最小移动步长，最小为 1，以网格大小为单位。
>   - **移动次数：**输入供电极的移动次数，最小为 1。
>   - **实际长度/网格：**即实际长度（m）/单位网格（m）。
> - **实测数据输入**　当工作参数和电极点号信息输入完毕，首先下面的电极

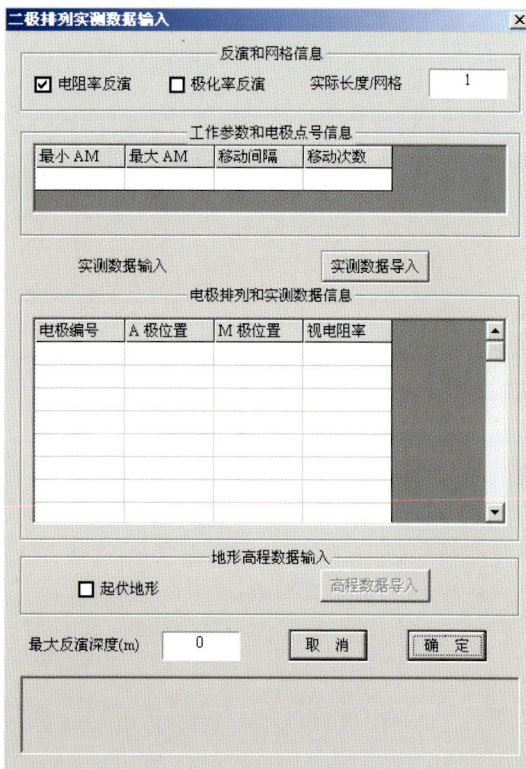

图 7.4.3　二极数据输入

排列和实测数据信息表格，系统就会根据电极点号输入信息自动列出所有满足条件的供电点 A 和观测点 M 的电极对，这时就可以输入实测数据了，将视电阻率值（以电阻率为例）添入到对应的输入表格中即可。考虑实际情况，不一定观测数据齐全、规范，视电阻率输入栏不一定全部要填写数据，只要把实测的数据输入到对应的网格中，输入完即可。

- ➤ **实测数据导入**　用于从文件中导入数据，当单击了数据输入表格并显示了电极点号信息之后，单击"**实测数据文件导入**"按钮，进入数据文件导入对话框，指定实测的数据文件并导入实测数据到表格中。具体数据导入文件的格式在后面文件格式部分中介绍。

- ➤ **最大反演深度（m）**　最大反演深度一般不需要用户输入，当点击输入数据表格的时候，系统会根据用户上面输入的网格信息自动添入最大反演深度，二极取最大反演深度 H_{max} 等于 $AM_{max}/2$。用户也可自行输入反演深度，但反演深度是要有实测极距的大小来确定的，不宜过大，原则上反演数据个数不应大于实测的数据个数，反演深度应小于最大极距。

- ➤ **高程数据输入**　对于测线上地形起伏不平的测区，地形对观测数据的影响不可以忽略，有必要让地形也参与反演计算，则选择地形起伏复选框，此时点击确定按钮会出现地形高程数据输入对话框如右图 7.4.4 所示，供用户输入地形高程数据。在地面高程数据输入对话框中，最上面显示了网格的比例尺；下面有一个供输入高程的表格和四个选项按钮：

  - ● **高程数据文件导入**　用于导入保存在数据文件中的高程数据；

  - ● **重输**　清空已有高程数据，并重新输入数据；

  - ● **插值**　当只有个别的点有高程数据，在相邻两个高程数据点之间的高程可通过点击此按钮进行线性插值；

  - ● **确定**　结束高程数据输入。对于测区以外边界区的高程分别置于和测区两头的电极点的高程一样的值。

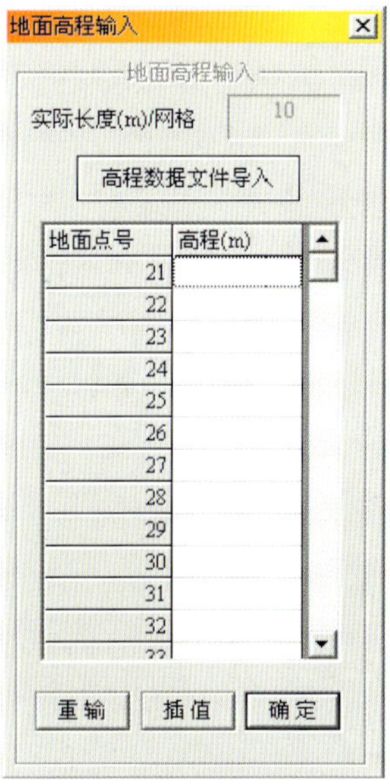

图 7.4.4　高程输入对话框

　　取消　在任何时候都可以点击此按钮，以退出操作。

　　三极装置下实测电阻率/极化率数据的输入　同二极装置下实测电阻率/极化率数据的输入相似，操作菜单栏上的"**数据输入**"，选择"**三极实测数据输入**"选项，进入图 7.4.5 所示的三极数据输入对话框。与二极数据输入对话框相同的选项，这里不再重复说明，下面只给出不同选项的含义和说明。

- ➤ **工作参数和电极点号的输入**　提供双边、AMN 和 NMA 三种情况供用户选择。

  - ● **双边**　指双边测深的三极装置，即同时观测到 AMN 和 NMB 数据；

  - ● **AMN**　指供电电极 A 在左边，测量电极 M、N 在供电电极 A 的右边，是单边测深；

  - ● **NMA**　与 AMN 相反，测量电极 N、M 在供电电极 A 的左边，也是单边测深；

  - ● **MN 间隔**　指观测时的观测电极 M、N 的间距（以网格单位），最小是 1，一般一旦给定，不需要改变，除非是实测中有个别 M、N 间距过大，比给定的 MN 大了 3～4 倍甚至更多，这时，就要在下方的实测数据输入表格中对自动生成的 N、M 极位置点号进行修改，使其和实际的 MN 一致。

对称四极装置下实测电阻率/极化率数据的输入　操作菜单栏上的**"数据输入"**，选择**"对称四极实测数据输入"**选项，打开如图 7.4.6 所示的对称四极实测数据输入对话框。

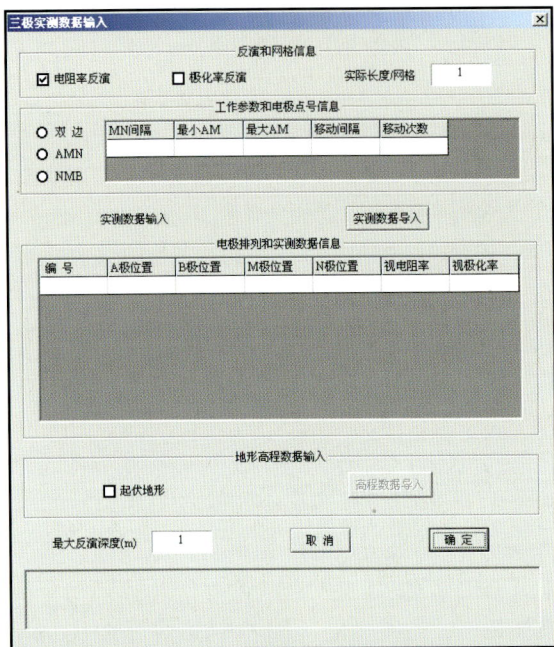

图 7.4.5　三极数据输入对话框　　　　图 7.4.6　所示的对称四极实测数据输入对话框

可以看到，在对称四级实测数据输入框中没有了**"实际长度/网格"**输入项，代之的是**"测点个数"**，即测深点个数，系统默认值是 1。输入测深点个数后，单击**"极距个数和电极间隔（m）"**表格，就会根据输入的测深点个数生成相应的几列供用户输入各个测点对应的实际供电极距的个数和相邻测点的距离间隔。下面以 4 个测深点为例，单击**"极距个数和电极间隔（m）"**表格，表格如图 7.4.7 所示。

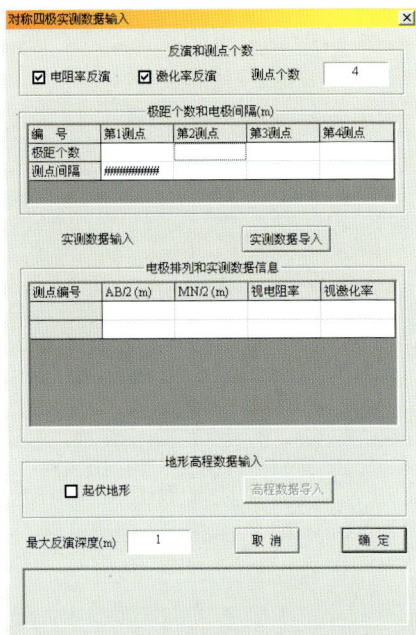

极距个数和电极间隔(m)			
编　号	第1测点	第2测点	第3测点	第4测点
极距个数	7	9	11	13
测点间隔	###########	10	10	10

图 7.4.7　极距个数和电极间隔输入

- ➢ **极距个数行**　供用户输入实际的极距个数。
- ➢ **测点间隔行**　供用户输入相邻测点的距离间隔（以 m 为单位），用"#####"填充的表格是不用赋值的，4 个测深点仅有 3 个测深点间隔，分别在同行后面的表格中输入。有 N 个测深点，就有 N–1 个可供用户输入的测深点间隔数据。需要注意的是，测深点号必须从左到右排列，即最左边的测深点为第 1 测点，依次向右命名。
- ➢ **最大反演深度（m）**　系统会根据输入的极距（AB/2）值来给定，深度取最大供电极距的一半（AB/4）。
- ➢ **反演深度**　当输完**实测数据输入**表格之后，单击**"确定"**，**"反演深度"**会自动给出。

用户也可以自行输入反演深度，但一般要根据实测极距来定，过大会使反演结果的误差变大。

测点点号和网格比例　当所有数据输入完毕，并单击**"确定"**，在对话框的最下方会显示出各测点在总网格中的位置和网格比例尺，这些点号信息和比例尺可以帮助用户定位测点和地形高程数据输入。

偶极-偶极装置下实测电阻率/极化率数据的输入　操作菜单栏上的**"数据输入"**，选择**"偶极-偶极数据输入"**选项，打开如图 7.4.8 所示的**"偶极-偶极"**数据输入对话框。偶极-偶极排列实测数据输入基本和二极排列实测数据输入一样，这里仅对**"工作参数和电极点号信息"**中的部分输入信息说明一下。

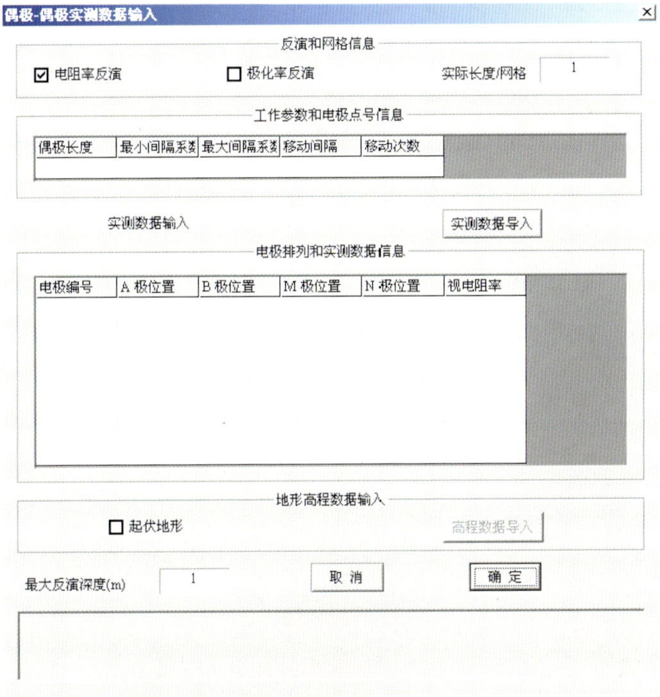

图 7.4.8　偶极-偶极数据输入对话框

偶极长度　输入偶极距 AB（或 MN）的长度，在整个观测过程中认为 AB（MN）大小固定不变；

➤ **最小间隔系数**　BM 的最小距离，即供电电极 B 和测量电极 M 之间的最小距离，最小是 1，即一个网格单位的距离；

➤ **最大间隔系数**　BM 的最大距离，即供电电极 B 和测量电极 M 的最大距离；

➤ **数据单位**　以上 3 个输入项均以单位网格的长度为单位。

反演计算及保存　当实测数据输入完后，操作**"确定"**按钮，若一切输入正确，系统给出**"数据信息录入成功……"**对话框。这时返回到主界面上，操作**"反演计算"**→**"反演计算"**，系统即可进行反演计算。反演结束后，系统给出**"二维反演计算结束，您是否保存反演结果"**消息框，用户可以用反演结果文件直接绘等值线断面图。若电阻率、极化率同时反演，对反演结果用户需要分别保存，以便制图。

数据成图和图形保存   二维电阻率极化率自动反演程序的**数据成图**，包括了网格剖分图、电阻率断面图和极化率断面图的显示功能。

➤ **网络剖分图** 操作**"数据成图"** → **"网络剖分图"**，视图窗口显示地形和网格剖分情况，如图 7.4.9 所示。

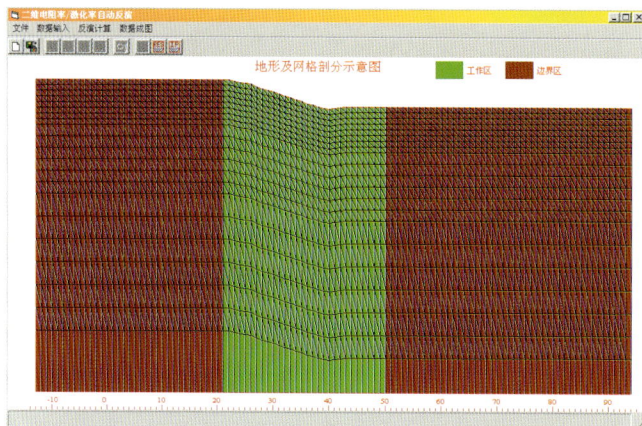

图 7.4.9   网络剖分图

➤ **保存网格剖分图**   地形网格剖分布图可以保存成 BMP 格式的位图，操作**"文件"** → **"保存网格剖分图"** 即可。

➤ **电阻率断面图**   操作**"数据成图"** → **"电阻率断面图"**，程序绘制实测数据的电阻率反演结果的断面图，如图 7.4.10 所示。

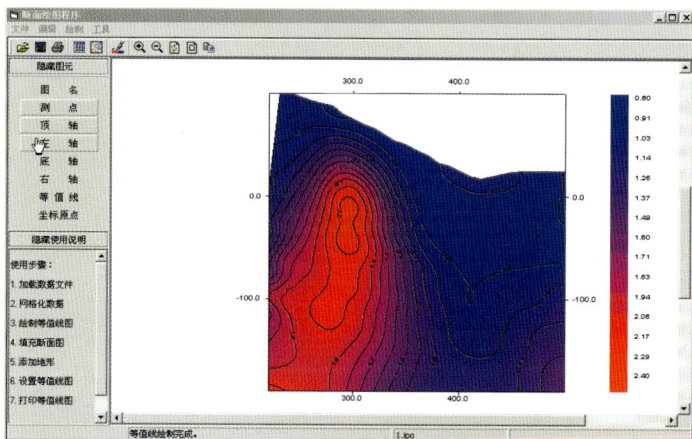

图 7.4.10   视电阻率断面图

用户可根据断面图来对反演结果进行评价，必要时可以去掉数据突变点，再进行反演，让实测数据和结果模型数据尽量重合，误差也尽可能的小。还可以对绘制好的断面图进行编辑修改、放大缩小，以及图形文件保存等操作。

➤ **极化率断面图** 操作**"数据成图"** → **"极化率断面图"**，程序绘制实测数据的极化率反演结果的断面图，如图 7.4.11 所示。用户也可根据断面图来对反演结果进行评价，以确定是否继续进行反演。

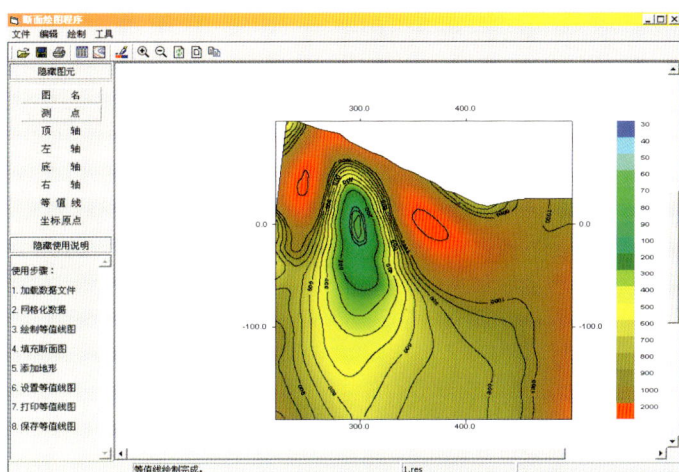

图 7.4.11　极化率断面图

　　二维电阻率/极化率自动反演程序的输入输出文件格式见附录 I。

　　二维电阻率极化率自动反演的实现过程：启动程序→输入数据→反演计算及保存→成图及图形保存→修改。

7.5　一维磁性源瞬变电磁正反演

　　程序为垂直磁偶源激励下磁感电动势和垂直磁场一维层状介质正反演软件，正反演计算适用于中心回线、重叠回线装置。也能用于大回线装置。具有适用延迟时段范围广、计算精度高、计算速度快等特点，程序功能如下：

> 可以进行不同收发射回线面积，延迟时间 0.000001～10 秒以上的上述两种场值的一维正演计算，并能换算全区视电阻率。

> 可以利用在 0.000001～1 秒之间、不同收发射回线面积、实测的垂直磁感电动势或垂直磁场，进行一维层状介质的反演计算。并具有全区视电阻率、视纵向电导等参数的换算功能。

> 本软件可以按对数比例、算术间隔和任意取数三种方式延迟时间间隔计算。其中第三种方式需用户输入时间值。这便于适应国内外各种仪器延迟时间计算。

> 在等值性不强的条件下，在 0.000001～0.1 秒时段范围内，经 5～6 层不同理论曲线反演，均稳定地收敛于理论值（最大误差≤1%～2%）。所用时间在 1～2 分钟之间。

> 无论实测或正演计算的垂直磁感电动势和垂直磁场均可换算为全区视电阻率和视深度（有效深度）。即便用户所使用参数已进入电磁场早期，仍可算得连续、光滑的全区视电阻率曲线（前枝一般收敛于地表电阻率值）。软件还提供真实的早晚期电磁场的分界点和时间，这是本软件的特色之一。

> 在反演过程通过图选法确定初值时，提供了视电阻率、视纵向电导和烟圈法定义的"似电阻率"资料。可以方便用户半定量分层和确定层的厚度（是目前国内外常用的方法）。

> 众所周知，瞬变电磁测深中存在较强的等值性致使反演结果不易取得单一性。由于

等值性与中间层纵向电导和横向电阻有关，本软件采用半定量分层和确定层的厚度作为"约束"。实践证明这大大地减小了反演的等值性，较稳定地收敛于理论值。

程序启动   操作**"电法数据处理与反演"** → **"一维磁源瞬变电磁法正反演"**，系统弹出如图 7.5.1 所示界面。

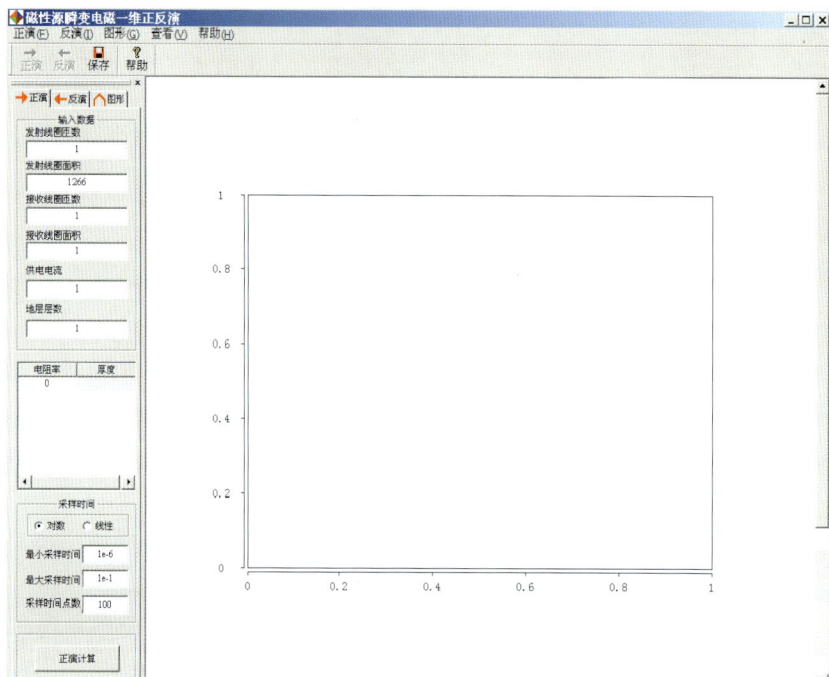

图 7.5.1   一维磁源瞬变电磁法正反演程序主界面

导入正演数据   选择**"正演"** → **"导入数据"**，用户在文件输入对话框里选择相应的正演数据。数据准确无误后程序会有相应提示。

正演计算   选择**"正演"** → **"正演计算"**，程序开始正演计算，计算时间与用户正演计算的层数和采样时间点数有关。正演计算完成后程序会有相应提示。

选择**"正演"** → **"数据显示"**，用户可以察看正演后的各类数据显示。包括：垂直磁场曲线、感应电动势曲线、由垂直磁场和感应电动势计算的视电阻率曲线、由垂直磁场和感应电动势计算的视深度—视电阻率等曲线。其中视电阻率曲线和深度—视电阻率等曲线可以单独显示，也可以一起显示。如图 7.5.2 所示。

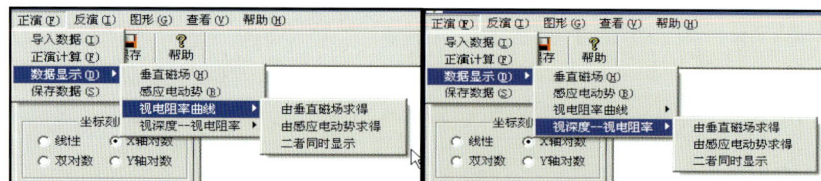

图 7.5.2   正演数据显示

选择**"正演"** → **"数据显示"** → **"垂直磁场"**，用户可以察看正演后的垂直磁场曲线，如图 7.5.3 所示。选择**"正演"** → **"数据显示"** → **"感应电动势"**，用户可以察看正演后的感应电动势曲线，如图 7.5.4 所示。类似地，用户可以察看正演后的视电阻率和视深度.视电阻率曲线，如图 7.5.5 和图 7.5.6 所示。

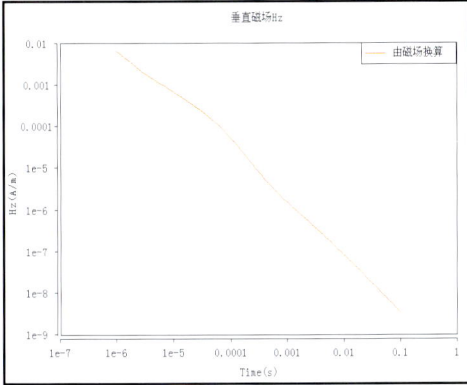

图 7.5.3 垂直磁场曲线

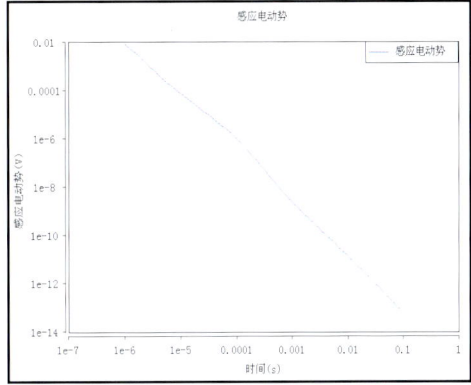

图 7.5.4 感应电动势曲线

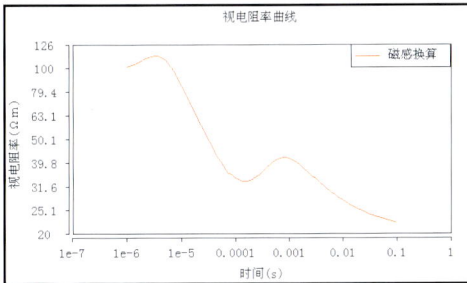

图 7.5.5 视电阻率曲线

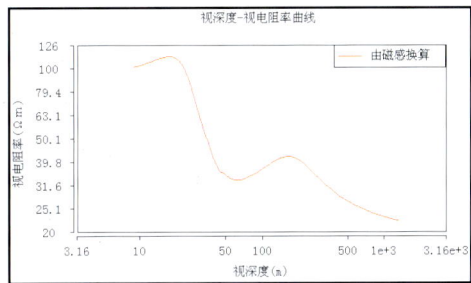

图 7.5.6 视深度-视电阻率曲线

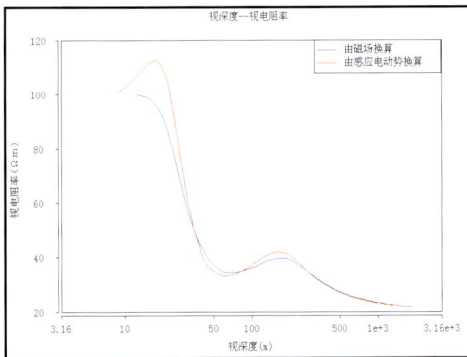

图 7.5.7 反演视电阻率曲线

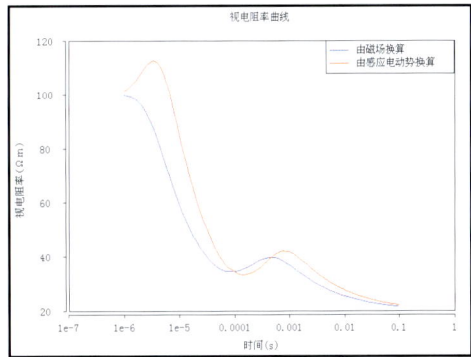

图 7.5.8 视深度-视电阻率等曲线

保存正演结果 选择"正演"→"保存数据"，用户可以保存正演结果数据。

导入反演数据 选择"反演"→"导入数据"，用户在文件输入对话框里选择相应的反演数据。数据准确无误后程序会有相应提示。

选择"反演"→"数据显示"，用户可以察看反演的各类数据显示。包括：垂直磁场曲线或感应电动势曲线、视电阻率曲线和视深度—视电阻率等曲线。如图 7.5.7 和图 7.5.8 所示。垂直磁场曲线或感应电动势曲线的显示依据用户输入的数据类型而定。

选择"**反演**"→"**设置初值**"，程序提供了有两种方式设置初值。文件读取和图选法。如图 7.5.9 所示。

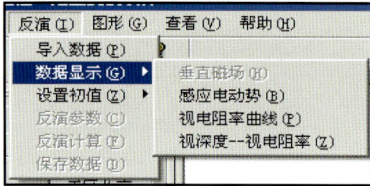

图 7.5.9   反演数据显示

图 7.5.10   设置反演初值

选取"**文件读取**"时，用户需输入反演初值文件，选取"**图选法**"时，用户需要先输入反演初始层参数，用户可以观察曲线，由拐点确定反演初始地层层数。

对话框消失后，即可利用鼠标左键在计算机屏幕上选取曲线拐点作为形成反演初值，软件提供了视电阻率、视纵向电导和烟圈法定义的"似电阻率"资料。可以方便用户半定量分层和确定层的厚度。

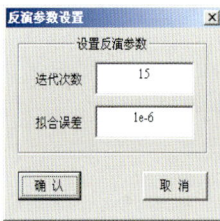

图 7.5.11   反演参数输入

通过文件读取和图选法获得的反演地层的层参数初值都将显示在左侧的面板的"反演初值"表格里。参见图 7.5.10。

N 层断面仅仅需要 *N*–1 个拐点。左键单击，确定拐点位置。对当前选取的拐点位置不满意，可右键取消当前选取的一个点。最后一个点用左键双击确定。

选择"**反演**"→"**反演参数**"，程序要求用户输入"**迭代次数**"和"**拟合误差**"，如图 7.5.11 所示。建议用户一般情况下取程序默认值。

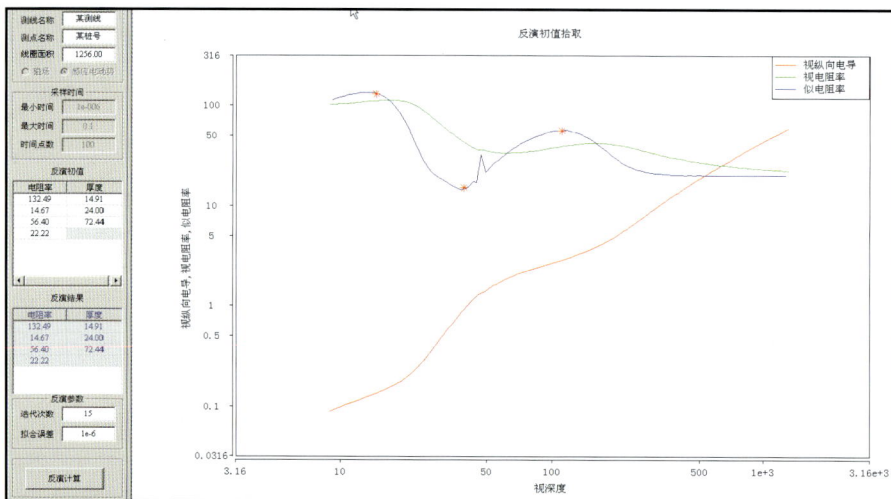

图 7.5.12   反演初始参数输入

反演计算   选择"**反演**"→"**反演计算**"，程序开始反演计算，逐次迭代反演过程中，软件绘出了每次的视电阻率曲线和迭代拟合差曲线，同时每次的反演层参数也显示在左侧面板的反演结果表格内，方便用于观察比较。如图 7.5.12 和图 7.5.13 所示。

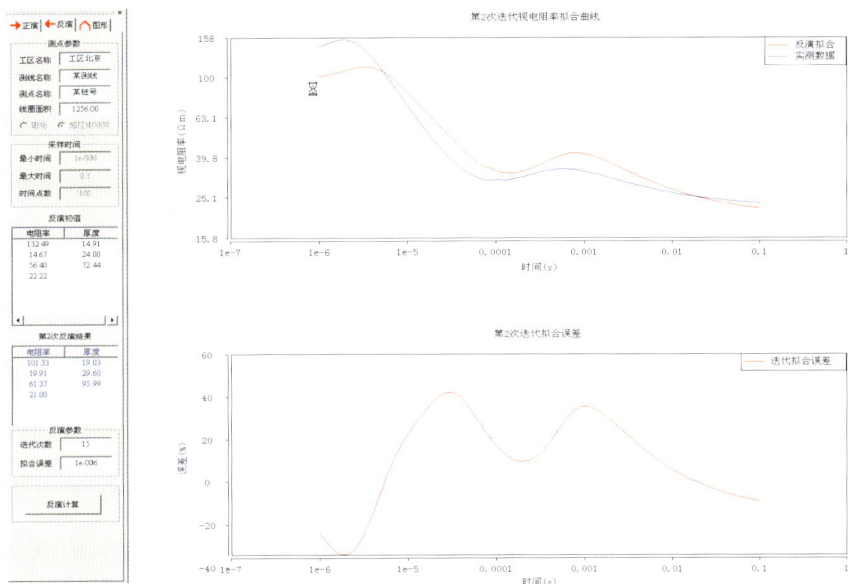

图 7.5.13　反演参数和曲线对比

当反演结果满足用户输入"迭代次数"或"拟合误差"要求时，反演计算完成，此时程序会有相应提示。反演结果如图 7.5.14 所示。

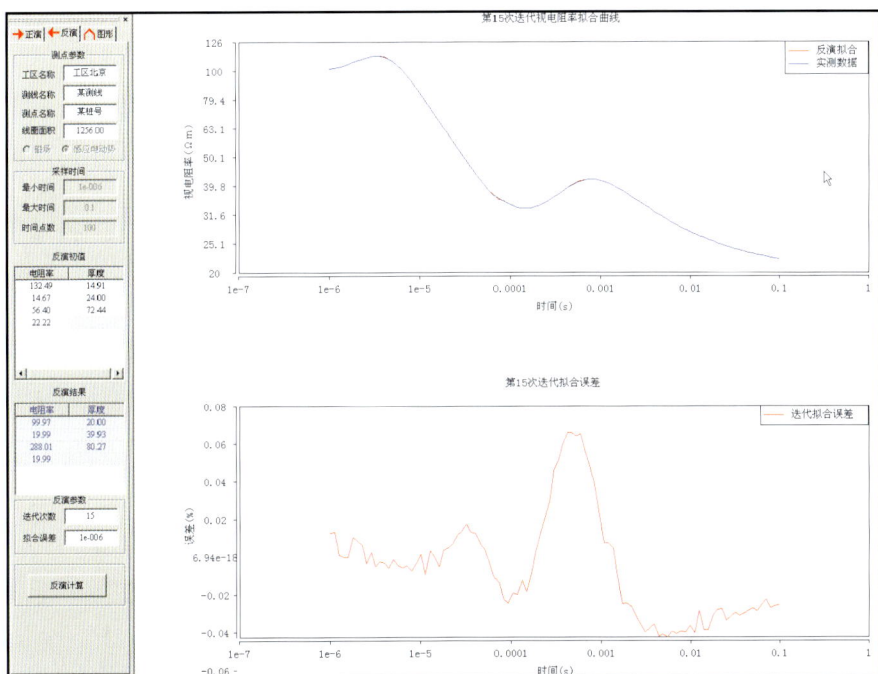

图 7.5.14　反演最终结果

保存反演结果　选择"**反演**"→"**保存数据**"，用户可以保存反演结果数据。

反演时需注意之处：

➤ 由于磁感电动势是磁场对时间的导数，分辨力高于磁场，反演电动势时的结果优于反演磁场。经计算实例证实，磁感电动势的等值性远小于磁场。

➤ 由于磁感电动势随时间快速衰减，尾枝的误差远大于前枝。加之，尾枝收敛于渐进值较慢。实例证实，如同直流电测深求尾枝收敛于渐进值的反演，常常适得其反。一般仅需有一段上升或下降即可。大致为最深目的层后的时间 3～5 倍即可。

➤ 图选初值时，一般而言，所有厚度即可使用。但电阻率相差较大，可适当修改。方法是：高阻层电阻率适当加大，低阻层电阻率适当减小。一般先用图选初值反演。如误差曲线逐渐平直为一直线，反演结果良好。否则可再修改中间层电阻率。

图形设置包括坐标轴刻度设置、坐标轴标识设置和曲线样式设置等三项。如图 7.5.15 所示。

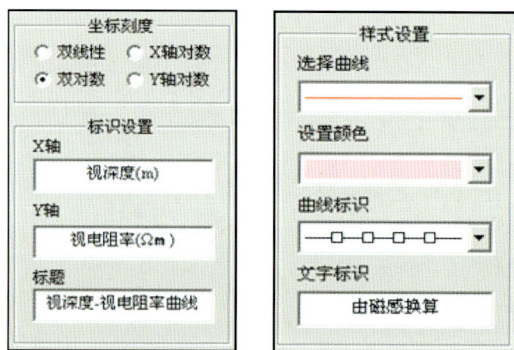

图 7.5.15　图形设置

各项设置的详细选项如下。

➤ 坐标轴刻度设置用于设置坐标轴的刻度模式，包括：双线性、双对数、X 轴对数和 Y 轴对数等四项；

➤ 坐标轴标识设置用于设置坐标轴的各项标识，包括：X 轴标识，Y 轴标识，题头标识等三项；

➤ 曲线样式设置用于设置图形曲线的各项标识，包括：曲线颜色，曲线样式和文字标识等三项。

应用设置　在图形设置面板内点击"**应用设置**"，可使用户的图形设置生效。

保存图形　在图形设置面板内点击"**保存图形**"，用户可以以位图形式保存图形。

一维电阻率极化率测深正反演程序的输入输出文件格式见附录 I。

7.6　二维大地电磁测深反演

程序功能

➤ 初始模型的要求：均匀半空间或层状介质即可。

➤ 速度快是本软件的最大特点。具体反演时间主要取决于测点数、频点数和迭代次数。一般上百个点、40 个频点的数据反演迭代 40 次需要时间在一小时以内。

➢ 多余构造的避免：通过目标函数中的最小构造部分控制，反演中也可以通过圆滑系数调节。

➢ 反演时可进行单模式反演，也可以进行联合模式反演，反演中尽可能利用最多的信息如各种模式的视电阻率、相位及其相应的误差等。

➢ 静位移系数是反演中自动迭代产生的，反演中也可固定某些测点的静位移值。

➢ 对于地形起伏资料可带地形直接反演。

➢ 适合稀疏测点（大点距）和密集测点如电磁阵列剖面法的大地电磁数据的反演。对于处理实际测点的 TE 或 TM 极化方向与测线方向不一致或不垂直的情况，通过阻抗张量分解确定最佳走向方向，整体旋转张量阻抗获得对应的 TE、TM 模式响应，然后进行反演或者是直接做单模式，推荐用 TM 模式反演来解决。地形起伏较大时，建议用 TE 模式数据进行反演。

按照二维大地电磁测深反演程序输入文件的格式在文本编辑器中形成各种所需的输入数据文件，确认无误后，操作"**电法数据处理与反演**"→"**二维大地电磁测深反演**"，系统弹出如图 7.6.1 所示的对话框，在对话框中需输入如下几项内容：

➢ **装载文件**　包括基本信息文件数据，网格剖分数据文件，初始模型数据文件和测点路径数据文件；读入文件后，系统自动读入测点数目、频点数目、空中垂直网格节点数目、水平网格节点数目和地下垂直网格节点数目。

➢ **设定反演模式**　选择 TE 模式、TM 模式或联合反演模式。

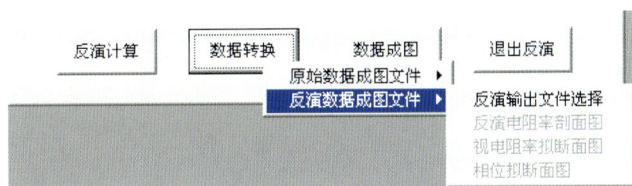

图 7.6.1　大地电磁二维反演界面

➢ **剖面数据文件长度单位**：m 或 km。

➢ **反演计算**　读入文件和参数设置完毕，单击该按钮开始大地电磁二维反演计算。计算结束后系统会弹出对话框提示"**大地电磁二维反演计算结束**"。

数据转换　为实现在绘图程序中显示反演图件，对反演输出数据进行的转换，包括：原始数据成图文件和反演数据成图文件，其中生成反演数据成图文件之前必须先选择"反演输出文件"，如图 7.6.2 和 7.6.3 所示。经过转换后的数据可以用本系统的等值线绘图程序来进行绘图显示。

➢ **数据成图**　单击"数据成图"按钮进入断面成图程序窗口。

➢ **退出反演**　单击"**退出反演**"按钮可以结束二维大地电磁反演，回到数据处理窗口。

二维大地电磁测深反演程序的输入输出文件格式见附录 I.9。

图 7.6.2　原始数据成图文件转换

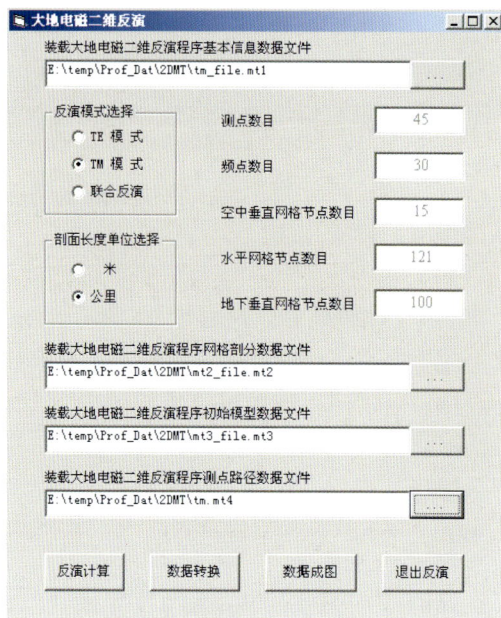

图 7.6.3　反演数据成图文件转换

7.7　2.5D 磁性源瞬变电磁正反演

2.5D 瞬变电磁法正反演软件具有以下功能：

（1）由给定的二维带起伏地形的地电阻率断面，正演计算磁感应电动势或垂直磁场；

（2）依计算或实测的磁感应电动势或垂直磁场计算全区视电阻率（或虚拟视电阻率）；

（3）2.5D 正演，其计算时间范围为 0.000001～0.01 秒，可满足野外要求，计算时间均为对数间隔。

（4）可由用户依计算或实测的磁感应电动势或垂直磁场计算全区视电阻率（或虚拟视电阻率）的拟合程度，在图上修改地电阻率断面，用试凑法反演。

（5）针对 2.5D 软件正演耗时较长，在用试凑法反演时，软件提供了**"反演工程保存"**功能，该功能可以保存每次正演后的网格剖分信息和网格电性信息，使得用户在因故终止反演后重启程序时可以从上一次的结果开始。

程序启动　鼠标点击**"2.5D 磁源瞬变电磁正反演"**，弹出如图 7.7.1 所示程序主界面。

2.5D 磁源瞬变电磁正反演程序主界面分为两部分，上半部是曲线显示区，下半部为网格剖分区。

导入测点数据　选择**"文件"→"导入测点数据"**，用户在文件输入对话框里选择相应的测点数据。数据准确无误后在程序下方会显示剖分网格。如图 7.7.2 所示。

不论正反演数据都通过**导入测点数据**完成，另外还可以通过**"导入正演工程"**和**"导入反演工程"**导入数据。

建立模型　利用鼠标选择工具栏上的**"矩形"**或**"折线"**图标后，可以利用鼠标很方便地在图 7.7.2 剖分网格部分建模。

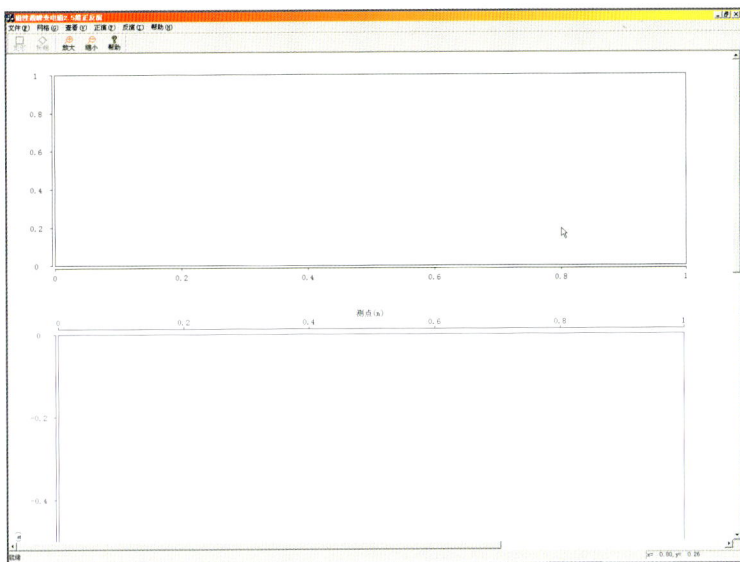

图 7.7.1　2.5D 磁源瞬变电磁正反演主界面

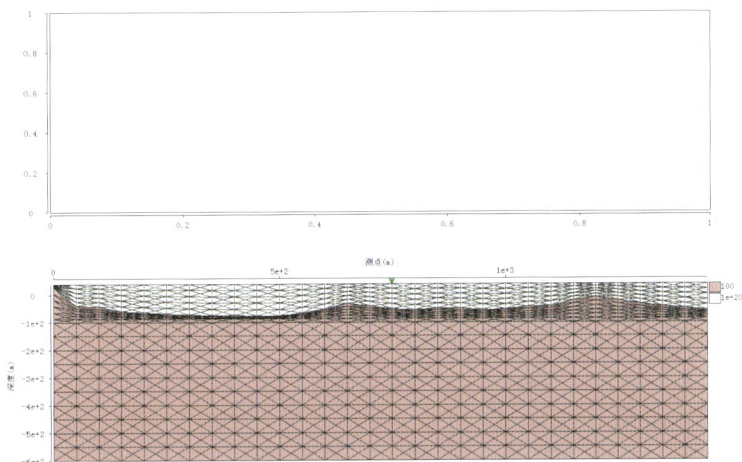

图 7.7.2　剖分网格

　　利用折线建模时，注意鼠标的起点和终点闭合时不要有太多的交叉。通过鼠标右键完成建模，此时弹出如图 7.7.3 所示的地电单元赋值对话框。

　　当网格较稀时，一种解决办法时退出程序，在测点数据里重新设计较密的网格，另一种方式是部分点之间加密网格。操作方法是鼠标先点击"**网格**"→"**增加网格线**"，然后鼠标在网格剖分区右键单击，弹出如图 7.7.4 所示的右键菜单。加密网格分为横向增加一条线和纵向增加一条线两种。一次操作只能增加一条线。

　　模型剖分和地电单元赋值完毕后，可以保存"正演工程"，下次再计算时只需导入正演工程即可。

　　正演计算　点击"正演计算"，程序开始正演计算。正演计算耗时较长，请耐心等待，计算完毕后会有相应提示。

　　正演数据显示　正演计算结束后，可以查看正演计算结果。查看正演计算结果通过点击

"正演"→"正演数据显示"来实现。具体的正演计算内容见如图 7.7.5 所示的对话框。包括：磁场和磁感应电动势衰减曲线、由磁场和磁感应电动势换算的视电阻率曲线、由磁场和磁感应电动势换算的视电阻率-视深度曲线。以上六种曲线可以单个测点显示或多个测点同时显示。

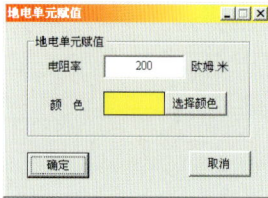

图 7.7.3　地电单元赋值对话框

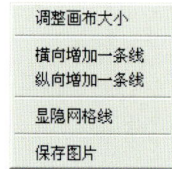

图 7.7.4　右键菜单

正演结果保存　包括**保存正演数据、保存正演曲线图、保存正演模型图**等三项。其中**正演数据**保存为文本文件，**正演曲线图**和**正演模型图**保存为位图文件。

反演计算　由于程序采用试凑法进行反演，因此反演过程和正演过程的操作基本上是相同的。输入数据和建立模型的操作和正演完全一样。

需要说明的是：正演计算时，磁场和磁感应电动势同时计算，在反演计算时，磁场和磁感应电动势的计算是分开的。

反演数据显示　反演数据输入后，可以查看反演数据。查看反演数据通过点击**"反演"**→**"反演数据显示"**来实现。具体的显示内容见如图 7.7.6 所示的对话框。包括：各个测点的衰减曲线、视电阻率曲线、视电阻率-视深度曲线等。以上三种曲线可以单个测点显示或多个测点同时显示。

反演结果保存包括保存反演数据、保存反演曲线图、保存反演模型图、保存反演结果图等四项。其中反演数据保存为文本文件，反演曲线图、反演模型图和反演结果图保存为位图文件。

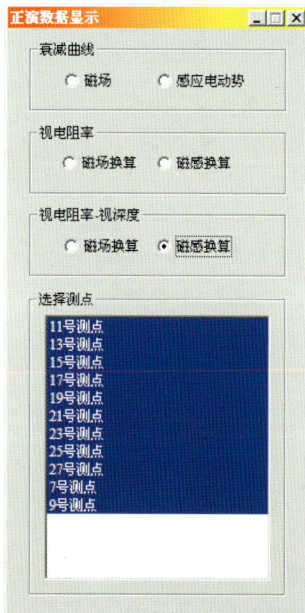

图 7.7.5　正演结果显示对话框

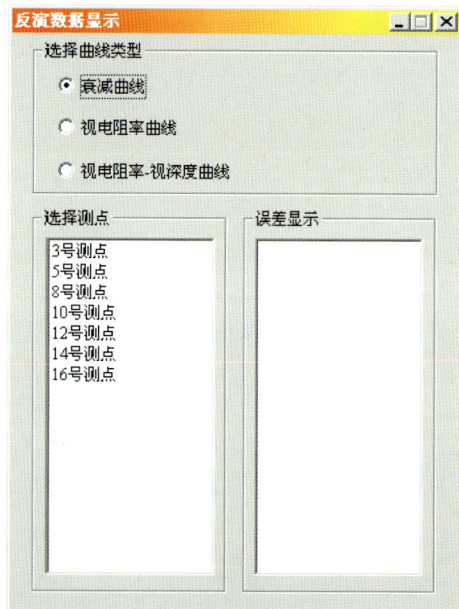

图 7.7.6　反演结果显示对话框

第8章 图形绘制

8.1 绘制点

    绘制点功能是利用行列数据进行点位图制作。数据表里至少包含纵横坐标，数据间以逗号、空格或 tab 表为分隔符。步骤如下：

    1. 选择**"图形绘制"** → **"绘制点"**，弹出数据读入对话框（图 8.1.1）：

    2. **读入数据文件** 单击 >>> 选择要绘制的数据文件（数据须包含纵、横坐标列数据文件，且每一列需带有标识符）。

    3. **设置坐标** 通过下拉列表设置数据的横、纵坐标列。

    4. 单击点**"确定"**按钮，则进行图形绘制，单击**"取消"**按钮，取消该操作。

图 8.1.1　绘制点对话框

    绘制完成后提示数据保存，输入文件名字，保存后系统自行将绘制的点图形文件添加到当前工程中。图 8.1.2 是使用该功能创建的点位图。创建点位图过程中，相应的点位文件自动生成。

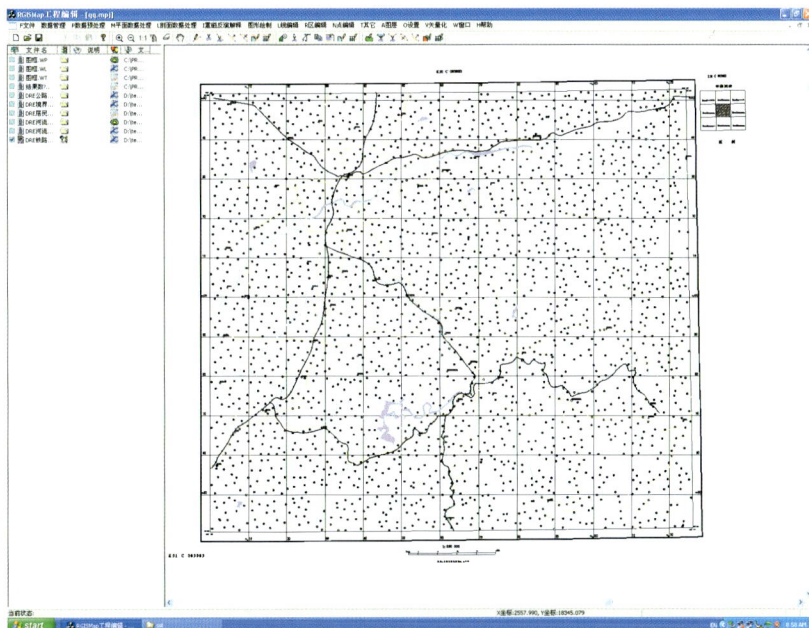

图 8.1.2　绘制点实例（某图幅实际材料图制作的点位显示）

8.2 绘制线

绘制线功能主要是将由 Surfer 软件生成的**.BLN** 格式的线文件转换到 MapGIS 格式的线文件，形成 MapGIS 格式的线文件，一次转换一个**.BLN** 文件，一个里面可以包含一条或者多条线。

选择"**图形绘制**"→"**绘制线**"，系统提示打开对应的**.BLN** 线文件，系统直接进行转换，提示保存转换生成的文件，保存后直接添加到当前工程中。

8.3 绘制等值线

绘制等值线功能是利用网格数据绘制成平面等值线的操作，该功能直接引用 MapGIS 的追踪等值线功能，具体操作可以参考 MapGIS 相关用户手册。

8.4 绘制平剖图

绘制平剖图功能主要是绘制磁测数据的平面剖面图，要求数据至少包含横坐标、纵坐标、线号、点号、场值五个数据列，数据组织形式可以是标准的航磁数据格式（*.amd，见数据格式 1），也可以是行列格式（*.dat 或*.txt）。

图 8.4.1　绘制平剖图对话框

选择"**图形绘制**"→"**绘制平剖图**"，打开创建平剖图对话框（图 8.4.1）：

各个功能区功能以及使用方法介绍如下：

1 区：主要功能是打开文件，可以打开（*.amd，*.dat，*.txt）三类后缀的文件，*.amd 是标准的航磁数据格式，具体数据格式说明见附件数据格式说明。*.dat，*.txt 是行列数据，要求包含线号、点号、横坐标、纵坐标和异常值 5 列数据，采用逗号分割，有数据列标识符。

2 区：主要是用来设置绘图工具和行列数据的对应，如果打开的是*.amd 格式的数据，则系统直接分配各列的对应，不需要在此区域操作。如果是*.dat，*.txt 格式的行列数据，则需要通过下拉菜单设置对应的数据列。设置时，在对应的列表框内选择对应的列标识即可。

3 区：该区域是图形绘制参数设置区域，主要用于设置绘图过程中图形的变化显示比例关系，各参数的具体意义以及设置方法如表 8.4.1：

表 8.4.1　平剖图参数方法及意义

参数名称	参　数　意　义
制图比例尺	设置图面的缩放比例，便于图形的打印输出，按照数据的制图比例尺填写，只填写比例尺分母即可。如 1:1 万，填写：10000
磁力缩放比例	即图面 1cm 代表磁力多少 nT，可以根据该地区的磁场情况和制图的需求进行填写。选择合适的磁力缩放比例可以使图面更加和谐美观。如果要图面 1cm 代表 50nT，可以填写：50

续表

参数名称	参 数 意 义
测线方向	该图形绘制功能每次只能绘制一个方向的测线，如果出现了测线交义的情况，需要将交义的测线分成不同的文件，分次绘制。可以将几次绘制的结果添加到一个工程中，测线方向是指测线的基线与北方向的夹角，填写范围-90～90。如果不能确定工区的测线角度，可以采用绘制点等方法先绘制工区点数据分布图，来确定工区的测线情况
起始线	绘制平剖图的开始线，如果不填写则从第一条线开始起绘制
绘制间隔	绘制平剖图时，间隔几条线绘制一条，如果不填写则每条都绘制
坐标单位	纵横坐标的单位，主要配合比例尺进行图形绘制时使用。请选择准确的坐标单位，如果不是系统制定的两种坐标单位，请先进行坐标转换，以便能够正确的绘制图形
反向绘制	如果在顺序绘制的情况下出现图形压盖不合理的情况，可以选择此选项

图 8.4.2 和图 8.4.3 显示了采用不同反向绘制和不采用反向绘制的情况下，异常的叠盖方式。对于有一条剖面上异常叠盖另一剖面异常值的情况，建议采用反向绘制功能。

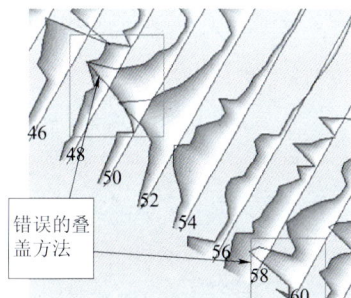

图 8.4.2　叠盖次序不当

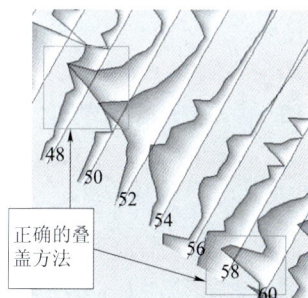

图 8.4.3　反向绘制的情况

8.5　绘制多个测区平剖图及切割线

本软件的目前版本，一次只能绘制一个基线方向的测线磁异常平剖图，遇到测区里有矫正线（或称切割线）的情况和多个工区基线方向不一致的情况，可以将基线方向不一致的若干测区测线分别存到不同的文件里，分别依次绘制，然后将不同次绘制的结果添加到一个 MapGIS 工程中。分次绘制的实例如下图 8.5.1（切割线绘制）和图 8.5.2（不同测区平剖图）。

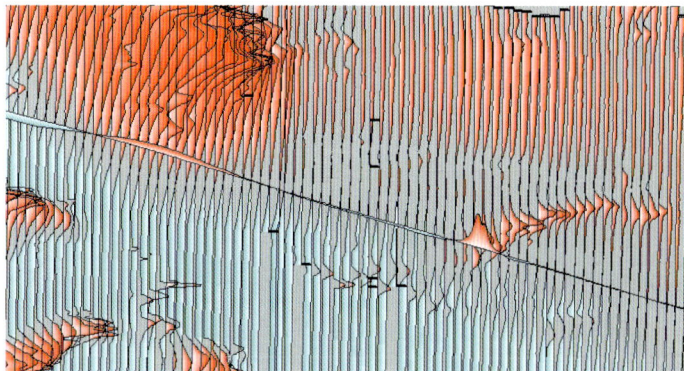

图 8.5.1　侧线和矫正线绘制示意图

注意：在依次绘制过程中，需要保持不同次绘制图形的比例尺相一致，包括坐标比例尺和场值比例尺。

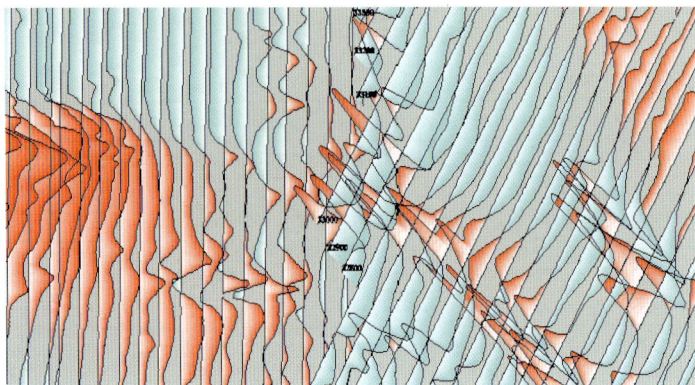

图 8.5.2 多工区一起绘制示意图

8.6 制作实际材料图

绘制实际材料图是按照《区域重力勘查标准》绘制重力实际材料图。

绘制的数据是入库数据，绘制过程是先进行数据检索，检索出所需的数据，将检索的出的数据呈编辑状态，使用该功能，可以即可生成实际材料图的 $\dfrac{\text{重力值}}{\text{点号}}$ 的形式，并形成工程文件。

8.7 转换反演结果

转换反演结果是转换 2.5D 剖面反演的结果，将剖面反演剖面数据和拟合曲线转换成MapGIS 格式的文件。

选择 **"图形绘制"** → **"转换反演结果"**，系统弹出转换界面如图 8.7.1。

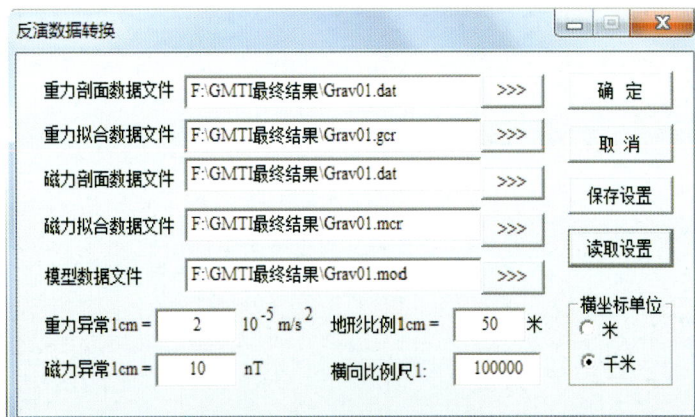

图 8.7.1 反演数据转换界面

界面中各个对话框的功能及使用方法如下：

- **重力剖面原始数据文件**：读入重力原始剖面数据文件，当只进行磁测数据转换时，重力剖面数据文件可以空缺。
- **重力剖面理论数据文件**：输入剖面反演的拟合的重力剖面曲线数据。
- **磁力剖面原始数据文件**：输入磁测原始剖面数据文件，当只进行重力数据转换时，该项可以空缺。
- **磁力剖面理论数据文件**：输入磁力正演剖面数据文件，可以空缺。
- **重力异常绘制比例**：输入重力异常的比例尺，以确定图面 1cm 代表多少个重力单位（$10^{-5}\mathrm{m/s}^2$）的重力值，用于控制重力异常曲线的幅度。
- **磁异常绘制比例**：输入磁力异常的比例尺，以确定图面 1cm 代表多少 nT 的磁异常值。用于控制磁异常曲线的幅度。
- **地形比例尺**：确定图面 1cm 代表多少 m 高程，用于控制地面高程线的幅度。
- **横向比例尺**：图形绘制的图面比例尺，控制纵横坐标幅度。
- **横坐标单位**：输入图面的纵横坐标的单位。
- **保存设置**：保存读入数据文件路径和设置的参数。以便再次绘制时读入使用。
- **读取设置**：读取原有保存的文件路径和设置参数。

各项数据读入与参数设定后，点击**"确定"**，即可保存为 MapGIS 的明码格式的点线文件。此后，用户便可在 MapGIS 系统中读入该点线文件，对剖面反演的成果图进行编辑和整理。

图 8.7.2 和 8.7.3 是用 RGIS 进行反演的结果和通过转化之后生成的 MapGIS 格式图件。

为了规范、美观，转换后的剖面，可在 MapGIS 中对图示、图例、图名等，以及模型花纹、颜色，及模型区的左、右模型边界进行编辑修改。

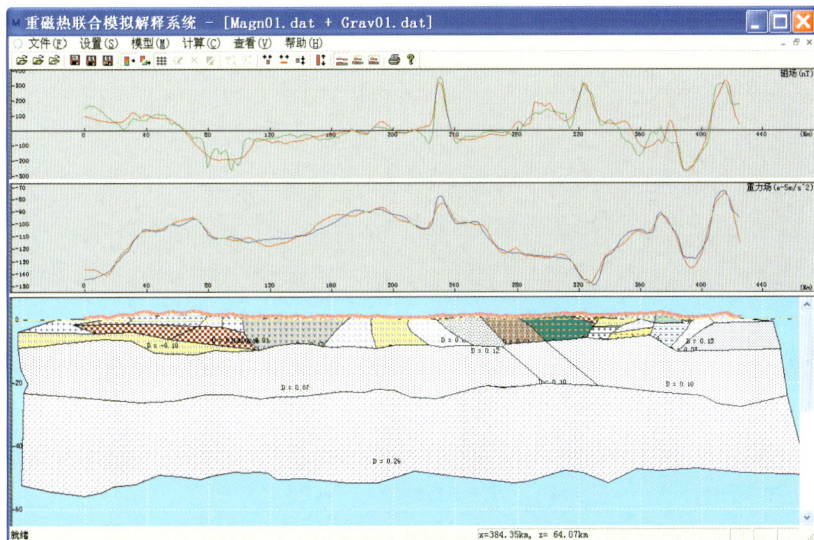

图 8.7.2　某剖面正反演模拟解释结果

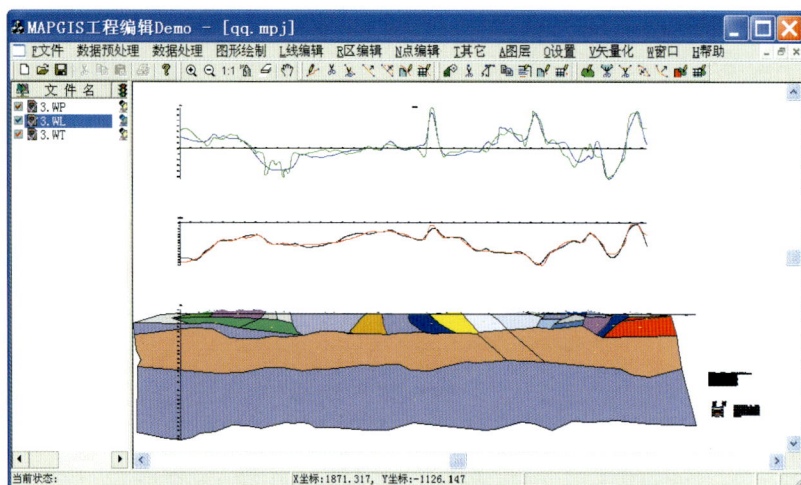

图 8.7.3　某剖面反演结果转换成 MapGIS 格式后的结果

附录 I RGIS 数据格式

对于本系统中涉及的各种数据处理方法，其数据格式的要求不尽相同，这里给出各种算法对数据要求的格式实例，供用户参考。其中下面提到的"***.dat**"或"***.txt**"格式的文件间隔均为空格或逗号。

I.1 重力数据格式

重力数据格式与中国地调局区域重力数据库格式一致，即 RGIS 规定的格式。由入库时将表数据文件和信息数据文件读入而形成。表数据文件需为"***.dat**"或"***.txt**"格式的文件。

表数据文件组织方式如下：

No	DD	X	Y	H	Og	2km	20km	166.7km	Bg	Fr	Iso
1	8399	97.7951144	41.37770602	1500.3	96.6	0.05	0.079	−7.417	−202.49	−33.62	−32.65
2	8197	97.7790865	41.36482393	1488.9	95.3	0.04	0.073	−7.325	−204.9	−37.28	34.77
3	9804	97.8505064	41.51266878	1556.9	95.1	0.05	0.185	−7.827	−204.81	−29.78	−33.92
......											
8	8089	97.6816023	41.34697453	1571.5	72.3	0.05	0.082	−7.97	−209.98	−33.2	−34.8

数据的第一行为列标识信息，用户可以随意定义。入库数据文件不要求各列按照以上顺序组织，用户可以随意定义，但入库时必须告诉系统各列所代表的含义。

表头含义如下表所述。

标识	含　义	标识	含　义
No	数据点序列号	DD	测点编号
Gx	测点纵坐标（数据沿纬度方向变化）	Gy	测点横坐标（数据沿经度方向变化）
H	测点高程值	Og	实测重力值
2km	0～2km 近区地改值	20km	2～20km 地改值
166.7km	20～166.7km 地改值	Bg	布格重力异常值
Fr	自由空间重力异常值	Iso	均衡重力异常值

信息数据文件必须按照以下方式组织：

工区名称：M–51–（09）喀喇林场幅

工作单位：黑龙江地调院

工作时间（年）：2002–2002

工作比例尺：1/20 万

重力点数：1028

所控面积（km²）：5206

重力系统：85 网

重力起算点：57 网哈尔滨马家沟机场 A 等点

近中区地改半径：0～2km

近中区地改精度（×10^{-5}m/s²）：0.058

重力仪类型：Z400 型

重力观测精度（×10^{-5}m/s²）：0.124

平面坐标测量方法：GPS

平面坐标测量精度（m）：2.42

高程测量方法：GPS

高程测量精度（m）：1.91

I.2 磁测数据格式

入库的磁测数据有两种格式，其一是以"*.dat"或"*.txt"保存的表数据文件，数据表中必须包含横坐标、纵坐标和异常值三列，可以包含的其他列有：点号、线号、高程、ΔZ 分量、ΔX 分量。其格式如下：

Y，X，line，point，dT

603500，3265200，35，652，71.63

603500，3265300，35，653，−6.37

603500，3265400，35，654，−74.33

······

603500，3265800，35，658，61.49

以上各列依次为横坐标、纵坐标、线号、点号和 ΔT 异常。

航磁成果数据文件后缀为"***.amd**"其格式为：

//Flight 0

//Date 2007/05/15

Line 8

    646686.00   4566613.00   −132.49

    ······

    648628.00   4566613.00   −93.49

Line 481

    691352.00   5025896.00   −47.43

    692323.00   5025896.00   −71.17

格式说明：

//Flight 0   //飞行航次

//Date 2007/05/15   //飞行日期

Line   8   //线号

646686.00   4566613.00   −132.49   //横坐标，纵坐标，异常值

I.3　坐标转换数据格式

进行坐标转换的数据文件必须包含有表示地理信息的任意列数据文件。这两个地理坐标列数据可以是高斯坐标、地理坐标或等角割圆锥投影模式中的任意一种，数据格式为明码格式的"***.txt**"或"***.dat**"文件，且带有头文件，其格式如下：

No	DD	Gx	Gy	H	Og	2km	20km	166.7km	Bg	Fr	Iso
1	8399	4*02	17*05	1*0.3	9*.6	.05	.09	−7.4	−2.49	−3*.62	−3*.65
2	8199	4*90	17*44	1*8.9	.3	.04	.03	−7.3	−2.90	−3*.28	−3*.77
......											
55	7991	4*7	17*18	1*2.1	9*.9	.02	.075	−7.7	−2.87	−3*.31	−3*.56

数据的文件头信息含义同上述入库数据一致，如果没有文件头行，系统将第一行认作文件头，计算结果将少一行数据，进行坐标转换的数据列数是不定的，可以是包含地理坐标信息的任何多列数据，也可以是只包含两列地理信息的数据。进行坐标转换后，生成的数据文件比原来的数据文件增加了两列，即转换后的坐标值。

I.4　网格化文件数据格式

要求被网格化的数据文件是明码格式的"***.txt**"或"***.dat**"文件，至少包含三列数据，也可以是多列。其中必须有两列标识坐标点位，数据的第一行为标识符行，如下例所示：

Gx	Gy	dT
4532002	17235670	10.3
4534590	17246544	18.9
......		
4539807	17248718	16.1

网格化以后生成的数据格式同 Surfer 的 ASCII 码"***.grd**"格式，见下面的 I.7 节。

I.5　样条光滑数据格式

样条光滑模块下提供了两种光滑方法，这两种光滑方法所要求的数据为 Surfer 标准的明码或二进制格式"***.grd**"文件。

I.6　入库数据格式

（1）"***.txt**"和"***.dat**"数据格式：

x	y	h	Og	2km
4583302	17399205	1500.3	979796.6	0.05
4581890	17397844	1488.9	979795.3	0.04
4584943	17388055	1565.5	979776.6	0.02

| 4585677 | 17385955 | 1592 | 979764.7 | 0.03 |
| 4596987 | 17402762 | 1594.2 | 979789.6 | 0.07 |

数据列的间隔可以是"tab"表、逗号、空格。注意：表头行的间隔和数据列的间隔必须相同。

（2）"*.xls"和"*.mdb"数据格式：

这两类数据必须包含有头信息。

I.7　重磁数据处理与反演

📖 网格数据格式

数据处理模块中提供重力资料各种常规处理方法，包括滤波处理、导数换算、位场转换、异常延拓、等常用的处理方法。以上各种方法要求读入数据都为 Surfer 软件的明码或二进制的"**.grd**"格式的文件，明码格式如下所示：

顺序	数　据　内　容	数　据　说　明
第 1 行	DSAA	Surfer 明码数据标识符，大写
第 2 行	201　101	网格数据列数和行数
第 3 行	0　400	列（X、横）坐标最小值和最大值
第 4 行	0　200	行（Y、纵）坐标最小值和最大值
第 5 行	Z 坐标最小值和最大值	网格数据（Z）最小值和最大值
第 6 行	−30.435939788818　−30.593700408936 ……−30.752780914307	第 1 行 Z 值数据，201 个
第 7 行	空格	每行数据分割符
第 8 行	−28.765499114990　−29.078920364380 ……−29.385129928589	第 2 行 Z 值数据，201 个
第 9 行	空格	每行数据分割符
………	………	………
第 n 行	−27.871459960938　−28.331760406494 ……−28.769500732422	第 101 行 Z 值数据，201 个

"DSAA"为格式标识符，必须为大写，第二行为网格文件的行列数，第三行为网格文件在经向上坐标的最小值和最大值；第四行为网格文件在纬向上坐标的最小值和最大值；第五行为数据的最小值和最大值，然后是每一行上的数据，每行数据之间用空一行分隔开来。

数据二进制格式为：该格式与 ASCII 格式非常相似，唯一的不同是该文件是按二进制存储的，该文件的数据类型定义如下：

类　型	定　义
Char	单字节
short	16 位整型
float	32 位单精度
double	64 位双精度

数据文件格式说明如下：

内　容	类　型	含　义
id	char	4 位字符串→DSBB
nx	short	列数
ny	short	行数
xlo	double	最小横坐标 X
xhi	double	最大横坐标 X
ylo	double	最小纵坐标 Y
yhi	double	最大纵坐标 Y
zlo	double	最小 Z 值
zhi	double	最大 Z 值
z11，z12，…	float	第一行 Z 值数据
z21，z22，…	float	第二行 Z 值数据
…	float	…

　　RGIS 系统所有功能模块生成的 grd 文件均是 Surfer 二进制文件格式。该格式可以由 MapGIS 或其他软件直接读取，进行等值线绘制或者其他处理。

📖 剖面数据格式

1. 剖面联合反演输入数据格式

　　RGIS 系统提供的 2.5D 重磁剖面可视化反演功能模块的输入剖面数据以"*.dat"或"*.txt"保存，数据各列之间以空格间隔。重、磁异常值数据存放于两个不同的文件，数据可以带地形也可以不带地形。重、磁异常的起始点坐标可以不同，观测点距可以不同，起始点横坐标可以不为 0。

　　带地形情况的数据格式如下：

0.000　1.586　−208.782

0.160　1.586　−208.816

……

4.111　1.590　−210.524

　　第一列为沿测线方向的横坐标值，单位为 m 或 km，不能用点号代替，第二列为测点高程值，第三列为测点异常值（重力或磁异常值）。

　　对于水平地形，或没有高程数据的情况，数据文件仍为三列。第一列为沿测线方向的横坐标值，第二列全为零，第三列为测点异常值（重力或磁异常值）。不带地形的数据格式如下所示：

0.000　0.000　−208.782

0.160　0.000　−208.816

……

4.111　0.000　−210.524

2. 剖面数据处理输入数据格式

RGIS 的频率域和空间域剖面数据处理功能，要求输入的剖面数据格式与剖面反演输入数据格式相同，但要求等点距，测点数为奇数。

📖 三维重磁异常形体模拟反演体数据格式

三维重磁异常形体反演体数据文件为文本文件，数据格式如下表所示。

数 据 内 容	数 据 说 明
1	//实测场类型，重力取 0，磁力取 1
2　1.000000　55.000000	//磁参数标志，Z_a 取 2，ΔT 取 3，如果是重力省略 //磁偏角、磁倾角，单位度，如果是重力省略
61 75	//测点的行、列数
0.0　0.0　50.0　50.0	//测区左下角 X、Y 坐标、点距和线距，单位 m（下同）
1	//地形起伏标志，地形水平取 0，地形起伏取 1
27.4688　………　18.1026	//测点高程，个数为行*列，存放顺序先东西、后南北
74.7749　………　91.2583	//实测场值，个数为行*列，单位为 mGal 或 nT，存放顺序同上
14	//模型角点数目
2009.571 1644.025 −508.956	//模型的角点 X、Y、Z 坐标，共 14 个，编号 0～13
24	//模型剖分的三角形数目
0　1　12	//模型的三角形顶点编号索引表，共 24 条记录，编号 0～23
3	//模型数目
10	第 1 个模型剖分的三角形数目
6000　4000　8000	第 1 个模型物性的平均值、最小值和最大值，单位 10^{-2}A/m
0 1 2 3 4 5 6 7 8 9	第 1 个模型剖分的所有三角形编号
8	第 2 个模型剖分的三角形数目
5000　4000　6000	第 2 个模型物性的平均值、最小值和最大值，单位 10^{-2}A/m
10 11 12 13 14 15 16 17	第 2 个模型剖分的所有三角形编号
6	第 3 个模型剖分的三角形数目
6000　4000　8000	第 3 个模型物性的平均值、最小值和最大值，单位 10^{-2}A/m
18 19 20 21 22 23	第 3 个模型剖分的所有三角形编号
72.4751　………　90.3157	//正演场值，个数为行*列，单位为 mGal 或 nT，存放顺序同上

三维重磁异常形体模拟反演输入数据和三维重磁异常形体模拟反演体数据的数据格式几乎相同，只是少了上表中的最后一部分（上表中的灰色部分），它没有包含正演场值数据这部分。

📖 三维重磁异常物性模拟反演体数据格式

三维重磁异常物性反演体数据格式和 Surfer 网格数据类似，相当于多层网格数据。三维重磁异常物性反演体数据文件为文本文件，数据格式如下表所示。

VOLUME	//体数据文件标识符
81　71　12	//体数据列、行、层数
24000.00　28000.00	//列方向坐标最小、最大值
66500.00　70000.00	//行方向坐标最小、最大值
250.0000　800.0000	//垂直方向坐标最小、最大值
−0.0569400　0.4803000	//密度或磁化率最小、最大值
−0.002450　−0.002193　………　−0.001649　−0.001363	//第 1 层网格数据，81*71 个
−0.001073　−0.000784　………　−0.000502　−0.000236	//第 2 层网格数据，81*71 个
………	//第 n 层网格数据，81*71 个
0.000208　0.000365　……　0.000464　0.000449	//第 12 层网格数据，81*71 个

I.8　2.5D 剖面重磁异常反演的模型文件格式

GMTI　　Model　　File　Version　　1.1	//版本信息
3	//模型总个数
50000　　90　−1　12	//地磁场参数（T_0, I_0, D_0）和剖面方位角（a）（十进制）
1　0　0　1	//模型开始行
3　33　33　5　1	//第 1 个模型角点数，程序参数
495.243337　　−0.19	//模型磁化强度 J，密度（或密度差）
1	//模型填色号
14.581395 19.209302 3.186047 8.511628	//模型角点坐标范围（xmin, xmax, zmin, zmax）
1　1	//模型参数起始行（第 1 个模型）
495.243337　　10　0	//模型磁化强度 J，磁化倾角 I，磁化偏角 D
0　−0.19	//0，密度（或密度差）
−200　200	//模型向剖面两端延伸长度−Y（出纸面）　　+Y（进纸面）
17.488372 3.186047	//第 1 个角点坐标（$x1$, $z1$）
…	…
19.209302 4.209302	//第 n 个角点坐标（xn, zn）
0　0	//角点坐标结束行；是否与其他模型共点（0 为不共点）
1　0　0　0	//模型开始行
4　33　33　4　0	//第 2 个模型角点数，程序参数
100　1	//模型磁化强度 J，密度（差）
2	//模型填色号
5.883721 10.744186　3.116279 8.581395	//模型角点坐标范围（xmin, xmax, zmin, zmax）
1　1	//模型参数起始行（第 2 个模型）
100　20　0	//模型磁化强度 J，磁化倾角 I，磁化偏角 D
0　1	//0，密度（差）
−220 200	//模型向剖面两端延伸长度−Y, +Y

10.744186 3.116279	//第 1 个角点坐标（$x1$，$z1$）
6.511628 5.093023	⋯
5.883721 8.581395	⋯
10.093023 5.534884	//第 n 个角点坐标（xn，zn）
0 0	//角点坐标结束行；是否与其他模型共点（0 为不共点）
1 0 0 0	//模型开始行
5 33 33 5 0	//第 3 个模型角点数，程序参数
100 1	//模型磁化强度 J，密度（差）
3	//模型填色号
22 25.302326 1.44186 6.348837	//模型角点坐标范围（xmin，xmax，zmin，zmax）
1 1	//模型参数起始行（第 3 个模型）
100 50 0	//模型磁化强度 J，磁化倾角 I，磁化偏角 D
0 1	//0，密度（差）
−230 230	//模型向剖面两端延伸长度$-Y$，$+Y$
23.465116 1.44186	//第 1 个角点坐标（$x1$，$z1$）
22 4.255814	⋯
22.906977 6.348837	⋯
25.302326 3.372093	⋯
25.186047 1.72093	//第 n 个角点坐标（xn，zn）
0 0	//角点坐标结束行；是否与其他模型共点（0 为不共点）
Background Model Enable: 1	//是否设置背景模型参数（1 是，0 否）
1 0 0 0	//背景模型开始行
37 33 0 37 0	//背景模型角点数，程序参数
99.99 2.67	//背景模型磁化强度 J，密度
0	//背景模型填色号
−4999999.5 5000032 1 500001	//背景模型尺寸
1 1	//背景模型参数起始行
99.9966 −5	//背景模型磁化强度 J，磁化倾角 I，磁化偏角 D
0 2.67	//0，背景模型密度
−511111 511111	//背景模型角点坐标范围（xmin，xmax，zmin，zmax）
−4999999.5 1	//第 1 个角点坐标（$x1$，$z1$）
−4999999.5 500000	⋯
5000032 500001	⋯
5000032 1	//第 4 个角点坐标（$x4$，$z4$）
32 1	//背景模型连到剖面右端点的坐标
31 1	⋯
30 1	⋯
⋯⋯	
1 1	⋯

| 0.5 | 1 | //背景模型连到剖面左端点的坐标 |
| 0 | 0 | //背景模型角点坐标结束行 |

I.9　电法数据数据处理与反演

📖 二维电阻率法地形改正

输入文件

二维电阻率法地形改正程序的输入文件只有一个，文件后缀为"*.top"，ASCII 格式。输入文件用于存储地形网格剖分的节点数、网格节点的高度和厚度、围岩或背景电阻率值以及观测的装置类型和测点的位置和观测值等信息。它的具体内容如下（双斜杠"//"后面部分为数据说明）：

二维电阻率法地形改正数据文件	//数据文件头
51　28	//X 方向节点数　Z 方向节点数
32 16 8 4 2 1 38*0.5 1 2 4 8 16 32	//X 方向剖分网格宽度（38*0.5 指有 38 个网格宽度是 0.5m，可略写成此方式）
0.25 20*0.5 1.0 2.0 4.0 8.0 16.0 32.0	//Z 方向剖分网格厚度
10*1 31*1 10*1	//起伏地表沿 x 方向从左到右对应的 z 方向节点号
100	//围岩或背景电阻率值
20　1	//观测数据个数和装置类型（三极取 1、四极取 2）
70　71　72　6.575566	//第 1 个测点 A 极位置 M 极位置 N 极位置 地改前的归一化电位差
70　72　73　2.594062	//第 2 个测点 A 极位置 M 极位置 N 极位置 地改前的归一化电位差
70　73　74　1.362717	//第 3 个测点 A 极位置 M 极位置 N 极位置 地改前的归一化电位差
70　74　75　0.851827	//第 4 个测点 A 极位置 M 极位置 N 极位置 地改前的归一化电位差
………	
70　90　91　0.951827	//第 20 个测点 A 极位置 M 极位置 N 极位置 地改前的归一化电位差

如果第 6 行的第二个数为 2 时，表示是四极装置，第 7 行开始应为 5 列，第二列为 B 极位置，其他列按顺序为 M 极位置、N 极位置、地改前的归一化电位差。

输出文件

二维电阻率法地形改正程序的输出文件也只有一个，文件后缀为"*.dat"，ASCII 格式。输出文件用于存储测点的电极位置、地形改正前、后的归一化电位差、地形改正后的视电阻率等信息。它的具体内容（双斜杠"//"后面部分为数据说明）为：

//A 极位置　M 极位置　N 极位置　地改前的归一化电位差　地改后的归一化电位差 地改后的视电阻率

70	71	72	6.575566	7.957746	82.6310	//第 1 个测点 A 极位置，M 极位置，N 极位置，地改前的归一化电位差，地改后的归一化电位差，地改后的视电阻率
70	72	73	2.594062	2.652583	97.7938	//第 2 个测点 A 极位置，M 极位置，N 极位置，地改前的归一化电位差，地改后的归一化电位差，地改后的视电阻率
70	73	74	1.362717	1.326290	102.7465	//第 3 个测点 A 极位置，M 极位置，N 极位置，地改前的归一化电位差，地改后的归一化电位差，地改后的视电阻率

70　74　75　0.851827　0.795775　107.0436　//第 4 个测点 *A* 极位置，*M* 极位置，*N* 极位置，地改前的归一化电位差，地改后的归一化电位差，地改后的视电阻率

………

📖 一维电阻率/极化率测深正反演

1. 正演数据文件格式

正演数据文件只需存入电极距（*AB*/2、*AM*、*OO'*/2）和测量电极距 *MN*/2（m）值。正演数据文件具有通用性，只是文件头有些变化。正演数据文件格式如下：

> **第一行**：**计算方式**（正演计算时取"**1**"）、**计算参数**（只正演视电阻率时取"**1**"，同时正演视电阻率和视极化率时取"**2**"）、**装置类型**（依据类型不同分别取值 1～5，其中：二极装置取"**1**"；对称四极（MN>0）取"**2**"；对称四极（MN=0）取"**3**"；轴向偶极测深（MN>0）取"**4**"，轴向偶极测深（MN=0）取"**5**"）；

> **第二行**：**电极数目、数据行数**；

> **第三行**：电极距（或 *AB*/2、或 *AM*、或 *OO'*/2），自小到大排列；

> **第四行**：对应于 *AB*/2 排列的 *MN*/2。当装置类型=1，3，5，该行缺失。

例：对称四级装置电阻率正演输入文件，后缀为 **.s2f*：

1 1 2　　//正演计算取"**1**"、正演视电阻率时取"**1**"、对称四极（MN>0）取"**2**"

18 2　　//电极数目、数据行数

3.500 5.000 7.500 10.00 15.00 22.50 35.00 50.00 75.00 100.0 150.0 225.0 350.0 500.0 750.0 1000 1500 2250　　//18 个电极距（自小到大排列）

0.500 0.500 0.500 0.500 0.500 5.000 5.000 5.000 5.000 5.000 5.000 50.00 50.00 50.00 50.00 50.00 50.00 50.00　　//对应于 *AB*/2 排列的 *MN*/2。当装置类型=1，3，5，该行缺失。

对称四级装置电阻率和视极化率正演输出文件，后缀为 *.dat：

一维对称四极装置（*MN*>0）电测深正演计算结果

层参数如下：

层数：2

层号	电阻率（Ωm）	厚度（m）
1	50.000	50.000
2	100.000	

电极距（m）	视电阻率（Ωm）
3.500	50.569
5.000	50.572
7.500	50.582
10.000	50.602
15.000	50.681
22.500	50.918
35.000	51.804
50.000	53.689
75.000	58.269

100.000	63.448
150.000	72.544
225.000	80.653
350.000	89.234
500.000	93.880
750.000	97.121
1000.000	98.474

2. 反演数据文件格式

反演数据文件存放一个工区多个测深点的电极距与实测视电阻率和视极化率。程序内部通过测深点的顺序自动对应寻找。

反演数据文件的格式如下:

> **第一行：计算方式**（反演计算时取"**2**"）、**计算参数**（只反演视电阻率时取"**1**"，同时反演视电阻率和视极化率时取"**2**"）、**装置类型**（依据类型不同分别取值1～5，其中：二极装置取"**1**"，对称四极（$MN>0$）取"**2**"、对称四极（$MN=0$）取"**3**"、轴向偶极测深（$MN>0$）取"**4**"，轴向偶极测深（$MN=0$）取"**5**"）；

> **第二行：电极数目、测深点数目和数据行数；**

> **第三行：** 自小到大排列的 $AB/2$、AM、$OO'/2$ 值；

> **第四行：** 对应的 $MN/2$ 值，对装置类型取值为 1，3，5 时此行缺省；

> **第五行：** 第一个测深点的 ρ_s 视电阻率值；

> **第六行：** 第一个测深点的 η_s 视极化率值，当计算参数取"**1**"时，该行缺省；

······················

> **第 2×N+5 行：** 第 N 个测深点的 ρ_s 视电阻率值（测深点数目>1）；

> **第 2×N+6 行：** 第 N 个测深点的 η_s 视极化率值，当计算参数取"**1**"时，该行缺省（测深点数目>1）。

例：对称四极（$MN>0$）装置，只反演电阻率，后缀为*.s2i：

2 1 2   //反演计算时取"**2**"、只反演视电阻率时取"**1**"、对称四极（MN>0）取"**2**"

18 1 3   //电极数目、测深点数目、数据行数

3.5 5.0 7.50 10.0 15.0 22.50 35.0 50.0 75.0 100.0 150.0 225.0 350.0 500.0 750.0   1000.0 1500.0   2250.0

//电极距（自小到大排列的 $AB/2$）

0.5   0.5 0.5   0.5   0.5   5.0   5.0   5.0   5.0   5.0 5.0   50.0   50.0   50.0   50.0   50.0   50.0   50.0

//对应的 $MN/2$ 值，对装置类型取值为 1，3，5 时此行缺省

100.4   99.04   94.79   88.16   70.71   48.69   25.62   20.14   24.69   31.71   45.76   63.44   93.86

125.7   170.4   207.4   264.9   324.2   //第 1 个测深点的 ρ_s 视电阻率值

3. 数据文件后缀

一维直流测深装置的视电阻率和视极化率正反演程序所有的输入文件均为 ASCII 格式，后缀见下表所示。

装 置 类 型	正 演 计 算	反 演 计 算
二极装置	*.s1f	*.s1i
对称四极（MN>0）装置	*.s2f	*.s2i
对称四极（MN=0）装置	*.s3f	*.s3i
轴向偶极（MN>0）装置	*.s4f	*.s4i
轴向偶极（MN=0）装置	*.s5f	*.s5i

反演数据文件中，电极距行应输入本工区最大的电极距；各测深点应按实测视电阻率个数输入，不足部分可空缺，但不能充填 0 值。实测视电阻率往往存在接头点，本软件不允许接头点双值表示，请用户自取接头点均值输入。

4. 数据文件准备中的注意事项

➢ 电极距及 $MN/2$ 数据，必须各为一行输入完毕，不允许换行。行头不允许留存空格。数据间以空格分隔。

➢ 数据允许使用 d，e，f 格式，不能使用 FORTRAN 中双精度表示 1.0d3，应用 1.0e3（10^3）。也不允许使用简易输入将 0.5 输入.5。此外，相同数据必须逐一输入，不能使用 3*0.5 表示 0.5、0.5、0.5 三个数。

➢ 电极距及 $MN/2$ 均以米（m）为单位，视电阻率以欧姆米（Ω•m）为单位，视极化率以百分数（%）为单位。

📖 **二维电阻率/极化率人机交互反演**

1. 输入数据文件格式

正反演数据文件依据观测装置分为与观测装置无关的通用数据部分和与观测装置有关的相关数据部分。

（1）观测装置参数表。

二维电阻率极化率人机交互式正反演程序适用的观测装置对应的参数表如下：

参 数 值	观测装置名称
$wq=1$	充电装置
$wq=2$	中间梯度装置
$wq=3$	二极电位剖面装置
$wq=4$	联合剖面装置
$wq=5$	对称四极剖面装置
$wq=6$	偶极剖面装置
$wq=7$	二极电位测深装置
$wq=8$	三极测深装置
$wq=9$	对称四极测深装置
$wq=10$	偶极测深装置

（2）通用数据部分的数据格式。

通用数据部分的数据格式如下表所示。

序 号	参 数	参 数 说 明
第1行	计算方式 ww、计算参数 wu、地形参数 wh 和装置类型 wq	1. 正演计算时 ww 取 1，反演计算时 ww 取 2； 2. 视电阻率计算时 wu 取 1，同时计算视电阻率和视极化率时 wu 取 2； 3. 地形平坦时 wh 选择 0，地形不平坦时 wh 选择 1； 4. 依据观测装置不同 wq 分别取值 1～10，详见上表
第2行	计算区域（即地电断面范围）的起始测量点号 nb、终止测量点号 ne 及测点间距 dn	1. dn 的单位为 m； 2. nb，ne 必须整型数据； 3. 对于 wq<7 前的各种装置，该范围必须涵盖电剖面的 A，B，M，N 电极，即最边部的电极必须处于该测量点范围内（中梯装置，A，B 供电极例外）。并且在地形不平坦时，必须有该部分每点的测量相对高程
第3行	各测点的相对高程	1. 相对高程数据个数为 ne−nb+1 个； 2. 在地形平坦时，该部分数据缺省

二维电阻率极化率人机交互式正反演程序要求工作者提供影响测深结果范围内的高程，极距很大时，有限的地形不平可忽略不计。当电极距很小时，也可视为地形平坦。即取为起始和终止点号范围内高程，例如高程最大相差 30～50m 时，可以认为将影响数百米极距范围的视电阻率，应给出计算区域的地形高程。程序对余下不足部分自动取边部高程外延计算，算区范围也自动调整到最大测深极距稍远处。

（3）相关数据部分的数据格式。

正反演数据文件的相关数据部分数据是与观测装置相关的数据，现分别叙述之。

装置	序号	参 数	参 数 说 明
充电装置	1	计算物理场参数 wi	1. 该数据必须整型，表示是计算电位或计算电位梯度； 2. wi=1 表示由电位计算视电阻率，wi=2 表示由电位梯度计算视电阻率； 3. 两者都依据等效电阻率法计算视极化率
	2	计算点数 mp、计算点距 dm、计算的起始点号 mb 和终止点号 me	1. mp 必须是整型数，后 3 个数据可为实型数据； 2. 四个数据的关系为 mp=(me−mb)*dm/dn，并且 mb≥nb，me≤ne； 3. dm 的单位为 m
	3	MN 极距值	当 wi=2 时才有该项，MN 的单位为 m
	4	充电电源个数 Ni	Ni 为整型数
	5	各充电点位置、充电点的高程和电源电流强度	1. 排列如下：充电点的测点号，充电点的高程（m），电源电流强度（A）； 2. 多个供电点应依上次序排列，电流强度允许负值； 3. 无穷远供电点不必输入
	6	实测视电阻率值	1. 正演计算时缺省； 2. 视电阻率值依点号大小次序排列； 3. 视电阻率数据个数为 mp 个
	7	实测视极化率值	1. 正演计算时缺省； 2. 视极化率值依点号大小次序排列； 3. 视极化率数据个数为 mp 个

装置	序号	参　数	参　数　说　明
中间梯度装置	1	计算点数 mp、计算点距 dm（m）、计算的起始点号 mb 和终止点号 me	1. mp 必须是整型数，后 3 个数据可为实型数据； 2. 四个数据的关系为 $mp=(me-mb)*dm/dn$，且 $mb \geqslant nb$，$me \leqslant ne$； 3. dm 的单位为 m
	2	MN 极距值	当 $wi=2$ 时才有该项，MN 的单位为 m
	3	供电点 A 极位置	1. 输入格式为：源所在的点号，相对高程（m）； 2. 电流强度自定义为 1A 及 -1A。
	4	供电点 B 极位置	输入格式同上
	5	实测视电阻率值	1. 正演计算时缺省； 2. 视电阻率值依点号大小次序排列； 3. 视电阻率数据个数为 mp 个
	6	实测视极化率值	1. 正演计算时缺省； 2. 视极化率值依点号大小次序排列； 3. 视极化率数据个数为 mp 个
二极电位剖面装置	1	计算点数 mp、计算点距 dm、计算的起始点号 mb 和终止点号 me	1. mp 必须是整型数，后 3 个数据可为实型数据； 2. 四个数据的关系为 $mp=(me-mb)*dm/dn$，且 $mb \geqslant nb$，$me \leqslant ne$； 3. dm 的单位为 m
	2	AO 电极距值	1. 记录点位于 AM 的中点，AO 的单位为 m； 2. A，M 电极应位于算区测量点范围内
	3	实测视电阻率值	1. 正演计算时缺省； 2. 视电阻率值依点号大小次序排列； 3. 视电阻率数据个数为 mp 个
	4	实测视极化率值	1. 正演计算时缺省； 2. 视极化率值依点号大小次序排列； 3. 视极化率数据个数为 mp 个
联合剖面装置	1	计算点数 mp、计算点距 dm、计算的起始点号 mb 和终止点号 me	1. mp 必须是整型数，后 3 个数据可为实型数据； 2. 四个数据的关系为 $mp=(me-mb)*dm/dn$，且 $mb \geqslant nb$，$me \leqslant ne$； 3. dm 的单位为 m
	2	MN 电极距值	MN 的单位为 m
	3	AO 电极距值	1. $AO=BO$，AO 的单位为 m； 2. A，B 极应位于算区范围内
	4	实测视电阻率 ρ_s^a 值	1. 正演计算时缺省； 2. 视电阻率值依点号大小次序排列； 3. 视电阻率数据个数为 mp 个
	5	实测视电阻率 ρ_s^b 值	
	6	实测视极化率 η_s^a 值	1. 正演计算时缺省； 2. 视极化率值依点号大小次序排列； 3. 视极化率数据个数为 mp 个
	7	实测视极化率 η_s^b 值	
对称四极剖面装置	1	计算点数 mp、计算点距 dm、计算的起始点号 mb 和终止点号 me	1. mp 必须是整型数，后 3 个数据可为实型数据； 2. 四个数据的关系为 $mp=(me-mb)*dm/dn$，且 $mb \geqslant nb$，$me \leqslant ne$； 3. dm 的单位为 m
	2	测量极距 MN	MN 的单位为 m
	3	电极距值 AO	$AO=AB/2$，单位为 m

续表

装置	序号	参 数	参 数 说 明
对称四极剖面装置	4	实测视电阻率值	1. 正演计算时缺省; 2. 电阻率值依点号大小次序排列; 3. 电阻率数据个数为 mp 个
	5	实测视极化率值	1. 正演计算时缺省; 2. 视极化率值依点号大小次序排列; 3. 视极化率数据个数为 mp 个
偶极剖面装置	1	计算点数 mp、计算点距 dm、计算的起始点号 mb 和终止点号 me	1. mp 必须是整型数,后 3 个数据可为实型数据; 2. 四个数据的关系为 $mp=(me-mb)*dm/dn$,且 $mb \geqslant nb$,$me \leqslant ne$; 3. dm 的单位为 m
	2	MN 电极距值	MN 的单位为 m
	3	最大间隔系数 N_{max}	1. N_{max} 为整型,一般不宜大于 6~8; 2. 间隔系数 $N=BM/AB=BM/MN$; 3. $AB=MN=dm$(计算点距离); 4. N=1 时计算视电阻率和视极化率范围为 mb 到 me,随 N 加大,不同间隔系数下计算的视电阻率和视极化率个数逐一减少; 5. 在 N_{max} 间隔系数时,AB,MN 电极必须位于地电断面算区范围 nb 和 ne 之内,否则将造成无值
	4	实测视电阻率值	1. 正演计算时缺省; 2. 视电阻率数据依 N 大小由小点号到大点号次序排列; 3. N 增加 1,视电阻率数值个数减少 1
	5	实测视极化率值	1. 正演计算时缺省; 2. 视极化率数据依 N 大小由小点号到大点号次序排列; 3. N 增加 1,视极化率数值个数减少 1
二极测深装置	1	测深点号 QO	1. QO 一般为整型,也可以是实型; 2. 即 M 电极位置
	2	电极距 AM(m)的个数 NQ	NQ 为整型
	3	电极距 AM(m)的值	AM(m)共 NQ 个,自小到大排列
	4	实测视电阻率 ρ_s^a 值	1. 正演计算时缺省; 2. 视电阻率数据依 AM(m)大小由小到大排列; 3. 视电阻率数据个数为 NQ 个
	5	实测视电阻率 ρ_s^b 值	
	6	实测视极化率 η_s^a 值	1. 正演计算时缺省; 2. 视极化率数据依 AM(m)大小由小到大排列; 3. 视极化率数据个数为 NQ 个
	7	实测视极化率 η_s^b 值	
三极测深装置	1	测深点号 QO	1. QO 一般为整型,也可以是实型; 2. 即 MN 中心点号
	2	最小 MN 测量极距 smn	smn 为实型
	3	电极距 AO(m)的个数 NQ	NQ 为整型
	4	电极距 AO(m)的值	AO(m)共 NQ 个,自小到大排列
	5	实测视电阻率 ρ_s^a 值	1. 正演计算时缺省; 2. 视电阻率数据依 AO(m)大小由小到大排列; 3. 视电阻率数据个数为 NQ 个
	6	实测视电阻率 ρ_s^b 值	
	7	实测视极化率 η_s^a 值	1. 正演计算时缺省; 2. 视极化率数据依 AO(m)大小由小到大排列; 3. 视极化率数据个数为 NQ 个
	8	实测视极化率 η_s^b 值	

装置	序号	参　　数	参　数　说　明
对称 四极 测深 装置	1	测深点号 QO	1. QO 一般为整型，也可以是实型； 2. 即 MN 中心点号
	2	最小 MN 测量极距 smn	smn 为实型
	3	电极距 AO（m）的个数 NQ	NQ 为整型
	4	电极距 AO（m）的值	AO（m）共 NQ 个，自小到大排列
	5	实测视电阻率值	1. 正演计算时缺省； 2. 视电阻率数据依 AO（m）大小由小到大排列； 3. 视电阻率数据个数为 NQ 个
	6	实测视极化率值	1. 正演计算时缺省； 2. 视极化率数据依 AO（m）大小由小到大排列； 3. 视极化率数据个数为 NQ 个
偶极 测深 装置	1	测深点号 QO	1. QO 一般为整型，也可以是实型； 2. 即 MN 中心点号
	2	最小 MN 测量极距 smn	smn 为实型
	3	电极距 AO（m）的个数 NQ	NQ 为整型
	4	电极距 AO（m）的值	AO（m）共 NQ 个，自小到大排列
	5	实测视电阻率 ρ_s^a 值	1. 正演计算时缺省； 2. 视电阻率数据依 AO（m）大小由小到大排列； 3. 视电阻率数据个数为 NQ 个
	6	实测视电阻率 ρ_s^b 值	
	7	实测视极化率 η_s^a 值	1. 正演计算时缺省； 2. 视极化率数据依 AO（m）大小由小到大排列； 3. 视极化率数据个数为 NQ 个
	8	实测视极化率 η_s^b 值	

　　对于电位梯度测量，计算点号为其 MN 的中心点号。对于中梯装置测量，计算点号位于 MN 中心。A，B 通常位于算区以外，其点号应按测量点距由用户外推而得。对于二极剖面测量，计算点号为其 AM 的中心点号。对于联合剖面测量，计算点号为其 MN 的中心点号。对于对称四极剖面测量，计算点号为其 MN 的中心点号。对于偶极剖面测量，计算点号整个装置中心点，即 BM 中心点处。

　　二维电阻率极化率人机交互式正反演程序仅允许计算一个测深点数据，若需计算多个测深点数据，请修改数据文件中 QO 即可再次进行计算；本系统规定供电点在 MN 测量电极左方时计算的为 ρ_s^a 和 η_s^a，供电点在 MN 电极右方计算的为 ρ_s^b 和 η_s^b；反演拟合计算的误差显示于图上，保存在输出数据文件中，其中视电阻率 ρ_s 按均方相对误差计算（单位为%），视极化率 η_s 按平均相对误差计算（单位%），若需反演，计算范围内实测数据不能有缺失，否则将发生错误；上述数据文件中数据，除已注明为整型数据外，其它均可按 d，e，f 格式输入。数据之间空格分隔。同一类数据如高程数据可以多行输入。应注意数据个数不能少且位置格式正确。此外，不能将 0.5 简化输入为 .5，也不允许 3*0.5 表示 3 个相同数据。

2. 文件后缀

　　二维电阻率、极化率人机交互正反演程序所有的输入文件均为 ASCII 格式，后缀格式见下页表。

二维电阻率/极化率自动反演

1. 反演数据文件格式

（1）二极和偶极。偶极装置实测数据导入文件格式。

方法	方 法 分 类			正演计算	反演计算
剖面法	充电法	电阻率计算	平坦地形	*.pm1	*.pm5
			起伏地形	*.pm2	*.pm6
		电阻率和极化率计算	平坦地形	*.pm3	*.pm7
			起伏地形	*.pm4	*.pm8
	中间梯度	电阻率计算	平坦地形	*.pg1	*.pg5
			起伏地形	*.pg2	*.pg6
		电阻率和极化率计算	平坦地形	*.pg3	*.pg7
			起伏地形	*.pg4	*.pg8
	二极电位	电阻率计算	平坦地形	*.p21	*.p25
			起伏地形	*.p22	*.p26
		电阻率和极化率计算	平坦地形	*.p23	*.p27
			起伏地形	*.p24	*.p28
	联合剖面	电阻率计算	平坦地形	*.p31	*.p35
			起伏地形	*.p32	*.p36
		电阻率和极化率计算	平坦地形	*.p33	*.p37
			起伏地形	*.p34	*.p38
	对称四极	电阻率计算	平坦地形	*.p41	*.p45
			起伏地形	*.p42	*.p46
		电阻率和极化率计算	平坦地形	*.p43	*.p47
			起伏地形	*.p44	*.p48
	偶极	电阻率计算	平坦地形	*.po1	*.po5
			起伏地形	*.po2	*.po6
		电阻率和极化率计算	平坦地形	*.po3	*.po7
			起伏地形	*.po4	*.po8
测深法	二极	电阻率计算	平坦地形	*.s21	*.s25
			起伏地形	*.s22	*.s26
		电阻率和极化率计算	平坦地形	*.s23	*.s27
			起伏地形	*.s24	*.s28
	三极	电阻率计算	平坦地形	*.s31	*.s35
			起伏地形	*.s32	*.s36
		电阻率和极化率计算	平坦地形	*.s33	*.s37
			起伏地形	*.s34	*.s38

方法	方法 分 类			正演计算	反演计算
测深法	对称四极	电阻率计算	平坦地形	*.s41	*.s45
			起伏地形	*.s42	*.s46
		电阻率和极化率计算	平坦地形	*.s43	*.s47
			起伏地形	*.s44	*.s48
	偶极	电阻率计算	平坦地形	*.so1	*.so5
			起伏地形	*.so2	*.so6
		电阻率和极化率计算	平坦地形	*.so3	*.so7
			起伏地形	*.so4	*.so8

➢ **第一行**：给出一行说明文字"二极实测数据"或"偶极偶极实测数据"；

➢ **第二行**：包含两个数字，第一个是实测数据的个数，即下面数据的行数；第二个数字是实测数据的列数，若仅有电阻率数据，此数字为 1，若还有极化率数据，此数字为 2，其他的任何数字都不认可。

➢ 二极装置数据文件的后缀名为"***.hd2**"，偶极偶极数据文件的后缀名为"***.hdo**"。

```
二极实测数据          二极实测数据
10 1                  10 2
11.2                  11.2 1.0
12.3                  12.3 1.5
13.7                  13.7 2.0
14.4                  14.4 3.5
15.6                  15.6 4.2
18.2                  18.2 6.1
20.0                  20.0 7.3
29.4                  29.4 8.2
50.1                  50.1 9.7
88.2                  88.2 4.8
```

（2）三极装置导入文件的格式。

➢ **第一行**：给出一行说明文字"三极实测数据"。

➢ **第二行**：说明电极和排列方式，有 *AMNB*（双边三极）、*AMN* 和 *NMB* 三种形式，不区分大小写。

➢ **第三行**：说明数据的行、列数，对于双边三级装置，列数中仅电阻率时为"2"若既有电阻率，又有极化率，则为"4"，两个数字之间用空格分隔。

➢ **第四行**：实测数据，先电阻率数据，后极化率数据。用户可参考下表输入第一、第二行和第三行。

行号\排列	双边三极（*AMNB*）		单边（*AMN* 或 *NMB*）	
第一行	三极实测数据		三极实测数据	
第二行	*AMNB* 或 *amnb*		*AMN*、*NMB*、*amn* 或 *nmb*	
第三行	实际行数 n	2（仅电阻率） 4（电阻率和极化率）	实际行数 n	1（仅电阻率） 2（电阻率和极化率）

➢ 在所有的供电测量中，从最左边的一个供电电极开始，把供电电极对应的测量数据输完，才可以进行下一个点的数据输入。数据顺序是按斜线的先上后下，然后才是左右。三极数据文件的后缀名为"***.hd3**"。

➢ 三极装置数据文件实例如下图所示。

三极实测数据	三极实测数据
AMN	AMN
10.1	10.2
11.2	11.2 1.0
12.3	12.3 1.5
13.7	13.7 2.0
14.4	14.4 3.5
15.6	15.6 4.2
18.2	18.2 6.1
20.0	20.0 7.3
29.4	29.4 8.2
50.1	50.1 9.7
88.2	88.2 4.8

三极实测数据	三极实测数据
AMNB	AMNB
10.2	10.4
11.2 32.5	11.2 32.5 1.0 2.4
12.3 26.5	12.3 26.5 1.5 3.3
13.7 21.0	13.7 21.0 2.0 5.9
14.4 18.3	14.4 18.3 3.5 4.2
15.6 17.6	15.6 17.6 4.2 9.4
18.2 14.5	18.2 14.5 6.1 7.6
20.0 12.0	20.0 12.0 7.3 2.1
29.4 11.4	29.4 11.4 8.2 3.2
50.1 23.3	50.1 23.3 9.7 3.9
88.2 29.4	88.2 29.4 4.8 5.7

单边三极装置实测数据导入文件格式　　　双边三极装置实测数据导入文件格式
左边为电阻率数据，右边为电阻率/极化率数据　　左边为电阻率数据 ρ_s^a 和 ρ_s^b，右边为电阻率/
极化率数据 ρ_s^a，ρ_s^b，η_s^a，η_s^b

（3）四极装置导入文件的格式

➢ **第一行**：填写一行任意的说明文字（例如对称四极实测数据等），文字之间不可以有空格；

➢ **第二行**：给出实测行数和列数（"**3**"—电阻率；"**4**"—电阻率/极化率）；

➢ **第三行**：给出数据的各列的说明，用空格分隔，例如：*NO.　AB/2　MN/2　Ps* 或 *NO.　AB/2　MN/2　Ps　Ip*；

➢ **数据**：相应的数据；

➢ 对称四极数据文件的后缀名为"***.hd4**"。

➢ 三极装置数据文件实例如下图所示：

对称四极实测数据			
9 3			
"NO" "AB/2" "MN/2" "Ps"			
1	15	5	77.9063
1	25	5	100.7584
1	35	5	106.7255
1	45	5	109.2180
2	15	5	78.5182
2	25	5	102.4229
2	35	5	108.9941
3	15	5	78.8901
3	25	5	103.0818

对称四极实测数据				
9 4				
"NO" "AB/2" "MN/2" "Ps" "Ip"				
1	15	5	77.9063	3.89531
1	25	5	100.7584	5.03792
1	35	5	106.7255	5.33627
1	45	5	109.2180	5.46090
2	15	5	78.5182	3.92591
2	25	5	102.4229	5.12114
2	35	5	108.9941	5.44970
3	15	5	78.8901	3.94450
3	25	5	103.0818	5.15409

2. 地形数据文件的格式

地形数据输入与地形点在实际网格中的密切相关，知道了地形各点在网格上的位置，就很容易制作地形数据文件。在上面各种装置（二极、三极、偶极–偶极和对称四极）的实测数据输入对话框中，用户都输入了左电极号和右电极号等信息，左电极号就是用户测区最左边的电极点在网格中的位置，右边电极和右电极号即是测区最右边电极点在网格中的位置。地形数据就必须要在左电极号～右电极号（测区电极）之间的点上对应输入。系统设定测区外的左右边界区的高程与测区最左和最右两点的高程一致。地形数据文件的后缀名为"*.ter"。地形数据导入文件的格式如下（如右数据框）：

地形数据
15
21 10
22 12
23 13
24 15
25 18
26 20
27 19
28 15
29 12
30 11
31 14
32 18
33 22
34 25
35 30

> **第一行**：一行任意说明文字；

> **第二行**：地形点的个数；

> **数据**：实际地形数据包含两列，第一列为高程点对应的网格节点号，第二列为高程数据（单位：m）。点号和高程数据之间用空格隔开。

文件导入是在实测数据表格中导入了必要的信息（点击了数据表格）之后进行的，在此之前导入数据将失败。

一维磁源瞬变电磁正反演

1. 正演数据文件格式

正演数据输入文件为 ASCII 码文本文档，可以是*.txt 文件。数据格式如下：

11	//正演计算标示符
1　1256.63	//发射线圈匝数，发射线圈面积
1　1	//接收线圈匝数，接收线圈面积
1	//供电电流大小
某工区	//工区名称
某测线	//测线名称
某桩号	//桩号名称
3	//正演地层层数 N
10 300 10	//N 层（从上到下第一层、第二层、第三层）电阻率
10 50	//$N-1$ 层（从上到下第一层、第二层）厚度
100 1e−6 1e−1	//采样时间点数 $m=100$，最小采样时间，最大采样时间
0	//采样方式（可取 0、1 或 2：0 表示自定义数据，1 表示对数采样，2 表示线性

采样。采样方式取 0 时，列出所有的采样时间点，取 1 或 2 时，采样时间点由程序自动计算）

1e−006	//第 1 个点采样时间
1.12332403e−006	//第 2 个点采样时间
1.26185688e−006	//第 3 个点采样时间
…………	
0.1	//第 $m=100$ 个点采样时间

正演数据输出文件格式 正演数据输入文件为 ASCII 码文本文档。数据格式如下：

TEM1D 某工区某测线某桩号正演结果：

发射线圈匝数：	1
发射线圈面积：	1256.6

接收线圈匝数:	1
接收线圈面积:	1.0
供电电流:	1
采样时间点数	100
最小采样时间	1e−006
最大采样时间	0.1
采样方式	自定义
地层层数	4
电阻率	厚度
100.00	20.00 //第 1 层电阻率, 第 1 层厚度
20.00	40.00 //第 2 层电阻率, 第 1 层厚度
300.00	80.00 //第 3 层电阻率, 第 1 层厚度
20.00	//第 4 层电阻率

早晚期电磁场分界点: 第 15 个测道, 采样时间 5.72237e−006

时间	磁感电动势	磁感视深度	磁感视电阻率	磁场	磁场视深度	磁感视电阻率
1.00000e−006	8.38073891e−003	8.98	101.32	6.45460574e−003	12.60	99.89
1.12332e−006	6.81798726e−003	9.55	101.99	5.71232026e−003	13.35	99.77
1.26186e−006	5.48087264e−003	10.17	102.86	5.03783224e−003	14.13	99.50

…………

1.00000e−001	6.02945698e−014	1330.27	22.22	3.32848413e−009	1854.82	21.64

2. 反演数据文件格式

反演数据输入文件为 ASCII 码文本文档。数据格式如下:

22	//正演计算标示符
1 1256	//发射线圈匝数, 发射线圈面积
1 1	//接收线圈匝数, 接收线圈面积
1	//发射电流
工区北京	//工区名称
某测线	//测线名称
某桩号	//测点名称
1	//反演磁场或感应电动势的标识符。1 代表磁场。2 代表感应电动势
100	//时间采样点数
1e−6 1e−1	//最小采样时间, 最大采样时间
1.000000000000000e−006 6.453910000000000e−003	//时间, 实测场值 (对应的磁场或感应电动势)
1.123320000000000e−006 5.711840000000000e−003	
1.261860000000000e−006 5.037670000000000e−003	

…………

8.902150000000000e−002 3.935480000000000e−009	
1.000000000000000e−001 3.328700000000000e−009	

反演初值输入文件格式 反演初值输入文件为 ASCII 码文本文档。数据格式如下:

4	//地层层数

107.0	18.45	91.9	28.4	//各层电阻率

21.75	27.23	105.1		//各层厚度

反演数据输出文件格式 反演数据输出文件为 ASCII 码文本文档。数据格式如下：

TEM1D 工区北京某测线某桩号反演结果   //输出文件说明

发射线圈匝数：	1
发射线圈面积：	1256.0
接收线圈匝数：	1
接收线圈面积：	1.0
供电电流：	1
采样时间点数	100
最小采样时间	1e–006
最大采样时间	0.1
反演地层层数：	4

反演初值

电阻率	厚度
107.00	21.75
18.45	27.23
91.90	105.10
28.40	

反演结果

电阻率	厚度
99.97	20.00
19.99	39.94
289.68	80.23
19.99	

时间	磁感电动势	磁感视深度	磁感视电阻率	拟合磁感电动势	拟合磁感视深度	拟合磁感视电阻率
1.00000e–006	8.38060000e–003	8.98	101.31	8.38164226e–003	12.69	101.29
1.12330e–006	6.81800000e–003	9.55	101.97	6.81887374e–003	13.49	101.96
1.26190e–006	5.48090000e–003	10.17	102.85	5.48092425e–003	14.36	102.83
··············						
8.90220e–002	7.98920000e–014	1258.81	22.35	7.98739187e–014	1778.74	22.36
1.00000e–001	6.02950000e–014	1330.05	22.22	6.02818390e–014	1879.38	22.22

面积以平方米（m^2）为单位，电阻率以欧姆·米（$\Omega \cdot m$）为单位，供电电流以安培（A）为单位，厚度和深度以 m 为单位，采样时间以秒为单位，磁感电动势以伏特（V）为单位。

📖 二维大地电磁测深反演

1. 反演数据文件格式

大地电磁二维反演时涉及的观测资料是包括垂直构造走向的整条测线上的各个测点在不同频率时的函数响应值，无论是待反演的模型参数，还是参与反演的测量数据，数据量都急剧增加。相对一维反演，二维反演有其一定的特殊性，相应的数据文件格式也很复杂。在反演前，了解大地电磁二维反演的相关参数和文件格式有助于用户正确使用该程序。

大地电磁二维反演程序的输入文件有五类，它们分别是：基本信息数据文件、网格剖分数据文件、初始模型数据文件、测点数据文件和测点数据路径文件，其中最为复杂的文件是网格剖分数据文件。

基本信息数据文件 基本信息数据文件用于存放大地电磁二维反演程序的一些基本参数，默认的文件后缀为"***.mt1**"，ASCII 明码格式存放。具体内容为：

2DMT Inverse Based Information File　　//文件头

2　　45　　30　　15　　121　　100　　//基本参数

其中第一行字符为文件头，第二行字符为六个数字，对应六个基本信息参数：

➢ 第一个数据为反演模式参数，取 1 时为单模式反演，取 2 时为 TE、TM 联合反演；

➢ 第二个数据为观测点数目；

➢ 第三个数据为观测时采用的频率数目；

➢ 第四个数据为垂直方向地上部分网格剖分节点的数目；

➢ 第五个数据为水平方向剖分网格节点的数目；

➢ 第六个数据为垂直方向地下部分网格剖分节点的数目。

基本信息数据文件的文件头必须是字符串"2DMT Inverse Based Information File"，否则程序出错。第二行字符为六个数字，它们必须横着排列，数字之间用空格分开，顺序不能搞错，否则反演不能进行。

网格剖分数据文件 网格剖分数据文件用于存放观测点的坐标值、观测时采用的频率值、垂直方向地上部分网格剖分节点的坐标值、水平方向剖分网格节点数目的坐标值、垂直方向地下部分网格剖分节点的坐标值、地形网格剖分节点的编号。网格剖分数据文件默认的文件后缀为"***.mt2**"，ASCII 明码格式。具体内容为：

2DMT Inverse Grids Information File　　//文件头

coordinate of sites　　　　　　　　//观测点沿剖面方向的坐标值，单位为 m

0.　13875.　31789.　47483.　60834.　79704.　96632. 121638.

......

frequency　　　　　　　　　　//观测时采用的从高频到低频的所有频率值，单位为 Hz

320.00000　　240.00000　　160.00000　　120.00000　　80.00000

......

grid_y　　　　　　　　　　　//各网格节点沿剖面方向的坐标值，单位为 m

−3284204.2 −2189469.5 −1459646.2　−973097.5　−648731.7　−432487.8　−288325.2

......

grid_air　　　　　　　　　　//各网格剖分节点沿空中垂直方向的坐标值，单位为 m

−163840.　　　−81920.　　　−40960.　　　−20480.　　　−10240.

......

grid_z　　　　　　　　　　　//各网格剖分节点沿地下垂直方向的坐标值，单位为 m

0.0　　　　10.0　　　　20.0　　　　30.9　　　42.6　　　55.4　　　69.3

......

grid of topography　　　　　　　　　　　　　//起伏地表沿 *y* 方向从左到右对应的 *z* 方向地形网格节点号

1 1 1 1 1 1 1 1 1 1 1 1 1 1 1 1 1 1 1 1 1 1 1 1 1 1 1 1 1 1 1 1 1 1 1 1 1 1 1 1 1 1 1 1 1 1 1 1 1 1 1 1

......

网格剖分数据文件的文件头必须是字符串"2DMT Inverse Grids Information File"，否则程序出错。"coordinate of sites"、"frequency"、"grid_y"、"grid_air"、"grid_z"、和"grid of topography"等六行字符为相应的数据标识字符，它们在数据文件中必不可少，而且顺序不能搞错，数据之间用空格分开，否则反演不能进行。

初始模型文件　实际的二维反演中，在模型剖分后，为了启动反演过程，需要对每个剖分子区域赋以合适的初始电阻率即模型初值。通常初始模型由一维反演获得，但更简单的方法是采用均匀导电半空间模型。初始模型文件存放大地电磁二维反演程序的初始模型的电性参数信息，默认的文件后缀为"***.mt3**"，ASCII 明码格式。以下是均匀导电半空间模型的具体内容：

2DMT Inverse Model Information File　　　　//文件头

starting model　　　　　　　　　　　　　//任意一行描述

model_ID　　　　0.　　　　　　　　　//模型编号

yvalues 1　　　　　　　　　　　　　//水平方向剖分节点数

　　　　0. 0　　　　　　　　　　　　//水平方向剖分节点值

zvalues 2　　　　　　　　　　　　　//垂直方向地下部分剖分节点数

　　　　0. 0 50000.0　　　　　　　　//垂直方向地下部分剖分节点值

log10 res's

　　　　0.0　　　2.00　　　　　　　//垂直节点处的电阻率对数值

　　　50000.0　　2.00

初始模型数据文件的文件头必须是字符串"2DMT Inverse Model Information File"，否则程序出错。"starting model"、"model_ID"、"yvalues"、"zvalues" 和"log10 res's"等五行字符为相应的数据标识字符，它们在数据文件中必不可少，而且顺序不能搞错，数据之间用空格分开，否则反演不能进行。

测点路径数据文件　测点路径数据文件用来存放各测点 TE、TM 模式的实测资料的文件存储的路径信息，默认的文件后缀为"***.mt4**"，ASCII 明码格式。

➢ 在单模式反演时，TM 模式的测点路径数据文件的具体内容为：

2DMT Inverse Point Information File　　　//文件头

TM　　　　　　　　　　　　　　//TM 模式

E:\temp\Prof_Dat\2DMT\TBT405X.MTD

E:\temp\Prof_Dat\2DMT\TBT407X.MTD

......

➢ 在单模式反演时，TE 模式的测点路径数据文件的具体内容为：

2DMT Inverse Point Information File　　　//文件头

TE　　　　　　　　　　　　　　//TE 模式

E:\temp\Prof_Dat\2DMT\TBT405Y.MTD

E:\temp\Prof_Dat\2DMT\TBT407Y.MTD

......

> 在联合反演时的测点路径数据文件的具体内容为：

2DMT Inverse Point Information File   //文件头
TE   //TE 模式
E:\temp\Prof_Dat\2DMT\TBT405Y.MTD
E:\temp\Prof_Dat\2DMT\TBT407Y.MTD
......
TM   //TM 模式
E:\temp\Prof_Dat\2DMT\TBT405X.MTD
E:\temp\Prof_Dat\2DMT\TBT407X.MTD
......

测点路径数据文件的文件头必须是字符串"2DMT Inverse Point Information File"，否则程序出错。"TE"和"TM"等两行字符为相应的数据标识字符，它们在数据文件中必不可少，而且在联合反演时顺序不能出错，否则反演不能进行。

测点数据文件 测点数据文件用来存放各测点的频率、视电阻率、相位、视电阻率的相对误差（%）和相位的绝对误差（%）信息，默认的文件后缀为"***.mtd**"，ASCII 明码格式。它的具体内容为：

250.0	1454.	45.95	6.430	0.1300
203.3	1576.	46.21	5.720	0.1000
163.9	1581.	46.58	6.100	0.1100
136.8	1572.	46.45	6.050	0.1100

......

2. 反演输出文件格式

大地电磁二维反演程序的输出文件有反演拟合差输出文件 Iteration.log，输入实测数据文件 Field.TE（TE 模式反演）、Field.TM（TM 模式反演）或 Field.TETM（联合反演），反演结果输出文件 Mt2dinvout.**。

反演拟合差输出文件 反演拟合差输出文件 Iteration.log 用于存放每次的迭代误差值，它的具体内容为：

No. of iterations：1   rms_fit：16.654   //迭代次数：1 误差：16.654
No. of iterations：2   rms_fit：14.597
......
No. of iterations：26   rms_fit：2.135

实测数据文件 Field.*

> 文件 Field.TE 中按 ASCII 格式存放 TE 模式的实测数据。它的具体内容为：

  45   30   //测点数和频点数
0.0 320.00   27.2500 −138.6000   //测点坐标，频率值，视电阻率，相位
0.0 240.00   30.0100 −139.2000
......

> 文件 Field.TM 用于存放 TE 模式的实测数据。与 Field.TE 完全类似。

➤ 文件 Field.TETM 用于存放联合反演的实测数据。它的具体内容为：

45	30				//测点数和频点数
0.0	320.00	27.2500	41.4000	1454.0000	45.9500

//测点坐标，频率值，TE 视电阻率，TE 相位，TM 视电阻率，TM 相位

0.0	240.00	30.0100	40.8000	1576.0000	46.2100

......

反演结果输出文件 Mt2dinvout.** 反演结果输出文件 Mt2dinvout.**，用于存放每次迭代反演的结果。其中文件后缀为 2 位数字，对应于反演拟合次数。下面是文件 Mt2dinvout.18 的具体内容：

No. of iterations	18		//第 18 次迭代反演结果
resistivity model（log10）			//电阻率模型
121	100		//水平节点数　　垂直节点数
−3284204.2	0.0	2.6632	//水平节点坐标，垂直节点坐标，电阻率对数值
−3284204.2	20.0	2.6637	
−3284204.2	30.9	2.6638	

....

			//空行
the response of the model			//模型响应
2	45	30	//模式数，测点数，频点数
			//空行
TE res			//TE 模式电阻率
	0.0	320.00	401.04358

//测点坐标，频率值，视电阻率值

	0.0	120.00	369.08718
	0.0	80.000	354.47976

......

			//空行
TE phase			//TE 模式相位值
	0.0	320.00	48.3323

//测点坐标，频率值，相位值

	0.0	120.00	49.2308
	0.0	80.000	49.5873

......

📖 2.5D 磁源瞬变电磁正反演

3　1		//计算参数和地形参数，正演计算取 1，反演磁场数据取 2，反演磁感应电动势数据取 3
		//带地形计算取 1，不带地形计算取 0
1　1600		//发射线圈匝数，面积（单位：m²）
1　1		//接收线圈匝数，面积（单位：m²）
1		//发射电流（单位：安培）
30		//采样时间点数

1e−006	//第一个采样时间（单位：秒）
……	
0.1	//第三十个采样时间
1　　34　　25	//最小桩号，最大桩号，点距（单位：m）
11	//测点个数
7 9 11 13 15 17 19 21 23 25 27	//测点号
700	//最大深度（单位：m）
3	//垂向网格剖分方式 1：对数；2：算术；3：自定义
11	//自定义垂向节点个数

−100 −150 −200 −250 −300 −350 −400 −450 −500 −550 −600 　//取 3 时，要自定义节点高程（单位：m）

30	//地形高程数据个数（不带地形缺）

−39.4000　　−41.3000　　−60.0000　　−63.3000　　−68.1000 //地形高程数据（单位：m）（不带地形缺）
−71.0000　　−73.7000　　−74.5000　　−75.3000　　−75.3000
−66.0000　　−50.1000　　−31.1000　　−40.0000　　−51.0000
−55.8000　　−48.0000　　−49.0000　　−54.2000　　−52.6000
−43.5000　　−41.0000　　−20.0000　　−7.3000　　−20.0000
−32.7000　　−42.4000　　−49.6000　　−57.0000　　−63.7000
0.00848398258　　0.00442830257　　0.00219283742　　0.00102398786　　0.000460735734 ……
7.29323718e−012　　2.64789203e−012　　9.49691342e−013　　3.53882694e−013　　1.85751859e−013

//30*11 个采样时间对应的磁感应电动势（正演计算缺）

附录 II RGIS 数据转换与处理方法

实测的重力、磁法、电法数据中所含的地质构造信息比较复杂，因此，对实测数据的处理一方面应用数学方法去除干扰、分离异常，另一方面是通过应用位场和电磁场理论进行数据转换处理与基于地质地球物理模型的反演解释，从而强化目标体的异常信息或获取新的有用信息，得出观测异常所揭示的关于地下地质构造和形体分布的推断解释与认识。RGIS 提供的数据处理方法，可以辅助用户解决重、磁、电异常解释方面的诸多问题。

II.1 数据预处理

📖 离散数据网格化

（1）功能。

对离散数据通过选择不同的几何参数（数据范围，网格距），数据搜索范围和计算方法进行网格化处理，为空间分析模块及其他数据处理提供数据源。

（2）算法描述。

本程序采用以插值点为中心，按给定区域搜索数据的方式，由用户确定搜索范围和网格距的大小，并提供多种插值计算方法供用户选择。

1）克里金法（Kriging）。克里金法是从变量相关性和变异性出发，在有限区域内对区域化变量的取值进行无偏、最优估计的一种方法；从插值角度讲是对空间分布的数据求线性最优、无偏内插估计的一种方法。克里金法的适用条件是区域化变量存在空间相关性。

设 $Z(x)$ 为区域化变量，满足二阶平稳和本征假设，其数学期望为 m，协方差函数 $c(h)$ 及变异函数 $\lambda(h)$ 存在。即：

$$E[Z(x)] = m$$
$$c(h) = E[Z(x)Z(x+h)] - m^2 \tag{1}$$
$$\lambda(h) = \frac{1}{2}E[Z(x) - Z(x+h)]^2$$

于中心位于 x_0 的块段为 V，其平均值为 $Z_V(x_0)$ 的估计值以

$$Z_V(x_0) = \frac{1}{V}\int_V Z(x)\mathrm{d}x \tag{2}$$

进行估计。

在待估区段 V 的邻域内，有一组 n 个已知样本 $v(x_i)(i=1,2,\cdots,n)$，其实测值为 $Z(x_i)(i=1,2,\cdots,n)$。克里金方法的目标是求一组权重系数 $\lambda_i(i=1,2,\cdots,n)$，使得加权平均值：

$$Z_V^* = \sum_{i=1}^n \lambda_i Z(x_i) \tag{3}$$

成为待估块段 V 的平均值 $Z_V(x_0)$ 的线性、无偏最优估计量，即克里格估计量。为此，要满足以下两个条件：

a. 无偏性。要使 $Z_V^*(x)$ 成为 $Z_V(x)$ 的无偏估计量，即 $E[Z_V^*] = E[Z_V]$，当 $E[Z_V^*] = m$ 时，也就是当 $E\left[\sum_{i=1}^{n} \lambda_i Z(x_i)\right] = \sum_{i=1}^{n} \lambda_i E[Z(x_i)] = m$ 时，则有：$\sum_{i=1}^{n} \lambda_i = 1$

这时，Z_V^* 是 Z_V 的无偏估计量。

b. 最优性。在满足无偏性条件下，估计方差 δ_E^2 为：

$$\delta_E^2 = E[Z_V - Z_V^*]^2 = E[Z_V - \sum_{i=1}^{n} \lambda_i Z(x_i)]^2 \tag{4}$$

由方差估计可知

$$\delta_E^2 = \overline{c}(V,V) + \sum_{i=1}^{n} \lambda_i \lambda_j \overline{c}(v_i, v_j) - 2\sum_{i=1}^{n} \lambda_i \overline{c}(v_i, V) \tag{5}$$

为使估计方差 δ_E^2 最小，根据拉格朗日乘数原理，令估计方差的公式为：

$$F = \delta_E^2 - 2\mu\left(\sum_{i=1}^{n} \lambda_i - 1\right) \tag{6}$$

求以上公式对 λ 和 μ 的偏导数，并令其为 0，得克里金方程组

$$\begin{cases} \dfrac{\partial F}{\partial \lambda_i} = 2\sum_{i=1}^{n} \lambda_i \overline{c}(v_i, v_j) - 2\overline{c}(v_i, V) - 2\mu = 0 \\ \dfrac{\partial F}{\partial \mu} = -2\left(\sum_{i=1}^{n} \lambda_i - 1\right) = 0 \end{cases} \tag{7}$$

整理后得：

$$\begin{cases} \sum_{j=1}^{n} \lambda_i \overline{c}(v_i, v_j) - \mu = \overline{c}(v_i, V) \\ \sum_{i=1}^{n} \lambda_i = 1 \end{cases} \tag{8}$$

解上述 $n+1$ 阶线性方程组，求出权重系数 λ_i 和拉格朗日乘数 μ，并带入公式，经过计算可得克里格估计方差 δ_E^2，即：

$$\delta_E^2 = \overline{c}(V,V) - \sum_{i=1}^{n} \lambda_i \overline{c}(v_i, V) + \mu \tag{9}$$

2）距离倒数加权。考虑到搜索域内数据点对一值点的影响程度不同，即距离愈远，影响愈小，因此我们将权函数定义为 $P_i = 1/d^s$ 其中 d 为数据点距插值点的距离，s 为距离指数（由用户确定），P_i 为数据点的权函数，则：$V_f = \sum_{i=1}^{n} \dfrac{V_i}{P_i} / \sum_{i=1}^{n} \dfrac{1}{P_i}$ 平均值：计算搜索域内数据平均值。

即 $V_f = \sum V_i / n$，其中 $V_i(i=1,2,\cdots,n)$ 为搜索域内的数据，n 为搜索域内的数据点数，V_f 为插值点数据。

3）累加。将搜索域内的数据求的平均和为插值点数据。

4）最近点。搜索域内离插值点最近点的数据作为插值点数据。

5）指数函数加权。这是一种改进的距离加权数据插值方法，即：

$$V_f = \sum_{i=1}^{n} \frac{V_i}{e^{\alpha \frac{r_i}{R}}} \Bigg/ \sum_{i=1}^{n} \frac{1}{e^{\alpha \frac{r_i}{R}}} \tag{10}$$

式中：V_f 为插值点数据；V_i 为搜索域内的数据值；e 为自然数；r_i 为插值点与参与计算数据点间的距离；R 为搜索半径。

📖 网格化数据样条光滑

（1）功能。

在网格数据的基础上，选择不同的数学模型，进行加密插值，上面提到的算法也适用于本功能的计算，下面仅对未涉及的算法进行描述。

（2）算法描述。

1）二元全区间插值。对给定矩形域上 $n \times m$ 个结点 $(x_i, y_i)(i=0, 1, \cdots, n-1; j=0, 1, \cdots, m-1)$ 上的函数值 $z_{ij}=z(x_i, y_i)$，利用二元插值公式计算指定插值点 (u, v) 处的函数近似值 $w=z(u, v)$。

设给定矩形域上的个结点在两个方向上的坐标分别为

$$x_0 < x_1 < \cdots < x_{n-1}$$

$$y_0 < y_1 < \cdots < y_{m-1}$$

相应的函数值为

$$z_{ij} = z(x_i, y_i), i=0, 1, \cdots, n-1, j=0, 1 \cdots, m-1$$

计算插值点 (u, v) 处的函数值 $w = z(u, v)$。

以插值点 (u, v) 为中心，在 X 方向上，前后各取四个坐标：

$$x_p < x_{p+1} < x_{p+2} < x_{p+3} < u < x_{p+4} < x_{p+5} < x_{p+6} < x_{p+7}$$

在 Y 方向上，前后也各取四个坐标：

$$y_q < y_{q+1} < y_{q+2} < y_{q+3} < v < y_{q+4} < y_{q+5} < y_{q+6} < y_{q+7}$$

然后用二元插值公式

$$z(x, y) = \sum_{i=p}^{p+7} \sum_{j=q}^{q+7} \left(\prod_{\substack{k=p \\ k \neq i}}^{p+7} \frac{x - x_k}{x_i - x_k} \right) \left(\prod_{\substack{l=q \\ l \neq j}}^{q+7} \frac{y - y_l}{y_j - y_l} \right) z_{ij} \tag{11}$$

计算插值点 (u, v) 处的函数近似值。

2）二元拉格朗日插值。给定函数 $y = f(x)$ 在 n 个不同插值节点 $x_i(i=1, \cdots, n)$ 的函数值 $y_i = f(x_i)(i=1, \cdots, n)$，用拉格朗日（Lagrange）插值多项式求函数在 x 处的函数值 y。

• 拉格朗日的经典公式

$$P(x) = \sum_{k=1}^{n} f(x_k) l_k(x) \tag{12}$$

其中 $l_k(x) = \prod_{\substack{j=1 \\ j \neq k}}^{n} \frac{x - x_j}{x - x_k}$

• 递推关系（Neville 算法）

记 $P_{j, k+1}(x)$ 为 $f(x)$ 关于节点 x_i, x_{j+1}, x_{j+k} 的 k 次拉格朗日插值多项式，则

$$P_{j,k+1}(x) = \frac{(x-x_j)P_{j+1,k}(x) - (x-x_{j+k})P_{j,k}(x)}{x_{j+k} - x_j} \tag{13}$$

其中 $P_j, 1 = y_j, j = 1, \cdots, n; k = 1, \cdots - 1$

为改善精度，保持小的误差，定义

$$C_{j,k} \equiv P_{j,k} - P_{j,k-1}$$
$$D_{j,k} \equiv P_{j,k} - P_{j+1,k}, \quad j = 2, \cdots, n-k+1$$
$$C_{j,1} \equiv D_{j,1} \equiv P_{j,1} = y_i, \quad k = 1, \cdots, n$$

则

$$C_{j,k+1} = \frac{(x-x_i)(C_{j+1,k} - D_{j,k})}{x_{j+k} - x_j}$$

$$D_{j,k+1} = \frac{(x-x_{j+k})(C_{j+1,k} - D_{j,k})}{x_{j+k} - x_j} \tag{14}$$

$$j = 1, \cdots, n-k; k = 1, \cdots, n-1$$

最终结果 $P_{1,n}(x)$ 由 $P_{j,k-1} + C_{j,k-1} + D_{j,k}$ 计算。

3）双三次样条插值。给定插值节点 (x_i, y_i) 及对应的函数值 $z_{ij} = f(x_i, y_i)(i = 1, \cdots, m; j = 1, \cdots, n)$。用双三次样条函数求函数在给定点 (x, y) 处的值。

这里有两个子过程：一是计算函数在节点处关于 y 的二阶偏导数 $f_{yy}(x_i, y_j)$ $(i = 1, \cdots, m; j = 1, \cdots, n)$，二是计算插值结果。对每个 $(i = 1, \cdots, m)$ 以 $y_i(j = 1, \cdots, n)$ 为插值节点，$z_{ij}(j = 1, \cdots, n)$ 为对应函数值，y 为插值变量，作一元三次自然样条插值得 $s_i(i = 1, \cdots, m)$。以 $x_i(i = 1, \cdots, m)$ 为节点，s_i 为对函数值，x 为插值变元，作一元三次自然样条插值则得所求结果。

II.2　数据投影变换

在面积较大的区域性测量工作中，由于比例尺、工作范围不同，采用的坐标定位系统可能也不相同。为了数据制图和数据处理的需要，往往需要把一种坐标系统转换为另一种坐标系统。坐标投影转换种类很多，本系统提供五种我国陆地区域性测量工作常用的坐标转换：高斯—地理—等角圆锥–墨卡托–UTM 投影。地理坐标是世界统一的经纬度坐标。

在阐述各种投影变化的方法技术之前首先需要要有以下约定：

a——椭球体长半轴

b——椭球体短半轴

f——扁率

e——第一偏心率

e'——第二偏心率

N——卯酉圈曲率半径

R——子午圈曲率半径

B——纬度，L——经度，单位弧度（RAD）

X_N——纵直角坐标，Y_E——横直角坐标，单位为 m

📖 高斯–克吕格投影

高斯–克吕格投影的正解计算公式为：

$$\begin{cases} X = S + \dfrac{\lambda^2 N}{2}\sin\varphi\cos\varphi + \dfrac{\lambda^4 N}{24}\sin\varphi\cos^3\kappa(5 - tg^2\varphi + 9\eta^2 + 4\eta^4) + \cdots\cdots \\ Y = \lambda N\cos\kappa + \dfrac{\lambda^3 \bullet N}{6}Cos_3\kappa(1 - tg^2\kappa + \mu2) + \dfrac{\lambda_5 \bullet N}{120}\cos^5\varphi(5 - 18tg^2\kappa + tg^4\kappa) + \cdots \end{cases} \tag{15}$$

式中：X、Y 为点的平面直角坐标系纵、横坐标；φ、λ 为点的地理坐标，以弧度计，λ 从中央经线起算；S 为由赤道至纬度 φ 处的子午线弧长；N 为纬度 φ 处的卯酉圈曲率半径；$\eta = e'^2\cos^2\varphi$，其中 $e'^2 = (a^2 - b^2/b^2)$ 为地球的第二偏心率，a、b 则分别为地球椭球体的长短半轴。

其反解公式为：

$$B = B_f - \frac{N_f tgB_f}{R_f}\left[\frac{D^2}{2} - (5 + 3T_f + C_f - 9T_f C_f)\frac{D^4}{24} + (61 + 90T_f + 45T_f^2)\frac{D^6}{720}\right]$$

$$L = L0 + \frac{1}{\cos B_f}\left[D - (1 + 2T_f + C_f)\frac{D^3}{6} + (5 + 28T_f + 6C_f + 8T_f C_f + 24T_f^2)\frac{D^5}{120}\right]$$

$$N_f = \frac{(a^2/b)}{\sqrt{1 + e^2 * \cos^2 B_f}} = \frac{a}{\sqrt{1 - e^2 * \sin^2 B_f}}$$

$$R_f = \frac{a(1 - e^2)}{(1 - e^2 * \sin^2 B_f)^{3/2}}$$

$$B_f = \varphi + (3e_1/2 - 27e_1^3/32)\sin 2\varphi + (213e_1^2/16 - 55e_1^4/32)\sin 4\varphi + (151e_1^3/96)\sin 6\varphi$$

$$e_1 = \frac{1 - b/a}{1 + b/a}$$

$$\varphi = \frac{M_f}{a(1 - e^2/4 - 3e^4/64 - 5e^6/256)}$$

$$M_f = (X_N - FN)/k_0$$

$$T_f = tg^2 B_f$$

$$C_f = e^2\cos^2 B_f$$

$$D = \frac{Y_E - FE}{k_0 N_f} \tag{16}$$

式中：原点纬度为 0，中央经度 $L0$。$FE = 5000000\text{m} + $ 带号$*1000000$，$k_0 = 1$。

📖 兰勃特等角圆锥投影

兰勃特等角圆锥正解计算公式为：

$$X_N = r_0 - r\cos\theta$$
$$Y_E = r\sin\theta$$

$$m = \frac{\cos B}{\sqrt{1 - e^2 \sin^2 B}}$$

$$t = \mathrm{tg}\left(\frac{\pi}{4} - \frac{B}{2}\right) \bigg/ \left(\frac{1 - e \sin B}{1 + e \sin B}\right)^{\frac{e}{2}}$$

$$n = \frac{\ln(m_{B1} / m_{B2})}{\ln(t_{B1} / T_{B2})} \tag{17}$$

$$F = m_{B1} / (n t_{B1}^n)$$

$$r = aFt^n$$

$$\theta = n(L - L0)$$

式中：原点纬度为 $B0$，$L0$ 为原点经度，第一标准纬线 $B1$，第二标准纬线 $B2$。r_0 为原点纬度处的 r 值，m_{B1} 和 m_{B2} 为标准纬线 $B1$ 和 $B2$ 处的 m 值；t_{B1} 和 t_{B2} 为标准纬线 $B1$ 和 $B2$ 处的 t 值。

兰勃特等角圆锥反解计算公式为：

$$B = \pi/2 - 2\mathrm{rctg}\left[t'\left(\frac{1 - e \sin B}{1 + e \sin B}\right)^{\frac{e}{2}}\right]$$

$$L = \theta' / n + L0$$

$$r' = \pm\sqrt{Y_E^2 + (r_0 - X_N)^2} \tag{18}$$

$$t' = (r' / (aF))^{\frac{1}{n}}$$

$$\theta' = \mathrm{arctg}\frac{Y_E}{r_0 - X_N}$$

式中：原点纬度为 $B0$，$L0$ 为原点经度，第一标准纬线 $B1$，第二标准纬线 $B2$。

📖 墨卡托投影

在墨卡托投影中取零子午线或自定义原点经线（$L0$）与赤道交点的投影为原点，零子午线或自定义原点经线的投影为纵坐标 X 轴，赤道的投影为横坐标 Y 轴，构成墨卡托平面直角坐标系。墨卡托投影正解计算公式：

$$X_N = K \ln\left[\mathrm{tg}\left(\frac{\pi}{2} + \frac{B}{2}\right) * \left(\frac{1 - e \sin B}{1 + e \sin B}\right)^{\frac{e}{2}}\right]$$

$$Y_E = K(L - L0) \tag{19}$$

$$K = NB0 * \cos(B0) = \frac{a^2 / b}{\sqrt{1 + e'^2 * \cos^2(B0)}} * \cos(B0)$$

上式中 $B0$ 为标准纬度，原点纬度为 0，$L0$ 为原点经度。

墨卡托投影反解计算公式：

$$B = \frac{\pi}{2} - 2\text{arctg}\left(EXP^{\left(-\frac{X_N}{K}\right)} * EXP^{\left(\frac{e}{2}\right)\ln\left(\frac{1-e\sin B}{1+e\sin B}\right)}\right)$$

$$L = \frac{Y_E}{K} + L0 \tag{20}$$

上式中 $B0$ 为标准纬度，原点纬度为 0，$L0$ 为原点经度。

📖 UTM 投影

UTM 投影全称为"通用横轴墨卡托投影"，是一种"等角横轴割圆柱投影"，椭圆柱割地球于南纬 80°、北纬 84° 两条等高圈，投影后两条相割的经线上没有变形，而中央经线上长度比 0.9996。UTM 投影分带方法与高斯–克吕格投影相似，是自西经 180° 起每隔经差 6° 自西向东分带，将地球划分为 60 个投影带。

UTM 投影正解计算公式为：

$$X_N = FN + k_0\left(M + N\text{tg}B\left[\frac{A^2}{2} + (5 - T + 9C + 4C^2)\frac{A^4}{24} + (61 - 58T + T^2 + 600C - 330e^2)\frac{A^6}{720}\right]\right)$$

$$Y_E = FE + k_0 N\left[A + (1 - T + C)\frac{A^3}{6} + (5 - 18T + T2 + 72C - 58e2)\frac{A^5}{120}\right] \tag{21}$$

上式中东纬偏移 $FE = 500000\text{m}$；北纬偏移 FN（北半球）$=0$，FN（南半球）$=10000000\text{m}$；UTM 投影比例因子 $k_0 = 0.9996$，其他参数同高斯–克吕格投影正解公式。

UTM 投影反解计算公式为：

$$B = Bf - \frac{N_f \text{tg}B_f}{Rf}\left[\frac{D^2}{2} - (5 + 3T_f + 10C_f - 4C_f^2 - 9e^2)\frac{D^4}{24} + \right.$$

$$\left.(61 + 90T_f + 298C_f + 45T_f^2 - 252e^2 - 3Cf_f^2)\frac{D^6}{720}\right]$$

$$L = L0 + \frac{1}{\cos B_f}\left[D - (1 + 2T_f + C_f)\frac{D_3}{6} + (5 - 2C_f + 28T_f - 3C_f^2 + 8e^2 + 24T_f^2)\frac{D^5}{120}\right] \tag{22}$$

参数同高斯–克吕格投影相同。

II.3　异常分析

📖 趋势分析

如果某一异常场的分布在一定范围内可以用多次曲面拟合时，则可通过数学的方法求取趋势背景场的分布。如，对于一个可以以二次曲面拟合的异常，则平滑后的异常值 $\breve{g}(x, y)$ 可以用下面的方程式表示，即：

$$\breve{g}(x, y) = a_0 + a_1 x + a_2 y + a_3 x^2 + a_4 xy + a_5 y^2 \tag{23}$$

上式中各系数可利用最小二乘法求得，

当 $x=0$，$y=0$ 时，a_0 的值便是相应点的平滑值。即：

$$\breve{g}(0, 0) = a_0 \tag{24}$$

对可以用二次以上的多次，如三次、四次或更多次曲面来拟合的情况，其原理是一样的。

回归分析

一元线性回归分析是研究两个变量的线性相关性，它不仅可以说明两个变量是否一起变化，还可以计算出预测方程以预计这两个变量是如何一起变化的。预测方程的形式为：$\hat{y} = a+bx$，通常称为回归方程。y 叫做因变量，x 叫做自变量，其中 a 是常数项，b 为一元回归系数，它与相关系数 r 类似，公式为：

$$b = \frac{\sum_{i=1}^{n}(X_i - \bar{X})(Y_i - \bar{Y})}{\sum_{i=1}^{n}(X_i - \bar{X})^2} \tag{25}$$

式中：n 为样本量，X_i、Y_i、X、Y 分别为两个变量的观测值和均值。若 $b \rightarrow 0$，表明两变量是正相关；若 $b < 0$，表明两变量是负相关。另外，b 的大小还表明若变量 x 发生一个单位变化时，变量 y 的变化量。对于总体回归系数为 0 的原假设，也可以用 t 统计量进行检验。当 t 检验显著时，拒绝原假设，即总体回归系数不为 0，两个变量呈线性关系，当 t 检验不显著时，不能拒绝原假设，两个变量不是线性相关。

在研究重力异常和高程的关系时，常常用回归分析来研究高程对异常的影响。

相关分析

现象之间的相互联系，常表现为一定的关系，其中一个或若干个起着影响作用的变量用 x 表示，与之相关的另一现象变量用 y 表示。通常用相关系数 r 来表征这两个量的相互关联程度。

$$r = \frac{\frac{\Sigma(x-\bar{x})(y-\bar{y})}{n}}{\sqrt{\frac{\Sigma(x-\bar{x})^2}{n}}\sqrt{\frac{\Sigma(y-\bar{y})^2}{n}}} = \frac{\Sigma(x-\bar{x})(y-\bar{y})}{\sqrt{\Sigma(x-\bar{x})^2}\sqrt{\Sigma(y-\bar{y})^2}} \tag{26}$$

相关系数 r 的取值范围：$-1 \leqslant r \leqslant 1$

$r > 0$ 为正相关，$r < 0$ 为负相关；

$|r| = 0$ 表示不存在相关关系；

$|r| = 1$ 表示完全线性相关；

$0 < |r| < 1$ 表示存在不同程度线性相关；

$|r| \leqslant 0.3$ 为不存在线性相关；

$0.3 < |r| \leqslant 0.5$ 为低度线性相关；

$0.5 < |r| \leqslant 0.8$ 为显著线性相关；

$|r| \rightarrow 0.8$ 为高度线性相关。

线性增强

针对重磁场数据的特点，特别是重力异常，采取异常梯级带滤波增强技术，可突出异常中的线性构造特征。

梯级带滤波增强技术处理过程很简单，分下几个步骤：

（1）在每个区域内分别计算异常均值和方差：

$$\delta_i = \sqrt{\sum_{j=1}^{n}(\overline{g}_i - g_i(j))/m_i} \qquad (27)$$

式中：m_i 为第 i 个区域异常测点数；$\overline{g}_i$ 为第 i 个区域异常平均值；$g_i(j)$ 为第 i 个区域内第 j 个点上的异常值；δ_i 则为第 i 个区域的异常方差。

（2）选择 δ_i 中最小者 δ_{min}；

（3）把 δ_{min} 所对应区域的异常均值作为处理结果；

（4）窗口滑动到下一点上重复（1）～（3）。

梯级带滤波增强技术对重力梯级带有强烈的放大作用，是一种提高断层信息分辨率的有效方法。经梯级带滤波增强技术滤波后求取的水平总梯度异常，与单纯进行水平总梯度处理相比，能更为准确地确定断裂位置。

II.4 重磁异常转换处理与反演

RGIS 具备主要的常用重磁数据转换处理功能模块。各方法模块的方法原理依次简介如下。

📖 频率域重磁异常转换处理

重磁异常是地下由地表到地球内部各个相应密度不均匀和磁性变化场源的综合效应，而且实际勘探中往往只观测地表或某一高度平面内一个分量，因而在重磁勘探中异常的转换应用得较为普遍。转换的目的就是将原始带干扰的重磁异常去除干扰，转换到更适合于，或易于定性、定量解释的有利状态重磁异常或磁异常分量。

重磁异常的基本转换包括空间转换（即解析延拓、导数转换等）和异常分离（滤波法、函数逼近法等）。目前的异常转换计算主要有空间域和频率域两种，但主要还是在频率域中进行。

空间域内重力位场的各种转换可以写为褶积形式：

$$f_b(x,y) = \int_{-\infty}^{\infty}\int_{-\infty}^{\infty} f_a(\xi,\eta)\varphi(x-\xi,y-\eta)\mathrm{d}\xi\mathrm{d}\eta = f_a(x,y) * \varphi(x,y) \qquad (28)$$

式中：$f_a(x,y)$，$f_b(x,y)$ 分别为转换前后的位场；$\varphi(x,y)$ 为权函数，亦称为滤波脉冲响应函数。

利用傅氏变换的褶积定理，上述褶积关系在频率域内就变为简单的乘积关系：

$$F_b(u,v) = F_a(u,v) \cdot \varphi(u,v)$$

式中：$F_a(u,v)$，$F_b(u,v)$ 和 $\varphi(u,v)$ 分别为 $f_a(x,y)$，$f_b(x,y)$ 和 $\varphi(x,y)$ 的频谱；u，v 分别为 x 和 y 方向上的圆频率，$\varphi(u,v)$ 称为权函数频谱，亦称为滤波器的频率响应函数。

频率域内重磁异常转换过程一般是分为几步：

1）利用傅氏正变换由已知实测重力异常求谱；

2）由异常谱乘上转换的频率响应函数得到转换后场的谱；

3）应用傅氏反变换由转换后场的谱求得转换后的重力异常。

傅氏正、反变换有现成的计算公式和简易快速的算法可以实现。因此，对重磁数据处理来说，重要的一点是要了解各种转换的频率响应。以下就是常用常规处理方法中的频率响应。

向上、向下延拓

向上、向下延拓转换计算的频率响应函数 $\varphi(u, v)$ 为

$$\varphi(u,v) = e^{h\sqrt{u^2+v^2}} \tag{29}$$

式中 h 为延拓高度，向上为负，向下为正。

任意方向的一阶导数

频率响应函数 $\varphi(u, v)$ 为

$$\varphi(u,v) = q = i(\alpha u + \beta v) + \gamma\sqrt{u^2+v^2} \tag{30}$$

式中 α，β，γ 分别为求导数方向的三个方向余弦，q 为所求导数方向一阶导数的频率响应。

任意方向的任意阶导数

频率响应函数 $\varphi(u, v)$ 为

$$\varphi(u,v) = q^n = \left[i(\alpha u + \beta v) + \gamma\sqrt{u^2+v^2}\right]^n \tag{31}$$

式中 α，β，γ，q 同前。垂向二次导数的频率响应等于 (u^2+v^2)。

水平总梯度模

$$\Delta g_u = (V_{xz}^2 + V_{yz}^2)^{1/2} \tag{32}$$

其中 V_{xz}^2 是重力异常沿 X 方向的一阶导数，V_{yz}^2 是重力异常沿 Y 方向的一阶导数。

正则化滤波

详细方法原理参阅《区域磁异常定量解释》（管志宁、安玉林等，1991 年，地质出版社），正则化方法有一套具体的滤波器。

二维正则化稳定因子

a. 似圆形正则化稳定因子

完全依照推导一维正则化稳定因子的过程，导出如下形式的似圆形正则化稳定因子，即

$$f_\alpha^{mn} = \frac{1}{1 + \alpha e^{\beta(f-f_0)\lambda_x}} \tag{33}$$

式中：f_0 为要消除的高频干扰信号的最小波数，等于其最大水平尺寸的倒数 λ_0^{-1}。

b. 似矩形正则化稳定因子

根据（33）式，可写出两个一维正则化稳定因子，即：

$$\begin{cases} f_\alpha^m = \dfrac{1}{1 + \alpha e^{\beta(|u|-u_0)\lambda_x}} \\[2mm] f_\alpha^n = \dfrac{1}{1 + \alpha e^{\beta(|v|-v_0)\lambda_x}} \end{cases} \tag{34}$$

式中的意义与（33）式的意义完全相同。把 f_α^m 与 f_α^n 相乘，即得似矩形正则化稳定因子

$$f_\alpha^{mn} = f_a^m \cdot f_\alpha^n = \frac{1}{1 + \alpha e^{\beta(|u|-u_0)\lambda_x}} \cdot \frac{1}{1 + \alpha e^{\beta(|v|-v_0)\lambda_x}} \tag{35}$$

经过实践证明，二维近圆形正则化[稳定因子中的正则参数 α 可以直接取 $2 \leqslant \alpha \leqslant 3$，这有利于它的推广应用，如取

$$f_\alpha^{mn} = \frac{1}{1 + 2.8e^{\beta(f-f_0)\lambda_x}}, \quad (\beta \geq 2) \tag{36}$$

即可直接用于滤波除高频干扰。

滤波参数 λ_0 与 f_0 的确定

正则化稳定因子中，参数 λ_0 与 f_0 具有重要意义，它们表明要消除的局部异常场的尺度。这两个参数可以直接从原始重磁异常剖面图或平面等值线图上量取。

补偿圆滑滤波

设观测场为 $T(x, y)$，$T(u, v)$ 为其频谱。采用一函数 $\Phi_0(u, v)$ 为频率域圆滑算子，得圆滑谱

$$T_{\Phi_0}(u,v) = T(u,v)\Phi_0(u,v) \tag{37}$$

圆滑场为 $T_{\Phi_0}(x, y)$，观测场与圆滑场之差为：$\Delta T(x, y) = T(x, y) - T_{\Phi_0}(x, y)$。由局部磁场主要部分、区域磁场高频部分、区域磁场少量低频部分等三部分组成。再用 $\Phi_0(u, v)$ 对 $\Delta T(x, y)$ 进行圆滑，得 $\Delta T_{\Phi_0}(x, y)$。它主要包含了区域场少量低频部分，为补偿由于圆滑对区域场产生的畸变，可把 $\Delta T_{\Phi_0}(x, y)$ 加到 $T_{\Phi_0}(x, y)$ 上去，得补偿后的场 $T(x, y) = T_{\Phi_0}(x, y) + \Delta T_{\Phi_0}(x, y)$。令 $\Delta T(u, v)$、$\Delta T_{\Phi_0}(u, v)$、$T_t(u, v)$ 分别表示 $\Delta T(x, y)$、$\Delta T_{\Phi_0}(x, y)$、$T_t(x, y)$ 的频谱，则有下列三式：

$$\Delta T(u,v) = T(u,v) - T_{\Phi_0}(u,v) = T(u,v)\left[1 - \Phi_0(u,v)\right] \tag{38}$$

$$\Delta T_{\Phi_0}(u,v) = \Delta T(u,v)\Phi_0(u,v) = T(u,v)\left[1 - \Phi_0(u,v)\right]\Phi_0(u,v) \tag{39}$$

$$T_t(u,v) = T_{\Phi_0}(u,v) + \Delta T_{\Phi_0}(u,v) = T(u,v)\left[2 - \Phi_0(u,v)\right]\Phi_0(u,v) \tag{40}$$

比较（39）式和（40）式，经补偿后，改进的圆滑算子是：

$$\Phi_1(u,v) = \left[2 - \Phi_0(u,v)\right]\Phi_0(u,v) \tag{41}$$

称其为一次实偿圆滑算子。如果一次补偿圆滑不能满足要求，可将上式右端 $\Phi_0(u, v)$ 用 $\Phi_1(u, v)$ 代替，再进行圆滑，得二次补偿圆滑算子

$$\Phi_2(u,v) = \left[2 - \Phi_1(u,v)\right]\Phi_1(u,v) \tag{42}$$

依次递推下去，得 n 次补偿圆滑算子：

$$\Phi_n(u,v) = \left[2 - \Phi_{n-1}(u,v)\right]\Phi_{n-1}(u,v) \tag{43}$$

而 $\Phi_0(u, v)$ 称初始原算子，一般选

$$\Phi_0(u,v) = e^{-\beta f}, f = \sqrt{u^2 + v^2} \tag{44}$$

这种补偿圆滑算子当 β 值 >100 时具有理想低通滤波特征，且随 n 值加大低频为 1 的段加长，曲线非常光滑，对 f 有无穷阶导数，故其具有良好的滤波效果。

📖 空间域重磁异常转换处理

重力异常向上延拓

如果一个地质体在观测平面上产生的重力异常 $\Delta g(\xi, \eta, 0)$ 为已知，则可将这个观测平面看成一个无穷的单层物质面，其密度为：

$$\sigma(\xi,\eta,0) = \frac{1}{2\pi G}\dot{\Delta} g(\xi,\eta,0) \tag{45}$$

该物质面在其上方空间任意点产生的重力异常与面下方的地质体产生的重力异常等效，因此可以用这个等效的单层物质面代替地质体，用于计算观测面上方的重力异常，一个密度不均匀的无限大物质面在其上方任意点 $(x, y, -z)$ 产生的重磁场为：

$$\Delta g(x, y, -z) = G \int_{-\infty}^{\infty}\int_{-\infty}^{\infty} \frac{\sigma(\xi, \eta, 0)\mathrm{d}\xi\mathrm{d}\eta}{\{(\xi-x)^2+(\eta-y)^2+z^2\}^{3/2}} = \frac{z}{2\pi}\int_{-\infty}^{\infty}\int_{-\infty}^{\infty} \frac{\Delta g(\xi, \eta, 0)\mathrm{d}\xi\mathrm{d}\eta}{\{(\xi-x)^2+(\eta-y)^2+z^2\}^{3/2}} \quad (46)$$

上式是实现空间域各项处理的基本公式。采用上式实现三度异常向上延拓，其算法是以平面上网格化的观测数据点为中心，点距 $\Delta x = 2a$ 和线距 $\Delta y = 2a$ 为宽度和长度，把计算区划分成 M 个矩形小区，假定每个水平矩形小区上的密度均为常数，第 k 个小区的密度为 σ_k 则上式变为：

$$\Delta g(x, y, -z) = \sum_{k=1}^{M} \Delta g_k(x, y, -z) = \sum_{k=1}^{M}\left\{ \sigma_k \left\| -\arctan\frac{(-z\sqrt{(\xi-x)^2+(\eta-y)^2+z^2})}{(\xi-x)(\eta-y)}\right|_{\xi_{k1}}^{\xi_{k2}}\right|_{\eta_{k1}}^{\eta_{k2}} \quad (47)$$

以上就是实现三度体重力异常向上延拓的计算公式。

磁场异常向上延拓

在磁测工作中都是地表或在附近空间进行，调和域是观测面以上的空间，而且磁场随着地面的距离增加而衰减，在无穷远处趋于零。这种调和域是开阔的，当测区有足够大的范围，且观测面上已有实测的磁异常及其法向导数则可利用（48）式求出观测面上半空间中的磁异常，即可实现磁异常的解析延拓。但在一般情况仅有磁异常而无法向导数，故不能直接利用（48）式，需要研究仅利用磁异常的曲面延拓方法，由于该问题的复杂性将在专门章节讨论。

$$U_p = \frac{1}{4\pi}\iint_S \left[U_M \frac{\mathrm{d}}{\mathrm{d}V}\left(\frac{1}{r}\right) - \frac{1}{r}\left(\frac{\mathrm{d}U}{\mathrm{d}V}\right)_M\right]\mathrm{d}s \quad (48)$$

$$U_p = \frac{1}{4\pi}\iint_S \left[U_M \frac{\mathrm{d}}{\mathrm{d}V}\left(\frac{1}{r'}\right) - \frac{1}{r'}\left(\frac{\mathrm{d}U}{\mathrm{d}V}\right)_M\right]\mathrm{d}s \quad (49)$$

在平观测面的特殊情况，可以消除法向导数而实现磁异常的延拓。设观测面为平面 Π，且为直角坐标系的 $x-y$ 面，并令 z 轴垂直向上，法向导数 $\frac{\mathrm{d}U}{\mathrm{d}v}$ 是 U 对 z 的偏导数 $\frac{\partial U}{\partial v}$，故（48）、（49）式可写成

$$U_p = \frac{1}{4\pi}\iint_\Pi \left[U_M \frac{\partial}{\partial\zeta}\left(\frac{1}{r}\right) - \frac{1}{r}\frac{\partial U}{\partial\zeta}\right]\mathrm{d}s \quad (50)$$

$$0 = \frac{1}{4\pi}\iint_\Pi \left[U_M \frac{\partial}{\partial\zeta}\left(\frac{1}{r'}\right) - \frac{1}{r'}\frac{\partial U}{\partial\zeta}\right]\mathrm{d}s \quad (51)$$

由于 $r' = P'M$ 的点 P' 是在 D 域以外，于是，在这种情况下，$P'M$ 是在平面以下令 P' 为 P 的镜像，对比（50）和（51）两式中的积分，U_M 和 $\frac{\partial U}{\partial z}$ 都在水平面上给出，故在两式中相同，而 r' 与 r 相等，但 $\frac{1}{r}$ 与 $\frac{1}{r'}$ 的偏导数符号相反，$\frac{\partial}{\partial\zeta}\left(\frac{1}{r'}\right) = -\frac{\partial}{\partial\zeta}\left(\frac{1}{r}\right)$。考虑到这些关系后，则可把（51）式改写为

$$0 = \frac{1}{4\pi} \iint_\Pi \left[-U_M \frac{\partial}{\partial \zeta}\left(\frac{1}{r}\right) - \frac{1}{r}\frac{\partial U}{\partial \zeta} \right] \mathrm{d}s \tag{52}$$

再取（42）和（44）式之差与和，便得到两个新的方程

$$U_p = \frac{1}{2\pi} \iint_\Pi \left[U_M \frac{\partial}{\partial \zeta}\left(\frac{1}{r}\right) \right] \mathrm{d}s \tag{53}$$

$$U_p = -\frac{1}{2\pi} \iint_\Pi \left[\left(\frac{\partial U}{\partial \zeta}\right)_M \left(\frac{1}{r}\right) \right] \mathrm{d}s \tag{54}$$

因此如果已知以下两个条件之一：① 在平面上每一点的调和函数值（磁异常）；② 在平面上每一点的调和函数垂向导数值（磁异常垂向导数），就可确定平面以上任意点的调和函数值，通常称前者为狄里希莱问题，后者为诺依曼问题。把磁异常代替（53）式中的 U_M，对观测平面进行积分即可实现上半空间的延拓。对于二度体磁异常其分布与 y 无关，故可把（53）式中 $U(\xi, \eta)$ 以 $U(\xi)$ 来替换，并对 η 变量从 $-\infty$ 到 $+\infty$ 积分，而求得向上换算的公式。

向下延拓

向下延拓是向上延拓的反过程，做向下延拓时，首先把观测面上的重磁异常分别向上延拓 1~4 个点距，然后根据这些延拓值和观测面上的观测值采用插值算法，外推计算出向下延拓值。

水平一阶、二阶导数

对于一个密度不均匀的无限大物质面在其上方任意点 $(x, y, -z)$ 产生的重力场为：

$$\Delta g(x, y, -z) = G \int_{-\infty}^{\infty} \int_{-\infty}^{\infty} \frac{\sigma(\xi, \eta, 0)\mathrm{d}\xi\mathrm{d}\eta}{\left\{(\xi-x)^2 + (\eta-y)^2 + z^2\right\}^{3/2}} = \frac{z}{2\pi} \int_{-\infty}^{\infty} \int_{-\infty}^{\infty} \frac{\Delta g(\xi, \eta, 0)\mathrm{d}\xi\mathrm{d}\eta}{\left\{(\xi-x)^2 + (\eta-y)^2 + z^2\right\}^{3/2}} \tag{55}$$

求其水平方向的导数，实质是求其在 x 方向的变化率，这一变化率可以近似的表示为：

$$(V_{xz})_0 = \frac{\Delta g(\Delta x) - \Delta g(-x)}{2\Delta x} \tag{56}$$

令 $\Delta g(x) = \sum_{k=0}^{m} a_k x^k$，并对 x 求导，可得重力异常的一阶导数表达式：

$$V_{xz}(x) = \Delta g'(x) = \sum_{k=0}^{m} k a_k x^{k-1} \tag{57}$$

将上式再求其在 x 方向的变化率，即可得到水平二次导数。

垂向一阶导数

重力垂向一阶导数是将：

$$\Delta g(x, y, -z) = G \int_{-\infty}^{\infty} \int_{-\infty}^{\infty} \frac{\sigma(\xi, \eta, 0)\mathrm{d}\xi\mathrm{d}\eta}{\left\{(\xi-x)^2 + (\eta-y)^2 + z^2\right\}^{3/2}} = \frac{z}{2\pi} \int_{-\infty}^{\infty} \int_{-\infty}^{\infty} \frac{\Delta g(\xi, \eta, 0)\mathrm{d}\xi\mathrm{d}\eta}{\left\{(\xi-x)^2 + (\eta-y)^2 + z^2\right\}^{3/2}} \tag{58}$$

求 z 的二次导数，可以得到原点上方 $P(0, 0, h)$ 点的 V_{ZZ} 表达式：

$$V_{zz}(0, 0, -h) = \frac{1}{2\pi} \int_0^{2\pi} \mathrm{d}a \int_0^{\infty} \Delta g(r, a, 0) \frac{(r^2 - 2h^2)r}{(r^2 + h^2)^{5/2}} \mathrm{d}r \tag{59}$$

令 $\Delta \bar{g}(r, 0)$ 为半径 r 的圆周上重力异常平均值，即：

$$\Delta\overline{g}(r,0) = \frac{1}{2\pi}\int_0^{2\pi}\Delta g(r,a,0)\mathrm{d}a \tag{60}$$

则 V_{zz} 的表达式为：

$$V_{zz}(0,0,-h) = -\int_0^\infty \Delta\overline{g}(r,0)\frac{(r^2-2h^2)r}{(r^2+h^2)^{5/2}}\mathrm{d}r \tag{61}$$

上式是利用地面上实测重力异常换算高于地面 h 处的垂向一阶导数计算公式，当 $h=0$，可得

$$V_{zz}(0,0,0) = -\int_0^\infty \Delta\overline{g}(r,0)\frac{1}{r^2}\mathrm{d}r \tag{62}$$

因为常数的高阶导数为零，为计算方便，在（62）式的被积函数中引进一个常数 $\Delta g(0,0,0)$ 减去 $\Delta\overline{g}(r,0)$ 再积分，上式变为：

$$V_{zz}(0,0,0) = \int_0^\infty[\Delta g(0,0,0) - \Delta\overline{g}(r,0)]\frac{1}{r^2}\mathrm{d}r \tag{63}$$

上式即为重磁位场一阶导数计算公式，该积分可以分为三段进行计算，然后求和。

垂向二阶导数

三度体重力异常位函数满足拉普拉斯方程，因此有：

$$\frac{\partial^2\Delta g}{\partial z^2} = -\left(\frac{\partial^2\Delta g}{\partial x^2} + \frac{\partial^2\Delta g}{\partial y^2}\right) \tag{64}$$

此式即为由 Δg 观测值换算其垂向二次导数的众多数值算法的原理公式。用 $\Delta g(R,a)$ 和 $\Delta\overline{g}(R)$ 分别表示以坐标原点为中心，R 为半径的圆周上的某一点重力值和重力异常平均值，则有：

$$\Delta\overline{g}(R) = \frac{1}{2\pi}\int_0^{2\pi}\Delta g(R,a)\mathrm{d}a \tag{65}$$

将上式展开成坐标原点处重力异常的泰勒级数：

$$\Delta g(R,a) = \Delta g(x,y)$$

$$= \Delta g(0,0) + \left(\frac{\partial\Delta g}{\partial x}\right)_0 x + \left(\frac{\partial\Delta g}{\partial y}\right)_0 y + \frac{1}{2!}\left\{\left(\frac{\partial^2\Delta g}{\partial x^2}\right)_0 x^2 + \left(\frac{\partial^2\Delta g}{\partial y^2}\right)_0 y^2 + \left(\frac{\partial^2\Delta g}{\partial x\partial y}\right)_0 xy\right\} +$$

$$\frac{1}{3!}\left\{\left(\frac{\partial^3\Delta g}{\partial x^3}\right)_0 x^3 + \left(\frac{\partial^3\Delta g}{\partial y^3}\right)_0 y^3 + \cdots\right\} + \frac{1}{4!}\left\{\left(\frac{\partial^4\Delta g}{\partial x^4}\right)_0 x^4 + \left(\frac{\partial^4\Delta g}{\partial y^4}\right)_0 y^4 + \cdots\right\} \tag{66}$$

因为 $x=R\cos a$，$y=R\sin a$，将上式积分后得到：

$$a_0 = \Delta g(0,0)$$

式中

$$a_1 = \frac{1}{4}\left(\left(\frac{\partial^2\Delta g}{\partial x^2}\right)_0 + \left(\frac{\partial^2\Delta g}{\partial y^2}\right)_0\right) = -\frac{1}{4}\frac{\partial^2\Delta g}{\partial z^2}$$

其他系数均不含二次以下的导数项，所以计算点为坐标原点，只要求得了系数 a_1，再乘上（-4），就可得到计算点处的重力异常二次导数值即：

$$V_{zz}(0,0) = \frac{\partial^2 \Delta g}{\partial z^2} = -4a_1 \tag{67}$$

以不同的方法确定系数 a_1 时，就可得到不同的数值计算公式，如哈克公式、艾勒金斯三个公式、罗森巴赫公式等。各方法的具体计算公式如下：

哈克公式： $g_{zz} = \frac{4}{R^2}(g(0) - \bar{g}(R))$

艾勒金斯第 II 公式： $g_{zz} = \frac{1}{28R^2}[16g(0) + 8\bar{g}(R) - 24\bar{g}(\sqrt{5}R)]$

艾勒金斯第 I 公式： $g_{zz} = \frac{1}{60R^2}[64g(0) - 8\bar{g}(R) - 16\bar{g}(\sqrt{2}R) - 40\bar{g}(\sqrt{5}R)]$

艾勒金斯第 III 公式： $g_{zz} = \frac{1}{62R^2}[44g(0) + 16\bar{g}(R) - 12\bar{g}(\sqrt{2}R) - 48\bar{g}(\sqrt{5}R)]$

罗森巴赫第 II 公式： $g_{zz} = \frac{1}{24R^2}[96g(0) - 72\bar{g}(R) - 32\bar{g}(\sqrt{2}R) + 8\bar{g}(\sqrt{5}R)]$

📖 曲化平

根据偶层位理论，具有单位偶极强度、偶极方向与层面垂直的偶层面的位场值等于它在观测点处所张的立体角。在 Hansen 和 Miyazaki 的偶层位延拓方案中，假定偶层等效源是由倾斜平行四边形平面组合而成。该倾斜偶层面的数量与观测网格点数相同，每个偶层面中心的水平投影等于对应测点的水平坐标，其层面平行于起伏观测面在对应测点处的切线方向，其偶极矩方向与层面垂直。Hansen 和 Miyazaki 给出的平行四边形倾斜偶层面位场公式非常简单，只含有纯 arctan( ) 项，与立体角相符。

假设：平行四边形倾斜偶层面中心位于 $(\xi, \eta, 0)$，计算点位于 (x, y, z)，测线数、测点数、x 和 y 方向网格距分别为 M、N、Δx、Δy。适合于上述位场等效源，则位场 $U(x, y, z)$ 表达式为

$$U(x, y, z) = \sum_{i=1}^{M} \sum_{j=1}^{N} \mu(\xi_i, \eta_j) \cdot I_{ij}(x, y, z) \tag{68}$$

其中，

$$I_{ij}(x, y, z) = \left\{ \arctan\left(\frac{\frac{(1+A^2+B^2)uv}{Z} - Bu - Av}{\sqrt{u^2 + v^2 + [Z - Au - Bv]^2}} \right) \Big|_{v_1}^{v_2} \right\}_{u_1}^{u_2} \tag{69}$$

并且，$u = \xi - x, v = \eta - y, Z = z - Ax - By$；$u_1 = -\Delta x / 2 - x$, $u_2 = +\Delta x / 2 - x$；$v_1 = -\Delta y / 2 - y$, $v_2 = +\Delta y / 2 - y$；A、B 分别为偶层平面沿 x 和 y 方向的斜率。

实现位场曲化平的关键是由观测得到的位场值 $U(x, y, z)$ 求解偶极强度 $\mu(\xi_i, \eta_j)$。由 (69) 式可以建立求解 $\mu(\xi_i, \eta_j)$ 的联立方程组，系数矩阵的元素就是 $I_{ij}(x, y, z)$。根据上面对 $I_{ij}(x, y, z)$ 取值的分析得知：当倾斜偶层面组位于观测曲面上时，$I_{ij}(x_i, y_j, z_{ij}) = -2\pi$；而由坡度 A、B 的连续性，有的 ij 面周围紧邻的面在 ij 面中心产生的位场值近似为 0；那些远离 ij 面的面在 ij 面中心产生的位场值随距离增大而变小。这样，方程组系数矩阵的主对角线元素具

有绝对优势。还可以进一步推知：当倾斜偶层面组位于观测曲面下一个很小距离（一般小于等于 1 个点距）时，方程组系数矩阵的主对角线元素仍然具有较大优势。由此可见，可以采用高斯–赛德尔迭代解法求取偶极强度 $\mu(\xi_i, \eta_j)$。

求得所有倾斜偶层面的偶极强度 $\mu(\xi_i, \eta_j)$ 后，在选定的起伏面或平面上的计算点，按上式进行计算，即可得到位场曲面延拓或曲化平结果。

该位场曲化平方法优点是：① 计算公式简单，因而计算速度很快；② 求解偶极强度 $\mu(\xi_i, \eta_j)$ 的方程组系数主对角线占较大优势，可采用高斯–赛德尔迭代解法求解，速度快、稳定性强；③ 又进一步采用迭代技术，故有很高精度；④ 准备工作简单，使用方便；⑤ 特别是能求解大数据量的化平问题。

重磁异常扩边方法

具体作法如下：

（1）读入网格化数据块文件，并设数据块的 4 个边界上所有点的位场值为 0，或等于原数据块位场平均值，原网格化文件的保留网格点上的位场值始终保持不变。

（2）以 Δg 扩边为例，根据下式计算空白区域内 ij 号点的 Δg 值，即

$$\Delta g(i, j) \cong (\Delta g(i-1, j) + \Delta g(i+1, j) + \Delta g(i, j-1) + \Delta g(i, j+1))/4 \tag{70}$$

（3）所有扩充点计算一遍为一次迭代，经数千余次迭代，直到所有 $\Delta g(i, j)$ 数值不变为止。这个迭代过程很快，而且肯定收敛。

这种复杂扩边方法的优点是以位场理论为依据，扩充部分的等值线接近原图等值线的衰变趋势（特别是原数据块边界上位场值处于下降趋势时），简单易行，同样适用于地形高程扩边。

在重磁异常转换处理之前，一般需要先进行扩边处理，形成经扩边处理的较大的矩形数据块，供以后转换处理和反演用。

磁异常化磁极

无论是定性还是定量解释，都希望磁异常尽量简单。通过磁化方向转换计算，消除倾斜磁化方向造成的影响，使得异常中心更加接近场源体的磁矩中心，有利于解释推断。化磁极就是在一定区域（中、高纬度地区）消除斜磁化造成的影响，使磁异常的解释相对简单的一种措施。

化极计算涉及磁化方向转换与测量方向转换，该方向转换因子一般形式为：

$$H(u, v) = \frac{q_2 q_3}{q_0 q_1} \tag{71}$$

其中 $q_k = i(ul_k + vm_k) + n_k \sqrt{u^2 + v^2}$ $(k = 0, 1, 2, 3)$，$i = \sqrt{-1}$，u，v 为 x，y 方向的圆频率；$l_k = \cos I_k \cdot \cos D_k$，$m_k = \cos I_k \cdot \sin D_k$，$n_k = \sin I_k$ 为方向余弦，I_k, D_k 分别为磁化方向的倾角和偏角；q_0，q_1 分别为测量方向和磁化强度方向的频率域因子；q_2，q_3 分别为转化后的测量方向和磁化强度方向因子。

当为化极时：$q_2 = q_3 = \sqrt{u^2 + v^2}$，且现在经常测量的是总场磁异常 ΔT，其对应的测量方向就是地磁场方向。假设磁化强度方向与地磁场方向一致（特别是稍大一点测区，总是这样考虑），因此有 $q_0 = q_1$，具体化极因子可简化为

$$H(u,v) = \frac{u^2 + v^2}{[i(ul_0 + vm_0) + n_0\sqrt{u^2 + v^2}]^2} \tag{72}$$

📖 重磁单界面异常反演

RGIS 的界面反演，采用了常密度和不变磁化强度的单界面深度计算的 Parker 方法。我们以重力频率域界面反演说明一下 Parker 方法。

定义函数 $h(x)$ 的一维傅里叶变换公式：

$$F[h(x)] = \int_{-\infty}^{+\infty} h(x)e^{ikx}\mathrm{d}x \tag{73}$$

式中：k 是变换函数的波数。

根据 Parker 的二维傅里叶变换公式得到重力异常的一维傅里叶变换公式：

$$F[\Delta g(x)] = -2\pi G\sigma e^{-|k|z_0}\sum_{n=1}^{\infty}\frac{|k|^{n-1}}{n!}F[h^n(x)] \tag{74}$$

式中：σ 为所求地层与下部介质之间的密度差；G 为重力常量。

从（74）式的无限和式中提出 $n=1$ 的项，并重新排列，得到

$$F[h(x)] = -\frac{F[\Delta g(x)]e^{|k|z_0}}{2\pi G\sigma} - \sum_{n=2}^{\infty}\frac{|k|^{n-1}}{n!}F[h^n(x)] \tag{75}$$

假定已知地层与下部介质之间的密度差 σ，参考面深度 z_0 已知或给定，就可以应用（75）式进行下列迭代计算：

（1）给界面起伏 $h(x)$ 的初值，例如 $h(x)=0$。

（2）将 $h(x)$ 的初值代入（75）式的右端项，计算右端项的傅式变换。

（3）右端项的傅式反变换即改进的界面起伏 $h(x)$。

（4）判断计算结果是否满足某个收敛标准，或是否达到给定的最大迭代次数。如果是，即停止计算；否则转到第 2 步，以本次迭代结果作为初值，继续迭代计算。

📖 剖面反演

RGIS 采用人机交互修改模型参数与计算机自动迭代计算相结合的方式，利用二度半棱柱体（也称似二度，简作 2.5D，参见图 II.4-1）组合模拟地下密度和磁性地质体和地质构造的方法，进行剖面重、磁异常或二者的联合反演，对重、磁异常进行定量解释。

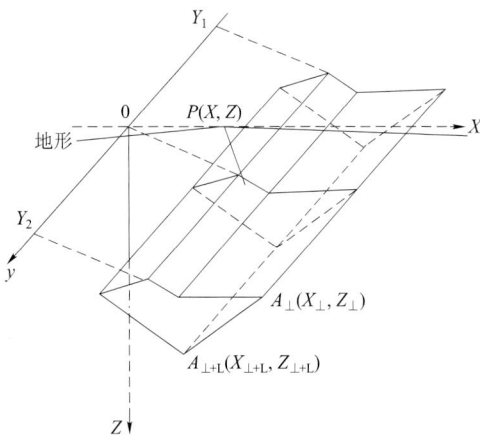

所有方法技术包括计算机交互修改 2.5D 形体重、磁场正演计算、非线性优化求解及计算机程序设计。非线性优化方法是在对反演残差目标函数进行线性化处理的基础上，应用广义逆理论，采用 SVD 求解，对形体角点及物性参数进行迭代修改。

计算机交互修改形体则根据屏幕显示

图 II.4-1   多边形棱柱体模型示意图

的形体，通过鼠标拾取、拖拉形体角点，改变形体角点空间位置，屏幕对话修改形体两端延展长度，对话修改或反演形体密度和（或）磁化强度，最终改变模型体的形状与物性。

RGIS 具备应用似二度（也称二度半，简写作 2.5D）模型体组合进行三维空间重磁异常联合模拟反演，主要用于重磁异常剖面解释，也可用于面积性异常反演解释。简述方法原理如下：

剖面多边形棱柱体重力异常的计算，经过简化，对图 II.4−1 所示直角坐标系下的一个多边形 2.5D 棱柱体，设其密度为 σ，则在空间任一点 $P(r)$ 引起的重力异常 $\Delta g(r)$ 为：

$$\Delta g(r) = G\sigma \sum_{i=1}^{N} \cos\varphi_i [I(Y_2, i) + I(Y_1, i)] \tag{76}$$

其中，

$$I(Y, i) = Y \ln\frac{u_{i+1} + R_{i+1}}{u_i + R_i} + u_{i+1}\ln\left(\frac{R_{i+1} + Y}{r_{i+1}}\right) - u_i\ln\left(\frac{R_{i+1} + Y}{r_i}\right) -$$

$$w_i\left(\operatorname{arctg}\frac{u_{i+1}R_{i+1} + r_{i+1}^2}{Yw_i} - \operatorname{arctg}\frac{u_i R_i + r_i^2}{Yw_i}\right)$$

对于一个多边形棱柱体磁荷面组合，每个磁荷面均可建立一个新坐标系 $ox'y'z'$，使其 $ox'y'$ 面平行于该磁荷面，进而可由水平磁荷面的磁场公式计算观测点的 $H_{ax'}$、$H_{ay'}$ 及 $Z_{a'}$。利用新老坐标的系的转换关系，可以计算出观测点的 H_{ax}、H_{ay} 及 Z_a。将各磁荷面的磁场叠加即可得到一个多边形截面水平柱体的磁场。

总磁场异常与磁异常分量为：

$$\Delta T = H_{ax}\cos I_0\cos D_0 + H_{ay}\cos I_0\sin D_0 + Z_a\sin I_0 \tag{77}$$

$$H_{ax} = -\frac{\mu_0}{4\pi}\sum_{i=1}^{N}\sin\varphi_i(M_x I_{1i} + M_y I_{2i} + M_z I_{3i})$$

$$H_{ay} = -\frac{\mu_0}{4\pi}\sum_{i=1}^{N}[(M_x\sin\varphi_i - M_z\cos\varphi_i)I_{2i} - M_y(\sin\varphi_i I_{1i} - \cos\varphi_i I_{3i})]$$

$$Z_a = \frac{\mu_0}{4\pi}\sum_{i=1}^{N}\cos\varphi_i\frac{\mu_0}{4\pi}(M_x I_{1i} + M_y I_{2i} + M_z I_{3i})$$

其中：

$$I_{1i} = P_{1i}(Y_2) - P_{1i}(Y_1), I_{2i} = P_{2i}(Y_2) - P_{2i}(Y_1), I_{3i} = P_{3i}(Y_2) - P_{3i}(Y_1),$$

$$P_{1i}(y) = \cos\varphi_i\ln\frac{R_i + y}{R_{i+1} + y} - \sin\varphi_i\left(\arctan\frac{u_{i+1}y}{w_i R_{i+1}} - \arctan\frac{u_i y}{w_i R_i}\right)$$

$$P_{1i}(y) = \ln\frac{R_i + u_i}{R_{i+1} + u_{i=1}}$$

$$P_{3i}(y) = \sin\varphi_i\ln\frac{R_i + y}{R_{i+1} + y} + \cos\varphi_i\left(\arctan\frac{u_{i+1}y}{w_i R_{i+1}} - \arctan\frac{u_i y}{w_i R_i}\right)$$

以上各式中符号意义如下：G 为引力常数，i 为棱柱体角点标号，N 为棱柱体的边数，I_0、D_0 为地磁场的倾角、偏角；I、D 为磁化强度方向的倾角、偏角。其中：

$$u_i = x_i \cos \varphi_i + z_i \sin \varphi_i;$$

$$u_{i+1} = x_{i+1} \cos \varphi_i + z_{i+1} \sin \varphi_i;$$

$$w_i = -x_i \sin \varphi_i + z_i \cos \varphi_i$$

$$r_i = (u_i^2 + w_i^2)^{1/2};$$

$$r_{i+1} = (u_{i+1}^2 + w_{i+1}^2)^{1/2};$$

$$R_i = (u_i^2 + Y^2 + w_i^2)^{1/2};$$

$$R_{i+1} = (u_{i+1}^2 + Y^2 + w_{i+1}^2)^{1/2};$$

$$\varphi_i = arctg \frac{z_{i+1} - z_i}{x_{i+1} - x_i}.$$

$$M_x = M \cos I \cos D$$

$$M_y = M \cos I \sin D$$

$$M_z = M \sin I$$

RGIS 系统中重磁异常正演计算采用的就是这里的公式。

II.5　电法数据处理与正反演

📖 二维电阻率法地形改正

在电法勘探中，地形起伏不但使观测点不在水平位置，更重要的是使地下电场的分布相对水平地面发生很大畸变。与水平地面情况相比，地形起伏时测得的 ρ_s 曲线包含了地形异常和可能的有用异常。因此，当测量工作必须在地形起伏的环境下进行时，必须消除地形对观测结果的影响。因此研究地形对电阻率法的影响及其克服方法是提高电阻率法地质效果的重要问题之一。

需要指出的是，较为剧烈的地形对以水平地面为模型基础的剖面反演方法和一维测深反演方法的影响非常大。采用考虑地形的二维或三维模型进行理论研究与解释时，可以不进行地形校正，否则需要进行地形改正。这里仅讨论了直流电阻率的地形影响，对于其他的电法勘探方法，地形的影响也需要引起注意，尤其是采用体积效应较大的测深方法时。

获得纯地形异常的方法除应有一定精度外，还需快速、简单和成本低。目前有多种方法可获得纯地形异常，如物理模拟、数值模拟方法。

在物理模拟中，用水槽模拟、土槽模拟可以获得点源场的纯地形异常，用导电纸模拟可十分方便地模拟线源场二维地形异常。但随着计算技术的广泛使用，更为普遍地采用各种数值模拟方法，如有限元法、边界元、积分方程等方法计算纯地形异常。RGIS 采用比值法进行地形改正。

该方法是将实测的视电阻率曲线 ρ_s^O，逐点除以同样装置在相应测点上计算得到的纯地形异常 ρ_s^D / ρ_1，便得到经过地形改正后的视电阻率曲线 ρ_s^G，即

$$\rho_s^G = \frac{\rho_s^O}{\rho_s^D / \rho_1} \tag{78}$$

📖 一维电阻率/极化率测深正反演

根据直流电测深正演理论，地表点电源在层状大地表面任意一点处产生的电位可表示为：

$$U = \frac{I\rho_1}{2\pi} \int_0^\infty [1 + 2B(\lambda)] J_0(r) \mathrm{d}\lambda \tag{79}$$

对上式进行微分，当 $MN \to 0$ 时，有 ρ_s 表达式为：

$$\rho_s = 2\pi r^2 \frac{E}{I} = \frac{2\pi r^2}{I}\left(-\frac{\partial U}{\partial r}\right)$$
$$= r^2 \int_0^\infty T_1(\lambda) J_1(\lambda r) \cdot \lambda \mathrm{d}\lambda \tag{80}$$

式中：

$$T_1(\lambda) = \rho_1[1 + 2B(\lambda)] \tag{81}$$

其中，$B(\lambda)$ 称为核函数，而 $T_1(\lambda)$ 称为电阻率转换函数。电阻率转换函数或核函数只与地电断面参数有关，与装置参数无关，因此它是表征地电断面性质的函数。

为了求出 $T_1(\lambda)$，可利用电场满足的边界条件，得到 n 层介质的地表 $T_1(\lambda)$ 有如下的循环递推算法：

$$T_i(\lambda) = \rho_i \frac{\rho_i(1 - \mathrm{e}^{-2\lambda h_i}) + T_{i+1}(\lambda)(1 + \mathrm{e}^{-2\lambda h_i})}{\rho_i(1 + \mathrm{e}^{-2\lambda h_i}) + T_{i+1}(\lambda)(1 - \mathrm{e}^{-2\lambda h_i})} \tag{82}$$

引入双曲正切函数的定义：

$$\tanh(\lambda h_i) = \frac{(\mathrm{e}^{2\lambda h_i} - 1)}{(\mathrm{e}^{2\lambda h_i} + 1)}$$

并代入（82）式中，有：

$$T_i(\lambda) = \frac{\rho_i \tanh(\lambda h_i) + T_{i+1}(\lambda)}{1 + T_{i+1}(\lambda)\tanh(\lambda h_i)/\rho_i} \tag{83}$$

利用（83）式，可由最下层的 $T_n(\lambda)$ 递推求出第一层的 $T_1(\lambda)$。由于 $B_n(\lambda) = 0$，由（83）式

$$T_n(\lambda) = \rho_n \tag{84}$$

这样，如果知道了地电模型层参数，就可利用（82）式与（84）式从 $T_n(\lambda)$ 开始一层一层向上递推，最后求出 $T_1(\lambda)$。

视电阻率 ρ_s 的表达式（80）式实际是 Hankel 积分。显然可采用积分计算方法进行 ρ_s 理论曲线的计算。对于电测深视电阻率的计算，有许多合适的滤波器可以直接使用。一般用数字滤波方法计算视电阻率值。

由于电法勘探的体积效应，观测到的场值是整个地电断面的综合反映，导致观测的电测深视电阻率与地下介质的实际电阻率有明显的差异。数据的定量反演能缩小这种差异。电测深数据的一维反演方法有很多种，但大体上分为三种，即迭代反演，非线性反演与其他近似反演。其中电测深数据的迭代反演已经较为成功，且应用较广。

野外观测到一系列的电测深结果，可以用如下的函数表示：

$$\rho_s^i = f((AB/2)_i, \boldsymbol{m}) + \delta_i, \, i = 1, 2, \cdots, N \tag{85}$$

式中：ρ_s^i 是在第 i 个极距 $(AB/2)_i$ 时观测到的视电阻率；m 是地电模型参数；N 是极距的个数；δ_i 是观测数据误差。模型响应的计算函数 f 由（80）式表达。

由于视电阻率是模型的非线性函数，根据广义线性反演理论，由观测到的电测深数据反演模型参数的基本过程是：先根据实际情况，给定一组初始模型参数，计算出相应的视电阻率理论值，将它与观测的视电阻率比较，计算两者的误差，并根据它修改模型参数。再利用新的层参数计算理论视电阻率值，并再作比较，再修改层参数，直到计算的视电阻率与实际的观测结果之差在一定的范围内为止，并将此时的理论值所对应的地电模型参数作为解释结果。

在一维反演中，模型的参数化工作非常简单。只需要给出地电断面的每一个电性层的电阻率与厚度即可将该模型完全描述出来，即：

$$m = (\rho_1, h_1, \rho_2, h_2, \rho_{M-1}, h_{M-1}, \rho_M) \tag{86}$$

因为电测深反演是非线性反演，需要给出模型参数的初值。但对于给定的电测深曲线，如何确定具体的地电模型层数 M 及较为合理的层电阻率与厚度是个较为慎重的问题。通常，可根据工区的已有地质资料及可能的钻孔资料，确定层状模型参数。如果是在未知工区开展的工作，可由测深曲线，大致确定出可能的电性分层，并用试错法给出一个基本模型。如果实在困难，可利用其他近似反演方法进行初步的反演，以了解可能的电性垂向分布。

极化效应导致在供电过程中，观测的电位差随充电时间增大，因此，根据欧姆定律，可以将极化效应等效于极化介质电阻率的增加，并将发生极化效应时极化体对极化总场的电阻称为"等效电阻率"，以和无激电效应时介质的真电阻率相区分。

假设极化介质的（极限）极化率为 η，极化率定义公式可以写成以下形式：

$$\eta = \frac{\Delta U - \Delta U_1}{\Delta U}$$

或

$$\eta = \frac{\rho^* - \rho}{\rho^*} \tag{87}$$

式中：ρ^* 是等效电阻率，ρ 为介质的真电阻率。将等效电阻率用极化率表示出来

$$\rho^* = \frac{\rho}{1 - \eta} \tag{88}$$

根据初始极化率的定义有：

$$\eta_0 = \frac{\rho^* - \rho}{\rho} \tag{89}$$

从而又可用初始极化率表示等效电阻率为：

$$\rho^* = \rho(1 + \eta_0) \tag{90}$$

📖 二维电阻率/极化率自动反演

在原理上，二维或者三维反演与前面介绍的一维反演是一样的。通过模型参数化，计算相应的模型响应，拟合观测结果，并基于拟合情况校正模型参数，直到满足一定迭代中止条件。但由于电法勘探二维反演的对象是二维的平面上电阻率参数变化，需要拟合的数据是在

剖面上的全部测点上观测的数据。因此，无论是待反演的模型参数，还是参与反演的测量数据，数据量都急剧增加。因此，相对一维反演，二维反演有其一定的特殊性。

二维反演是利用剖面上各点观测的数据同时构造地电断面的横向和纵向变化规律。一般是将整个模型断面用更小的子区域表示。在构造二维模型时，模型的子区域大小需要考虑如下的因素：计算机的内存限制；计算速度；反演本身的分辨能力等。考虑到电法勘探数据主要反映来自供电和接收装置附近的电阻率分布，采用测点间距离作为模型横向剖分的依据。对于垂向剖分，可采用均匀网格大小，但更多采用断面上部较密下部较稀疏的非均匀网格，这和电法勘探本身的垂向分辨能力的空间分布规律，即浅部分辨力高，深部分辨力差是一致的。

在反演时，由于人为地对地电断面进行了剖分，反演得到的参数只是位置固定的每个剖分子区域的电阻率。而在一维反演中，需要同时反演电阻率及其垂向位置（厚度）。

实际的二维反演中，在模型剖分后，为启动反演过程，同一维广义反演一样，需要对每个剖分子区域赋以合适的初始电阻率模型。通常初始模型由一维反演获得。但更简单的方法是采用均匀导电半空间模型。

用矩形网对视电阻率数据反演所用的二维地电模型进行剖分，并假设各网格单元上电导率参数双线性变化，若网格大小事先设定，则需反演的参数仅为各网格节点上的电阻率。考虑到电阻率值变化范围较大，为了提高反演稳定性，视电阻率和电阻率参数使用对数值。这样，加上先验信息后的最小二乘反演问题可表示为求最佳模型参数改正值矢量 $\Delta \boldsymbol{m}$，使下面的目标函数 ϕ 极小，

$$\phi = \left\| \boldsymbol{W}_d (\Delta \boldsymbol{d} - \boldsymbol{A} \Delta \boldsymbol{m}) \right\|^2 + \left\| \boldsymbol{W}_m (\boldsymbol{m} - \boldsymbol{m}_b + \Delta \boldsymbol{m}) \right\|^2 \tag{91}$$

上式的右端第一项为通常的最小二乘方法，右端第二项为先验信息项。其中 $\Delta \boldsymbol{d}$（$\Delta d_i = \ln \rho_{ai} - \ln \rho_{ci}$，$i = 1, 2, \cdots, N$）为数据差矢量，其值等于实测视电阻率的对数值与模拟的视电阻率的对数值之差；$\boldsymbol{m}$（$m_j = \ln \rho_j$，$j = 1, 2, \cdots, M$）为预测模型参数矢量；$\boldsymbol{m}_b$（$m_{bj} = \ln \rho_{bj}$，$j = 1, 2, \cdots, M$）为基本模型参数矢量；$\boldsymbol{A}\left(A_{ij} = \dfrac{\partial \ln \rho_{ci}}{\partial \ln \rho_j}\right)$ 为偏导数（Jacobian）矩阵；$\boldsymbol{W}_d = \mathrm{diag}(1/\sigma_1, 1/\sigma_2, \cdots, 1/\sigma_N)$ 为数据的拟方差矩阵，σ_i 为第 i 个数据的均方误差；$\boldsymbol{W}_m$ 是模型加权矩阵，被设计用来使模型具有先验信息，我们令 $\boldsymbol{W}_m = \sqrt{\lambda} \boldsymbol{C}$，其中 λ 为 Laglang 乘数，$\boldsymbol{C}$ 为光滑度矩阵，这样所加入的先验信息就是要求模型既光滑又接近基本模型。(73)式对 $\Delta \boldsymbol{m}$ 求导并令其等于零，我们可得到下面的线性方程组：

$$(\boldsymbol{A}^T \boldsymbol{W}_d^T \boldsymbol{W}_d \boldsymbol{A} + \boldsymbol{W}_m^T \boldsymbol{W}_m) \Delta \boldsymbol{m} = \boldsymbol{A}^T \boldsymbol{W}_d^T \boldsymbol{W}_d \Delta \boldsymbol{d} + \boldsymbol{W}_m^T \boldsymbol{W}_m (\boldsymbol{m}_b - \boldsymbol{m}) \tag{92}$$

上式也等效于求下面线性方程组的最小二乘解：

$$\begin{vmatrix} \boldsymbol{W}_d \boldsymbol{A} \\ \boldsymbol{W}_\eta \end{vmatrix} \boldsymbol{\eta} = \begin{vmatrix} \boldsymbol{W}_d \Delta \boldsymbol{d} \\ \boldsymbol{W}_m (\boldsymbol{m}_b - \boldsymbol{m}) \end{vmatrix} \tag{93}$$

将从方程组（92）或（93）得到的模型修改量加到预测模型参数矢量中，我们得到了新的预测模型参数矢量。重复这个过程直至实测数据和模拟数据之间的平均均方误差满足要求。其中，平均均方误差 rms 定义为

$$rms = \sqrt{\Delta \boldsymbol{d}^T \Delta \boldsymbol{d} / N} \tag{94}$$

按照 Seigel（1959）理论，若地下空间由 M 块不同电阻率 ρ_j 和本征极化率 η_j 的岩矿组

成 ($j=1, 2, \cdots, M$)，则视极化率响应可表示为

$$\eta_{ai} = \sum_{j=1}^{M} \frac{\partial \ln \rho_{ai}}{\partial \ln \rho_j} \eta_j, \quad j=1,2,\cdots,N$$

或写为矩阵形式

$$\boldsymbol{\eta}_a = \boldsymbol{A}\boldsymbol{\eta} \tag{95}$$

式中，$\boldsymbol{\eta}_a$ 为视极化率响应矢量；$\boldsymbol{\eta}$ 为本征极化率参数矢量；$\boldsymbol{A}$ 为偏导数矩阵。（95）式即为求本征极化率的线性方程组。更一般的是考虑数据存在有均方误差和模型有先验信息时，则可用最小二乘反演方法来求本征极化矢量。最小二乘反演方法的目标函数为：

$$\phi = \left\| \boldsymbol{W}_d(\boldsymbol{\eta}_a - \boldsymbol{A}\boldsymbol{\eta}) \right\|^2 + \left\| \boldsymbol{W}_\eta(\boldsymbol{\eta} - \boldsymbol{\eta}_b) \right\|^2 \tag{96}$$

式中 $\boldsymbol{W}_d$ 为数据的拟方差矩阵；$\boldsymbol{W}_\eta$ 是模型加权矩阵，在本文，我们令 $\boldsymbol{W}_\eta = \boldsymbol{W}_m$，即同样取先验信息为使极化率既光滑又接近基本模型 $\boldsymbol{\eta}_b$。（96）式对 $\boldsymbol{\eta}$ 取极小，得到下面的线性方程组：

$$(\boldsymbol{A}^T\boldsymbol{W}_d^T\boldsymbol{W}_d\boldsymbol{A} + \boldsymbol{W}_\eta^T\boldsymbol{W}_\eta)\boldsymbol{\eta} = \boldsymbol{A}^T\boldsymbol{W}_d^T\boldsymbol{W}_d\boldsymbol{\eta}_a + \boldsymbol{W}_\eta^T\boldsymbol{W}_\eta\boldsymbol{\eta}_b \tag{97}$$

上式也等效于求下面线性方程组的最小二乘解

$$\begin{vmatrix} \boldsymbol{W}_d\boldsymbol{A} \\ \boldsymbol{W}_\eta \end{vmatrix} \boldsymbol{\eta} = \begin{vmatrix} \boldsymbol{W}_d\boldsymbol{\eta}_a \\ \boldsymbol{W}_\eta\boldsymbol{\eta}_b \end{vmatrix} \tag{98}$$

解上述方程组（98）便可得到极化率的反演结果。由于方程中的偏导数阵 $\boldsymbol{A}$ 已在视电阻率反演过程中得到，因此只要很小的计算工作量就能完成视极化率的反演。

二维电阻率极化率自动反演程序的反演流程如下：

（1）数据输入；

（2）模型处理，包括模型单元的节点分布、光滑系数阵的计算；

（3）有限元计算网格处理，包括三角单元节点分布、地形高程的转换；

（4）用预测模型给有限元网格赋值；

（5）用有限元进行二维视电阻率计算和 Jacobian 矩阵 A 的计算；

（6）计算视电阻率平均均方误差 Rms；

（7）Rms 是否满足；如不满足，修改预测模型，重复（4）～（7）；

（8）计算模型极化率；

（9）输出反演结果。

📖 二维大地电磁测深反演

任何宏观的电磁场问题都满足麦克斯韦方程组，在大地电磁测深所满足的条件下，假设场源是高空入射的均匀平面波，麦克斯韦方程可表示为：

$$\begin{cases} \nabla \times \mathbf{E} = -\dfrac{\partial \mathbf{B}}{\partial t} \\[2mm] \nabla \times \mathbf{H} = \mathbf{j} + \dfrac{\partial \mathbf{D}}{t} \\[2mm] \nabla \cdot \mathbf{E} = 0 \\[2mm] \nabla \cdot \mathbf{B} = 0 \end{cases} \tag{99}$$

式中：**B** 为磁感应强度矢量；**D** 为电位移矢量；**E** 为电场强度；**H** 为磁场强度；**J** 为传导电流。取时谐因子为 $i\omega t$，并利用媒质本征方程将（99）式转化为频率域中：

$$\begin{cases} \nabla \times \mathbf{E} = -i\omega\mu\mathbf{H} \\ \nabla \times \mathbf{H} = (\sigma + i\omega\varepsilon)\mathbf{E} \\ \nabla \cdot \mathbf{E} = 0 \\ \nabla \cdot \mathbf{H} = 0 \end{cases} \qquad (100)$$

（100）式中，μ 为磁导率，ε 为介电常数，σ 为电导率。一般情况下，磁导率和电导率取为真空中值，即 $\mu = \mu_0 = 4\pi \times 10^{-7} H/m, \varepsilon = \varepsilon_0 = 1/36/\pi \times 10^{-9} F/m$。由（100）可以很容易推出以下两个矢量波方程：

$$\begin{cases} \nabla^2 \mathbf{H} + k^2\mathbf{H} = 0 \\ \nabla^2 \mathbf{E} + k^2\mathbf{E} = 0 \end{cases} \qquad (101)$$

式中 k 为波数，$k^2 = -i\omega\mu\sigma + \omega^2\mu\varepsilon$。由矢量波动方程（101）式及各种情况下的边界条件构成大地电磁测深的各种定解问题。

二维情况考虑了大地电性构造的横向不均匀问题，并认为大地构造可以分出走向和倾向，沿走向方向的大地电阻率不发生变化。二维模型也只是实际大地的一种近似，但是根据实践经验和其他地质和地球物理勘探资料，这个近似较之于一维模型要精确得多。但同时，也带来了许多新的待解决的问题。二维情况下的大地电磁场一般不能进行解析求解，必须采用数值模拟或者物理模拟的方式求得。随着计算机运行速度的迅速提升以及生产实践的需要，数值模拟已成为二维正演的主要手段，并被广泛应用于实测资料的解释当中。

二维情况下，矢量波方程（101）依然可以简化为一种场的标量方程进行求解。但是这个时候，TE，TM 模式的阻抗的模不再相等。TE 模式下的垂直磁场也不再为零。总的电磁场可以解耦成以下两种场：沿 x 方向极化的电性源—TE 场，(E_x, H_y, H_z)，沿 x 方向极化的磁性源—TM 场，(H_x, E_y, E_z)。其定解问题可统一描述为求解以下的亥姆霍兹方程的二维边值问题：

$$\frac{\partial}{\partial y}\left(\alpha \frac{\partial u}{\partial y}\right) + \frac{\partial}{\partial z}\left(\alpha \frac{\partial u}{\partial z}\right) - \beta u = 0 \qquad (102)$$

其中 $u = c$（c 为定值，一般取为 1）。

上边界：

$$\frac{\partial u}{\partial y} = 0$$

侧边界：

$$u_b = u_a e^{-i\sqrt{\frac{\beta}{\alpha}}(z_b - z_a)}$$

式中：u_a 表示均匀半空间 A 点的值；u_b 表示均匀半空间中 B 点的值；z_a 和 z_b 分别表示 A、B 处的深度坐标。

定解问题（102）式有多种数值求解方法，主要有积分方程法、有限差分法、有限元法。积分方程法主要用于求解简单模型，因其只需在异常体内进行离散而效率很高。但积分方程不适于模拟复杂模型，因此主要用于理论研究。在目前微机计算能力的条件下，微分方程法、有限差分法和有限元法则成为主要的数值模拟方法。尤其是有限元法以其模拟能力强，求解精度高而成为大地电磁测深中最主要的数值模拟方法。

基于最优化理论的大地电磁测深法二维反演技术与一维反演技术在理论上没有任何不同。但由于反演参数急剧增多，二维反演相对于一维反演而言要难得多。这主要体现在以下几点上：

（1）二维大地电磁测深法正演计算时间较长；

（2）二维反演的雅可比偏导数矩阵不容易求得，如果按照一维中的方法，要耗费巨量的计算时间；

（3）计算满秩的大型雅可比矩阵的逆既费时间又不能保证解的稳定性；

（4）二维反演问题程序设计复杂，影响因素很多，不易实现。

从 70 年代研究至今，许多大地电磁测深专家花了大量的心血进行大地电磁测深二维反演研究，涌现了许多优秀的算法，从而使得二维反演技术成为目前大地电磁测深最主要的解释手段。其中最常用的二维反演算法有 OCCAM（Constable，1990）；RRI（Smith 等，1991）；NLCG（Mackie 等，1999）；REBOCC（Weerachai，2000）。

大地电磁中的快速反演算法是基于这样一个事实：通常电磁场的水平导数比垂直导数小。因此，利用前一次迭代的值来逼近水平二阶导数的方法是可行的。这个近似值使得二维模型的 Frechet 核函数与 Oldenberg 在一维模型中得到的形式相同，不同之处只是电磁场值是二维模型的场值。这样就提供了一种有效来计算 Frechet 函数的方法。即：通过对每个测点反演，而不是对所有测点进行二维反演，可以加快模型改变量的计算。也就是说，二维反演可以由一系列单个测点的反演来实现。首先，测点下的结构可以逐个测点反演得到，然后，将这些结构插值到二维模型中，计算下一步迭代的二维电磁场，迭代到收敛为止。

首先考虑电场（E_x）平行于地质体走向的 TE 模式。对二维地电模型 $\delta(y,z)$，x 平行于走向，y 垂直于走向，z 向下。TE 模式的控制方程为：

$$\frac{1}{E_x}\frac{\partial^2 E_x}{\partial z^2} + \frac{1}{E_x}\frac{\partial^2 E_x}{\partial y^2} + i\omega\mu_0\sigma = 0 \tag{103}$$

定义 V：

$$V = \frac{1}{E_x}\frac{\partial E_x}{\partial z} = i\omega\mu_0\frac{H_y}{E_x} = i\omega\mu_0\frac{1}{Z_{xy}} \tag{104}$$

（103）式可写为：

$$\frac{\partial V}{\partial z} + V^2 + \left\{\frac{1}{E_x}\frac{\partial^2 E_x}{\partial y^2}\right\} + i\omega\mu_0\sigma = 0 \tag{105}$$

假设 V_0 和 E_{x0} 在 $\sigma = \sigma_0$ 时满足方程（105），当 $\sigma = \sigma_0 + \delta\sigma$ 时 $V = V_0 + \delta V$。由于趋肤效应，括号中的水平梯度通常小于垂直梯度而且近似为下式：

$$\frac{1}{E_x}\frac{\partial^2 E_x}{\partial y^2} = \frac{1}{E_{x0}}\frac{\partial^2 E_{x0}}{\partial y^2} \tag{106}$$

对（105）式应用扰动分析并忽略高阶项，可以得到 $\delta\sigma$ 的一阶线性微分方程：

$$\frac{\partial}{\partial z}\delta V + 2V_0\delta V + i\omega\mu_0\delta\sigma = 0 \tag{107}$$

解出 δV：

$$\delta V(y_i,0) = \frac{i\omega\mu_0}{E_{x0}^2(y_i,0)} \int E_{x0}^2(y_i,z)\delta\sigma(z)\mathrm{d}z \tag{108}$$

通常实测数据是视电阻率 ρ_a 和相位 ϕ。若定义 d_{TE}：

$$d_{TE} = \ln\left[-i\omega\mu_0\left(\frac{H_y}{E_x}\right)^2\right] = \ln\left(\frac{V^2}{-i\omega\mu_0}\right)^2 \tag{109}$$

则 ρ_a 和 ϕ 有如下关系：

$$Re\left[d_{TE}\right] = -\ln\rho_a$$

$$Im\left[d_{TE}\right] = \frac{3\pi}{2} - 2\phi \tag{110}$$

对式（109）微分，很容易得到：

$$\delta d_{TE} = \frac{2}{V(y_i,0)}\delta V = \int \frac{2\sigma_0(z)E_{x0}^2(y_i,z)}{E_{x0}^2(y_i,0)H_{x0}^2(y_i,0)}\delta(\ln\sigma(z))\mathrm{d}z \tag{111}$$

TM 模式的控制方程可写成

$$\frac{1}{H_x}\frac{\partial}{\partial z}\rho\frac{\partial H_x}{\partial z} + \frac{1}{H_x}\frac{\partial}{\partial y}\rho\frac{\partial H_x}{\partial y} + i\omega\mu_0 = 0 \tag{112}$$

定义 U：

$$U = \frac{\rho}{H_x}\frac{\partial H_x}{\partial z} = \frac{E_y}{H_x} = Z_{yx} \tag{113}$$

类似地，可得到 Frechet 偏导数：

$$\delta U(y_i,0) = \frac{1}{H_{x0}^2(y_i,0)} \int E_{y0}^2(y_i,z)\delta\sigma(z)\mathrm{d}z \tag{114}$$

对 TM 模式视电阻率和相位，可定义：

$$d_{TM} = \ln\left[-i\omega\mu_0\left(\frac{H_y}{E_x}\right)^2\right] = \ln\left(\frac{-i\omega\mu_0}{U^2}\right)^2 \tag{115}$$

式中：d_{TM} 与 ρ_a 和 ϕ 有类似（100）式的联系。于是可得到：

$$\delta d_{TM} = \frac{2}{U(y_i,0)}\delta U = \int \frac{2\sigma_0(z)E_{y0}^2(y_i,z)}{E_{y0}^2(y_i,0)H_{y0}^2(y_i,0)}\delta(\ln\sigma(z))\mathrm{d}z \tag{116}$$

方程（108）和（114）是阻抗 $1/Z_{xy}$ 和 Z_{yx} 的 Frechet 偏导数，方程（111）和（116）是视电阻率和相位的 Frechet 偏导数。方程（108）和（116）与 Oldenburg（1979）得到的一维问题 Frechet 偏导数有相同的形式，但用的是最后一次迭代得到的二维模型场来代替一维模型场。方程（108）、（111）、（114）和（116）表明了数据残差和模型改变量之间的关系，可用于反演测点正下方的模型改变量。

附录 III 空间域剖面数据处理系数

圆滑系数：

0.4857，0.3428，−0.0857（五点二次圆滑）

0.3333，0.2857，0.1428，−0.0952（七点二次圆滑）

0.567，0.3246，−0.1298，0.0217（七点四次圆滑）

0.2554，0.23377，0.16883，0.0606，−0.0909（九点二次圆滑）

0.2077，0.1958，0.16083，0.10256，0.02097，−0.08391（十一点二次圆滑）

0.33333，0.27972，0.13986，−0.02331，−0.10489，0.04196（十一点四次圆滑）

0.16667，0.13889，0.11111，0.08333，0.05556，0.02778（十一点三角圆滑）

延拓系数：

第一套系数：

0.25，0.17621，0.07379，0.0348，0.01979，0.01271，0.00883，0.00649，0.00497，0.00393，0.01761（上延一个点距）

0.14758，0.125，0.08263，0.05121，0.03302，0.02258，0.01627，0.01222，0.00949，0.00757，0.0348（上延二个点距）

0.10242，0.09358，0.07379，0.054，0.03899，0.02862，0.02157，0.01669，0.01323，0.01071，0.0521（上延三个点距）

4.0705，−1.1647，−0.2353，−0.0475，−0.0191，−0.0118，−0.0084，−0.0063，−0.0049，−0.0039，−0.0176（下延一个点距）

12.7456，−4.8512，−0.796，−0.084，−0.0201，−0.0152，−0.0131，−0.0109，−0.009，−0.0073，−0.0347（下延二个点距）

32.4495，−13.6238，−1.9313，−0.061，0.0274，0.0022，−0.0091，−0.0117，−0.0111，−0.0097，−0.0505（下延三个点距）

第二套系数：

3.7178，−1.0736，−0.1841，−0.0409，−0.0181，−0.0116，−0.0085，−0.0064，−0.0048，−0.0038，−0.0017（下延一个点距）

11.1439，−4.3491，−0.5714，−0.0609，−0.0182，−0.0155，−0.0142，−0.0117，−0.0087，−0.007，−0.0033（下延两个点距）

27.7205，−12.0294，−1.2831，−0.0042，0.0288，−0.0001，−0.0136，−0.0146，−0.0104，−0.0088，−0.0048（下延三个点距）

附录 IV 区域重力基础图件制作参数

IV.1 点位图

点位数据图的主要内容有重力测点点位、点号、布格或自由空间重力异常值和重力基点及其编号。1:200000、1:250000 点位数据图上表示国家重力基本点、国家重力一等点和物探重力Ⅰ、Ⅱ级基点。1:1000000、1:500000 点位数据图上表示国家重力基本点、国家重力一等点和物探重力Ⅰ级基点。

测点点位用 0.4mm（**2 号**）的实心圆表示。重力异常值和点号用分式表示，字体为黑体，字体大小 2.0mm×2.0mm（**8 号**）。

各级重力基点用不同的符号表示（见下表）。

符号	名　称	符号大小		符 号 颜 色
		mm×mm	号	
★	国家重力基本点	3×3	11	红〔RGB（255, 0, 0），CMYK（0, 99, 100, 0）〕
⊛	国家重力一等点	3×3	11	同上
▲	物探重力Ⅰ级基点	2.5×2.5	9	黑〔RGB（35, 31, 32），CMYK（0, 0, 0, 100）〕
△	物探重力Ⅱ级基点	2.0×2.0	8	同上
△	物探重力Ⅲ级基点	1.8×1.8	7	同上
△	物探重力Ⅳ级基点	1.5×1.5	6	同上

IV.2 布格重力异常和自由空间重力异常平面图

（1）布格重力异常（或自由空间重力异常）用平面等值线表示，平面等值线均以零值起算。等值线间距要求见下表。

比例尺	布格重力等值线间距（10^{-5}m/s^2）	自由空间重力异常等值线间距（10^{-5}m/s^2）	注记字体	注记大小	
				mm	号
1:200000	1、2	1、2	宋体	2.2×2.2	9
1:500000	2、5	2、5	宋体	2.2×2.2	9
1:1000000	5	5	宋体	2.2×2.2	9

（2）布格、自由空间重力异常的正值、负值重力等值线均用实线表示，零值等值线用点划线表示。以零值等值线起算每 5 条绘一条计曲线。在图面合适部位注记重力等值线数值。封闭等值线最内圈应有注记。

重力异常首曲线粗为 0.2mm（**0.9 点**），计曲线粗为 0.4mm（**1.2 点**），零值线粗为 0.4mm（**1.2 点**）。在封闭等值线圈内加注"＋"（重力高）或"－"（重力低）符号，其符号的大小以图面协调美观为原则，一般为 4mm×4mm（**14 号**）。

（3）1:200000、1:250000 布格、自由空间重力异常正等值线及注记颜色为红色［RGB（255，0，0），CMYK（0，99，100，0）］。布格、自由空间重力异常负等值线及注记颜色为青色［RGB（46，49，146），CMYK（100，100，0，0）］。零等值线和注记及重力高、重力低符号为黑色［RGB（35，31，32），CMYK（0，0，0，100）］。注记字体为宋体，字体大小为 2.2mm×2.2mm（**15 号**）。

（4）1:500000、1:1000000 布格重力异常等值线及注记颜色为黑色［RGB（0，0，0），CMYK（0，0，0，100）］；自由空间重力异常正等值线及注记颜色为红色［RGB（255，0，0），CMYK（0，99，100，0）］，负等值线及注记颜色为青色［RGB（46，49，146），CMYK（100，100，0，0）］；零等值线及注记和重力高、重力低符号为黑色［RGB（35，31，32），CMYK（0，0，0，100）］；注记字体为宋体，字体大小为 2.2mm×2.2mm（**6 号**）。

（5）绘图仪输出图件精度必须符合要求。图廓边长误差不大于±0.3mm（**0.15 点**）；图廓对角线误差不大于±0.45mm（**1.25 点**）。输出图件外框线（**2.2 点**）。

（6）图外要素。图外要素应包括图框、分度带、坐标注记、通向注记、境界注记、图名、图幅名称、图幅编号、接图表、数字比例尺、直线比例尺、投影类别、图例、技术说明、编图单位、编图日期等。

（7）图外要素的布局。图名置图幅的正上方；图幅名称、图幅编号依次放在图名之下；接图表在左上方；数字比例尺在图的正下方；直线比例尺、投影类别分别在数字比例尺之下；编图日期排在图的右下方；编图单位排在图的左下方；图例、技术说明排在图框外右侧，图例在上部，技术说明在下部。

（8）图名和图幅号见下表。

名　称	字体	字体大小		字间距
		mm×mm	号	（mm）
中华人民共和国	宋体	7.5×7.5	29	8
布格重力异常图	黑体	12.0×12.0	46	6
图幅名	中等线体	5.5×5.5	22	2.0
图幅号	中等线体	4.0×4.0	14	
接图表的图幅名及图幅号	细等线体	2.0×2.0	6	

（9）图例及技术说明。

每幅图的各种色彩的符号、线条、注记，除普通地理符号外均应列入图例，并说明它所代表的意义。图例排列顺序为：国家重力基本点、一等点，物探重力 Ⅰ、Ⅱ 级基点及编号，测点点位、编号及重力异常值，等值线及注记，重力高、重力低符号、其他。

技术说明是为了正确使用基础图件而必须了解的主要方法技术说明。它包括坐标系统、高程基准、重力系统、正常重力值公式、中间层密度值、布格改正公式，地形改正半径及图幅重力异常总精度等。

图例、技术说明	黑体	字体大小　5.0mm×5.0mm（**19 号**）
图例中的标注文字	宋体	字体大小　2.5mm×2.5mm（**9 号**）
技术说明中的标注文字	宋体	字体大小　2.5mm×3mm（**9 号**）

（10）图外标注。

比例尺　1:1000000、1:200000	宋体	字体大小　5mm×5mm（**14 号**）
线形比例标注	细等线体	字体大小　1.75mm×1.75mm（**7 号**）
投影标注	宋体	字体大小　2.5mm×2.5mm（**9 号**）

（11）图框绘制。

1:1000000、1:500000、1:250000、1:200000 重力异常平面图应绘内外图框线，分度带标注经纬度、方里注记、主要道路通向注记、境界注记。1:250000 及 1:200000 图框计算出理论经差、纬差的格网点和图幅四边 5cm×5cm 的方里网点，经线连直线，纬线连折线，在内外图框间连出方里网。见下表。

比例尺	理论经差	理论纬差	网点	经纬线宽		线　颜　色	
				mm	点	RGB	CMYK
1:200000	15′	10′	25	0.1	0.3	(35，31，32)	(0，0，0，100)
1:250000	15′	10′	25	0.1	0.3	(35，31，32)	(0，0，0，100)
1:500000	30′	30′	35	0.1	0.3	(35，31，32)	(0，0，0，100)]
1:1000000	1°	1°	35	0.1	0.3	(35，31，32)	(0，0，0，100)

（12）图框标注。

名　　称	字体	字体大小	
		mm×mm	号
图框经纬度标注	宋体	2.0×2.0	8
方里网坐标标注	中等线体	前位大数字体大小　2.2×2.2	9
		后位小数字体大小　3.0×3.0	11
通向注记	宋体	2.5×2.5	10
境界注记	宋体	2.5×2.5	10
编图单位	宋体	3.00×3.25	12
编图日期	宋体	3.00×3.25	12

IV.3　地理底图的编绘规定

（1）居民地。

居民地选取标准为每平方分米 4～6 个，特殊情况可增减。选取原则：优先选取指示重力基点、重力异常位置的居民地，以从大到小的顺序选取，最终使居民地在图上分布大体均匀。外国部分居民地可适当减少。

居民地名称注记的大小分为五级，即首都，省、自治区、直辖市人民政府驻地，地、洲、盟、地级市、县、旗、县级市驻地，乡、镇驻地，其他居民地。乡、镇以上居民地有重要意义的自然名称，应用副名形式表示。

名　　称	字体	字体大小	
		mm×mm	号
首都	黑体	3.5×3.5	13
省、区、直辖市政府驻地	黑体	3×3	12
地、县级市及县驻地	黑体	2.75×2.75	10
乡镇	宋体	2.5×2.5	9
村居民点	宋体	2×2	8

（2）交通网。

在陆地应表示铁路、公路；铁路、公路在图上均不分等级。市郊、工矿铁路和森林铁路的短支线可不予表示，小段公路及公路支岔道也可不表示，交通发达地区可只表示主要公路。通过双线河上的主要桥梁应予表示。在海域应表示航海线。起、终点均在图幅内时，只标注里程；当起、终点不在图幅内时应标注起、终点地名和里程。

名　　称	线宽		线颜色	
	mm	点	RGB	CMYK
铁路	0.6	1.3	（35，31，32）	（0，0，0，100）
公路	0.6	1.3	（194，121，19）	（0，47，100，25）

（3）水系。

颜色［RGB（0，255，255），CMYK（52，0，13，0）］。

水涯线粗细为 0.12mm（**0.6 点**），单线河的粗细看图上长度而定，一般为 0.1～0.4mm。洋、海、海峡及大的河流、湖泊、水库、海湾、岛屿、礁等，应分级注出名称。

海域区，1:1000000、1:500000、1:250000、1:200000 重力异常平面图表示 10m、50m、100m 及 200m 整倍数的等深线。等深线粗细为 0.12mm（**0.6 点**），在适当部位标注等深线注记。

（4）等高线。

地形等高线采用（国家测绘局或总参出版）1:1000000、1:500000、1:250000、1:200000 地形图经矢量化或从国家 1:250000 数字化地理版取得。

1:200000、1:250000 地形等高线为宽 0.15mm（**0.8 点**）的实线，颜色棕色［RGB（213，148，20），CMYK（0，36，100，17）］，其标注字体为中等线体，字体大小为 1.8mm×1.8mm（**3 号**），颜色同等高线。

等高线注记在图上每平方分米 2～3 个，地形复杂、破碎地区应适当增加。

（5）其他。

长城、主要的山脉和山岭应予以表示。1:1000000、1:500000、1:250000、1:200000 重力异常平面图应适当选取一些有名称的三角点、水准点、高程点，以指示重力异常位置和反映地貌趋势。

名　　称	字体	字体大小	
		mm×mm	号
三角点	黑体	1.6×1.6	3
水准点	黑体	1.6×1.6	3
高程点	黑体	1.6×1.6	3

山峰、岩峰、山隘、陡崖、冲沟、干河、干湖、雪山、堤坝、戈壁、沙地等其他内容，一般不予表示。

附录V MapGIS 图层编辑功能

（摘自中地数码公司《MapGIS 地理信息系统使用手册》）

V.1 线编辑

（1）选择线。

选择"线编辑"→"选择线"，然后手动选择工区内的某条线，编辑器将此线闪烁，然后用户可以进入其他编辑功能，对该线进行编辑。

（2）编辑指定线。

用户输入将要编辑的线的序号，编辑器将此线闪烁，然后用户可再进入其他线编辑功能，对该线进行编辑。例如：在图形输出过程中，输出系统报告出错图元的图元号，利用此功能将出错图元定位，便可对出错图元进行修改。

（3）删除线。

删除一条线—捕获一条线将之删除。删除一组线—在屏幕上开一个窗口，将用窗口捕获到的所有曲线全部删除。该功能为一个拖动过程。

（4）移动线。

移动线：移动一条线—单击鼠标左键捕获一条线，移动鼠标将该线拖到适当位置按下左键即完成移动操作。移动一组线—移动一组线操作过程可分解为两个过程，第一个拖动过程确定一个窗口，落入此窗口的所有线为将要被移动的线，第二个拖动过程确定移动的增量。在屏幕上，用窗口（拖动过程）捕获若干线，按下鼠标左键，拖动鼠标光标到指定的位置松开鼠标即可。

移动线坐标调整：在屏幕上，用窗口（拖动过程）捕获若干线，按下鼠标左键，拖动鼠标光标到指定的位置松开鼠标后，屏幕弹出具体移动的距离，供用户修改。

推移线：移动光标指向要移动的线，按下鼠标左键捕获该线，拖动鼠标光标到指定的位置松开鼠标后，屏幕弹出具体移动的距离，供用户修改。

（5）复制线。

复制一条线—捕获一条线，移动鼠标将该线拖到适当位置按下左键将复制之。继续按左键将连续复制直到按右键为止。复制一组线—复制一组线操作过程可分解为两个拖动过程，第一个拖动过程确定一个窗口，落入此窗口的所有线为将要被复制的线；第二个拖动过程确定复制线的移动的增量。

（6）阵列复制。

在屏幕上，用窗口（拖动过程）捕获若干曲线，并将它们作为阵列一个元素进行拷贝。捕获到的所有曲线构成一个阵列元素。我们把这元素称为基础元素。此时按系统提示输入拷贝阵列的行、列数（行数是基础元素在纵向的拷贝个数；列数是基础元素在横向的拷贝个数）和元素在 X、

Y（水平、垂直）方向的距离。您依次输入行、列数及 X、Y 方向距离值后系统将完成拷贝工作。

（7）造平行线。

在屏幕上对选定曲线按给定距离形成平行线。平行线产生在原曲线行进方向的右侧；如要产生另一侧的曲线，可以通过选择负的距离实现。产生平行线有"与线同方向"和"与线反方向"两种不同方式可供选择。"与线同方向"即所产生的平行曲线与原曲线方向相同。"与线反方向"即所产生的平行曲线与原始曲线方向相反。执行这项功能时，系统会提示您输入产生的平行线与原线的距离，距离以 mm 为单位。

（8）剪断线。

在屏幕上将曲线在指定处剪断，将一条曲线变成两条曲线。该功能在图形编辑中很重要。在输入子系统中我们曾说过区域可以按线图元输入，然后将这些线图元拼成区域。在拼区中对于有些连续曲线需要剪断。在数字化采集时，游标跟踪有时过头而多出一点线头，我们可以从多出的地方剪断，然后将多余的线头删除。

在屏幕上，我们所看到的曲线都是连续的，其实它是原始的离散图形数据拟合而成的。我们剪断线，就是要从这些原始数据点之间剪断，剪断线有"有剪断点"和"没剪断点"两种剪断方式可供选择。"有剪断点"方式剪断线后的两条曲线都在剪断处加数据点。"没剪断点"方式剪断后的两条曲线都在剪断处没加数据点。显然，如一条直线只有两个端点，如果我们选择"没剪断点"方式剪断它是不可能的，但是我们可以选择"有剪断点"方式剪断它。

剪断线时，首先移动光标到指定曲线，将光标指向曲线要剪断处，按下鼠标左键。若剪断成功，则被剪断的曲线分成红蓝两段；若不成功，则显示黄色。为了方便操作，我们可以打开点标注开关（即在"设置"菜单中，将"点标注"置为 ON），此时，曲线上的所有原始数据点都标上了红色小"+"。

（9）钝化线（倒角）。

对线的尖角或两条线相交处倒圆。操作时在尖角两边取点，然后系统弹出橡皮筋弧线，此时移到合适位置点按左键，即将原来的尖角变成了圆角。

（10）连接线。

将两条曲线连成一条曲线。移动光标到第一条被连接曲线上某点，按下鼠标器左键，当捕获成功，该曲线即变成闪烁。然后捕获第二条被连接线，连接时系统把第一条线的尾端和第二条线的最近的一端相连。

（11）延长缩短线。

由于数字化误差，个别线某端点需要延长（缩短）一些，才能到达它所应该联结的结点位置。另外有时我们还希望某线端点正好延长到另一线上，例如在交通图中的道路的十字路口，则可使用本选项中靠近线功能。

（12）抽稀线。

选择合适的抽稀因子对"一条线"或"一组线"进行数据抽稀，从而在满足精度要求的基础上达到减少数据量的目的。

（13）光滑线。

利用 Bezier 样条函数或插值函数对曲线进行光滑。选择该功能后，系统即弹出光滑参数选择窗口，由用户选择光滑类型并设置光滑参数。该功能分为：分段光滑线—选中需要的光滑线，然后在曲线上选出两点，对两点间的部分曲线进行光滑。整段光滑线—捕捉一条线或在屏幕上开一个窗口，将用窗口捕获到的所有曲线全部光滑。

（14）线上加删移点。

线上加点：在曲线上增加数据点，改变曲线形态。首先选中需要加点的线。移动光标指向要加点的线段的两个原始数据点之间，用一拖动过程插入一个点。重复这个过程可连续插点。按鼠标右键，结束对此线段的加点操作。

线上删点：删除曲线上的原始数据点，改变曲线的形状。首先选中需要删除点的线。移动光标指向将被删除的点的附近，按鼠标左键，该点即被删除。重复这个过程可连续删点。按鼠标右键，结束对此线段的删点操作。

线上移点：在曲线上移动数据点，改变曲线形态。本功能有三个选项，即鼠标线上移点、鼠标线上连续移点和键盘线上移点。

鼠标线上移点：首先选中需要移点的线。移动光标指向将被移动的点的附近，用一拖动过程移动一个点。重复这个过程可移点多点。按鼠标右键，即可结束对此线段的移点操作。

鼠标连续移点：首先选中需要移点的线。移动光标指向将被移动的点的附近，用一拖动过程移动一个点。移动完毕一点，系统自动跳到下一点。移动完毕，按鼠标右键，结束对此线段的移点操作。

键盘线上移点：键盘线上移点：首先用鼠标选中需要移点的线，编辑器弹出线坐标输入对话框，鼠标选中的点的坐标出现在对话框中，用户可对它进行修改。此功能也可用来查找坐标点的值、线号、点号。

（15）放大线。

可以放大一条线及一组线。选中线，然后确定放大中心点，系统随即弹出对话框允许输入放大比例及中心点坐标，修改后确认即将所选线放大。

（16）旋转线。

可以旋转一条线及一组线。选中线，然后确定旋转中心并拖动鼠标，所选线即跟着转动，到合适位置后放开鼠标，即得到旋转后的结果。

（17）镜像线。

可镜像一条或一组，分别可对 X 轴、Y 轴、原点进行镜像，选好以上基本要求后，即可选择欲镜像的线，然后确定轴所在的具体位置，系统即在相关位置生成新的线。

（18）改线方向。

改变选定的曲线的行进方向，变成它的反方向。

（19）线结点平差。

取圆心值—落入平差圆中的线头坐标将置为平差圆的圆心坐标，操作和"圆心，半径"造圆相同。取平均值—是一拖动过程，落入平差圆中的线头坐标将置为诸线头坐标的平均值，操作和开窗口相同。

（20）参数编辑。

参数编辑用于对线图元的属性参数进行修改和设置缺省参数。

修改线参数：用光标捕获一条曲线，然后在线参数板中修改其参数。线参数板中的"线型"按钮和"颜色"按钮，分别用于选线型和线颜色。

统改线参数：线统改参数功能是将满足条件的参数统改为用户设定的参数。若所列的替换条件都没有选择，则为无条件替换，即将所有区域参数统一改为用户设定的参数。相反，若所列的替换结果都没有选择，则不进行替换。各选项前的小方框内若打钩为选择，否则为不选择。选中该功能项后，编辑器弹出线参数统改面板，供用户输入统改条件与替换结果。用户根据自己的要求设置好替换条件和替换结果的参数后，按 OK 键系统即自动搜索满足条件的线参数，并将其替换为结果设定的值。在替换时，凡是替换结果选项前没有打钩的项，都保持原先的值不变。如要统改线颜色，只需将线颜色前的小方框按鼠标左键打钩，其他项不设置，那么替换的结果就只是线颜色，其他值不变。

　　注：在以上替换中的条件和结果中有关图层号的选择，利用此功能可以将符合某种条件的图元放到某一层中，然后对该层进行处理，如删除等（对点和区的统改也有相应功能）。

　　修改缺省线参数：通过本菜单设置缺省线参数，以加快输入的速度。

　　修改线属性："修改线属性"工具用来编辑修改线图元的专业属性信息，该功能主要用在地理信息系统。

　　编辑线属性结构：修改专业属性库的结构。

　　根据属性赋参数：该功能根据用户输入的属性条件，将满足条件的图元参数自动更新为用户设置的参数。该操作过程分为两步：首先，输入属性查询条件，选中该功能后系统会弹出属性条件表达式输入窗口，由用户输入替换条件；然后，系统会弹出图元参数输入窗口，供用户输入统改后的图元参数，输入完毕，系统自动搜索满足条件的图元，并进行修改。

　　根据参数赋属性：该功能根据两个条件，即图形参数条件和属性条件，属性条件表达式为空时，只根据图形参数条件；图形参数条件没设置时，只根据属性条件；两项条件都已设置时，将同时要满足两项条件。满足条件后欲改的属性项必须确认（打√），将满足条件的图元属性更新为用户设置的值。

V.2　区编辑

　　（1）区编辑。

　　在面元编辑子菜单中，提供了由线元多边形生成面元的"造区"，以及确定区嵌套关系的"选子区"；还有修改一个区属性参数的"编辑参数"，一次性修改工作区所有相同属性区的"统改参数"以及"删除"区等功能。

　　编辑指定区：用户输入将要编辑的区的号码，编辑器将此区黄色加亮，然后用户可再进入其他区编辑功能，可对该区进行编辑；例如：在图形输出过程中，输出系统报告出错图元的图元号，利用此功能将出错图元定位，便可对出错图元进行修改。

　　输入区：用来在屏幕上，以选择的方式构造多边形（面元）。在输入子系统中我们曾说过，区的生成有两种方式，一种是经"拓扑处理"自动生成区，称之为自动化方式。另一种是在"编辑子系统"中，用光标选择生成区，我们称之为"手工方式"。我们这里的造区就是"手工方式"。为了生成区域，我们首先要有构成区的曲线（弧段），这些曲线可以是数字化或矢量采集的线用"线转弧"或"线工作区提取弧段"得来，也可以是屏幕上由编辑器生成的（即由"输入弧段"功能生成）。在输入区之前，这些弧段应经过"剪断"、"拓扑查错"、"结点平差"等前期处理，否则造区失败。该操作与"自动拓扑处理"原理差不多，前者是有选择地生成面元，后者是自动地生成所有的面元。

　　具体操作如下：移动光标到欲生成的面元内，按下鼠标左键，此时如果弧段拓扑关系正确，则立即生成区。若造区失败，说明弧段拓扑关系不正确，请用"剪断"、"拓扑查错"、"结点平差"等功能将错误抖正。

挑子区：挑子区的操作非常简单，选中母区即可，由编辑器自动搜索属于他的所有子区。

在区域的多重嵌套中，若把最外层的区域看作第一代，那么次内层的区域作为第二代，第二代区的内层作为第三代……依此类推，母区、子区是一个相对的概念，相邻两代即为"母子"关系。即上代为"母"下代为"子"。

确定区域嵌套的母子关系，是保证填充区能够真实反映用户要求的基本条件。如果一个区域中嵌有一个小区，我们希望它们填上各自的颜色和图案。假如我们不确定其母子关系，在区域填充时，母区就把包括子区在内的整个区域填上母区的颜色和图案，而子区又填上自己的颜色和图案，结果在它们相交的部分，造成了两种颜色和图案的叠置，在输出时造成失真。如果我们确立这两个区域的母子关系，将外层的大区作为母区，内嵌的小区作为子区，那么在填充时，母区在填充自己的颜色和图案时，将属于子区的那一部分挖去，让子区填上自己的颜色和图案。这才真正反映了我们的要求。

删除区：删除一个区—从屏幕上将指定的区域删除。移动图屏光标，捕获到被删除区域，该区域加亮显示一下后马上变成屏幕背景颜色，这样该区就被删除。删除一组区—在屏幕上开一个窗口，将用窗口捕获到的所有区全部删除。此过程为一个拖动过程。

合并区：该功能可将相邻的两个面元合并为一个面元，移动鼠标依次捕获相邻的两个面元，系统即将先捕获的面元合并到后捕获的面元中，合并后的面元的图形参数及属性与后捕获的面元相同。

分割区：该功能可将一个面元分割成相邻的两个面元，执行该操作前必须在该面元分割处形成一分割弧段（用"输入弧段"或"线工作区提取弧段"均可），后移动鼠标捕获该弧段，系统即用捕获的弧段将面元分割成相邻的两个面元（其中隐含"自动剪断弧段"及"结点平差"操作），分割后的面元的图形参数及属性与分割前的面元相同。

复制区：复制一个区—用鼠标左键单击欲复制的区，捕获选择的对象，移动鼠标将该区拖到适当位置按下左键将复制之。继续按左键将连续复制直到按右键为止。复制一组区—在屏幕上，用窗口（拖动过程）捕获若干区，然后拖动鼠标将对象拷贝到新的指定的位置。继续按左键将连续复制直到按右键为止。

阵列复制区：在屏幕上，用窗口（拖动过程）捕获若干曲线，并将它们作为阵列一个元素进行拷贝。捕获到的所有曲线构成一个阵列元素。我们把这元素称为基础元素。此时按系统提示输入拷贝阵列的行、列数（行数是基础元素在纵向的拷贝个数；列数是基础元素在横向的拷贝个数）和元素在 X、Y（水平、垂直）方向的距离。依次输入行、列数及 X、Y 方向距离值后系统将完成拷贝工作。

区镜像：有镜像一个、一组两种选择，分别可对 X 轴、Y 轴、原点进行镜像，选好以上基本要求后，即可选择欲镜像的区，然后确定轴所在的具体位置，系统即在相关位置生成一个新的区。

自相交检查：面元自相交检查是检查构成面元的弧段之间或弧段内部有无相交现象。这种错误将影响到区输出、裁剪、空间分析等，故应预先检查出来。本菜单项有两个选项，检查一个区和所有区。[检查一个区] 单击鼠标左键捕获一个面元并对它的弧段进行自相交检查；[检查所有区] 需要用户给出检查范围（开始面元号，结束面元号）系统即对该范围内的面元逐一进行弧段自相交检查。

查组成区弧段：选取此功能菜单后，选定一区域，则弹出窗口显示所选定区域的弧段编号及相关结点。

（2）弧段。

组成区域边界的曲线段称为弧段，弧段编辑属于区域几何数据的编辑。它的功能包括：纠正弧段上的偏离点，增加、删除弧段，改正"造区域"中反向的弧段等。弧段编辑主要用来修改区域形态。将该编辑功能与"窗口"技术相结合，可以精确修正区域边界线，以提高绘图精度。弧段编辑的具体操作和线编辑一样，这里不再赘述。弧段编辑之后，编辑器会更新与之相关的区。为了将弧段显示在屏幕上，在编辑弧段时，需在［选择］菜单中打开"弧段可见"选项。相关命令有：

键盘输入弧段	弧段改向
线工作区提取弧	延长缩短弧段
弧段上加点	光滑弧段
弧段上删点	弧段抽稀
弧段上移点	弧段结点平差
删除弧段	放大弧段
移动弧段	旋转弧段
剪断弧段	设置基线

（3）面元编辑参数及属性修改。

菜单项中都包括区和弧段两部分，我们只对区的相关项进行说明，弧段的参数及属性是一样的处理。

修改区参数：移动光标捕获某一个区后，系统就将该区的参数显示出来供您进行修改。修改参数后，该区域立即按重新给定的参数显示在图屏上。区参数板上的"填充图案"、"填充颜色""图案颜色"以按钮形式出现，可供用户选择"填充图案"、"填充颜色"及"图案颜色"。透明输出的选项允许用户选择图案填充时是否以透明方式进行。

统改区参数：区域统改参数功能是将满足条件的参数统改为用户设定的参数，若所列的替换条件都没有选择，则为无条件替换，即将所有区域参数统一改为用户设定的参数。相反，若所列的替换结果都没有选择，则不进行替换。各选项前的小方框内若打钩为选择，否则为不选择。选中该功能项后，编辑器弹出区参数统改面板，如下图，供用户输入统改条件与替换结果。用户根据自己的要求设置好替换条件和替换结果的参数后，按 OK 键系统即自动搜索满足条件的区域参数，并将其替换为结果设定的值。在替换时，凡是替换结果选项前没有打钩的项，都保持原先的值不变。如要统改填充颜色，只需将填充颜色前的小方框按鼠标左键打钩，其他项不设置，那么替换的结果就只是颜色，其他值不变。

注：在以上替换中的条件和结果中有关图层号的选择，利用此功能可以将符合某种条件的图元放到某一层中，然后对该层进行处理，如删除等。

修改区属性：用来编辑修改图元的属性信息，该功能主要用在地理信息系统进行信息分析查询的软件系统中。选中"修改属性"功能项后，移动光标捕获某一个区域后，系统将该区的属性信息显示出来，供用户作修改。

（4）根据属性赋参数。

该功能根据用户输入的属性条件，将满足条件的图元参数自动更新为用户设置的参数。该操作工程分为两步：首先，输入属性查询条件，选中该功能后系统会弹出属性条件表达式输入窗口；然后，系统会弹出图元参数输入窗口，供用户输入统改后的图元参数，输入完毕，系统自动搜索满足条件的图元，并进行修改。

（5）根据参数赋属性。

该功能根据两个条件：图形参数条件和属性条件，属性条件表达式为空时，只根据图形参数条件；图形参数条件没设置时，只根据属性条件；两项条件都已设置时，将同时要满足两项条件。满足条件后欲改的属性项必须确认（打 f7，√），将满足条件的图元属性更新为用户设置的值。

V.3　点编辑

点图元包括字符串、子图、圆、弧、版面、图像等六种类型。点元编辑包括空间数据编辑和参数编辑。前者是改变控制点的位置，增减控制点等操作；后者包括改变点元内容、颜色、角度、大小等图形参数。有关点图元的参数具体说明如下：

V.3.1　注释参数

注释高度：注释中字符的高度，以 mm 为单位。

字符宽度：字符宽度，以 mm 为单位。

字符间隔：注释串每个字符之间的距离，以 mm 为单位。

字符角度：注释串与 X 轴间夹角。以度为单位（逆时针旋转为正）。

字符颜色：字符颜色。

字体：注释串使用的字体编号。RGISMAP 既可以使用系统本身所带的矢量字库，也可以使用 windows 的 TrueType 字库。若选择使用 windows 的 TrueType 字库，则需通过 RGISMAP 的"字库设置"功能下的"配置 TrueType 字体"功能，设置不同的字体顺序。若使用 RGISMAP 本身所带的矢量字库，则字体对应如下：

基本配置的各种字体的编号			
0	单线体		
1	宋体	2	仿宋体
3	黑体	4	楷体
各种扩展字体的编号如下			
5	隶书	6	大黑
7	行楷	8	魏碑
9	姚体	10	美黑
11	隶变	12	标宋
13	细圆	14	粗圆

各种字体的繁体编号如下

16	繁单线	17	繁宋体
18	繁仿宋	19	繁黑体
20	繁楷体	21	繁隶变
22	繁大黑	23	繁行楷
24	繁魏碑	25	繁细圆
26	繁粗圆	27	繁美黑
28	繁综艺		

注意： 使用空心字时，字体采用相应字体编号的负数。如：−3 表示黑体空心字。

字形： 显示及输出的字的变形。

字形编号如下：

0	正字	1	左斜字	2	右斜字	3	左耸肩	4	右耸肩
100	立体正字	101	左斜立体	102	右斜立体	103	左耸立体	104	右耸立体

特殊字串编排控制

为了方便编排一些特殊的字串，如上下标和分式，我们定义了一些排版控制符，用这些符号来编排控制。这些符号分别有：

● 上下标编排：

#＋	上标控制	#−	下标控制	#＝	恢复正常

如：

中国　　　　　　　　国土资源部　　　　　　　　表示为：中国＃+国土＃−资源＃=部

● 分式编排：

/分子/分母/

如：/123/456/　表示：$\dfrac{123}{456}$

排列方式： 定义字串的排列方式，包括横向排列和纵向排列两种。

透明输出： 每一图元在输出时有"透明方式"和"覆盖方式"两种。

（1）子图参数。

子图高度： 输出的子图的高度，以 mm 为单位。

子图宽度： 输出的子图的宽度，以 mm 为单位。

子图号： 子图在库中的编号。

子图角度：子图与 X 轴夹角，以度为单位。

子图颜色：子图输出时可变色部分的颜色。

旋转角度：子图与水平方向的夹角。

（2）圆参数。

圆填充否：表示圆是否填充，打✔时表示填充。

轮廓颜色：圆周的颜色。

填充颜色：圆内的颜色。

笔宽：轮廓的线宽（1～32）。

圆半径：点圆的半径。

层号：点圆所在图层的编号。

（3）弧参数。

弧半径：圆弧的半径，以 mm 为单位。

弧起始角：弧起始点与 X 轴的夹角，以度为单位，逆时针为正角，反之为负角。

弧结束角：弧结束点与 X 轴的夹角，以度为单位，逆时针为正角，反之为负角。

弧线颜色：弧线的颜色编号。

笔宽：弧线的线宽。

（4）图像参数。

图像宽度：这幅图像输出时的宽度，以 mm 为单位。

图像高度：这幅图像输出时的高度，以 mm 为单位。

（5）版面参数。

注释高度：版面中字符的高度，以 mm 为单位。

字符宽度：版面中字符宽度，以 mm 为单位。

列间隔：版面中注释串间每个字符之间的距离，以 mm 为单位。

行间隔：版面中注释行间的距离，以 mm 为单位。

注释角度：注释串与 X 轴间夹角，以度为单位（逆时针旋转为正）。

汉字字体：注释串使用的中文字体编号。

西文字体：注释串使用的西文字体编号。

注释字形：显示及输出的字的形状。

注释颜色：注释串使用的颜色编号。

版面高度：所输入版面的高度，以 mm 为单位。

版面宽度：所输入版面的宽度，以 mm 为单位。

排列方式：版面中字符串的排列方式，有横排和竖排两种。

（6）透明输出。

每一图元在输出时有"透明方式"和"覆盖方式"两种。

V.3.2   点编辑

"点编辑"的主菜单如图 **V.3.1** 所示：

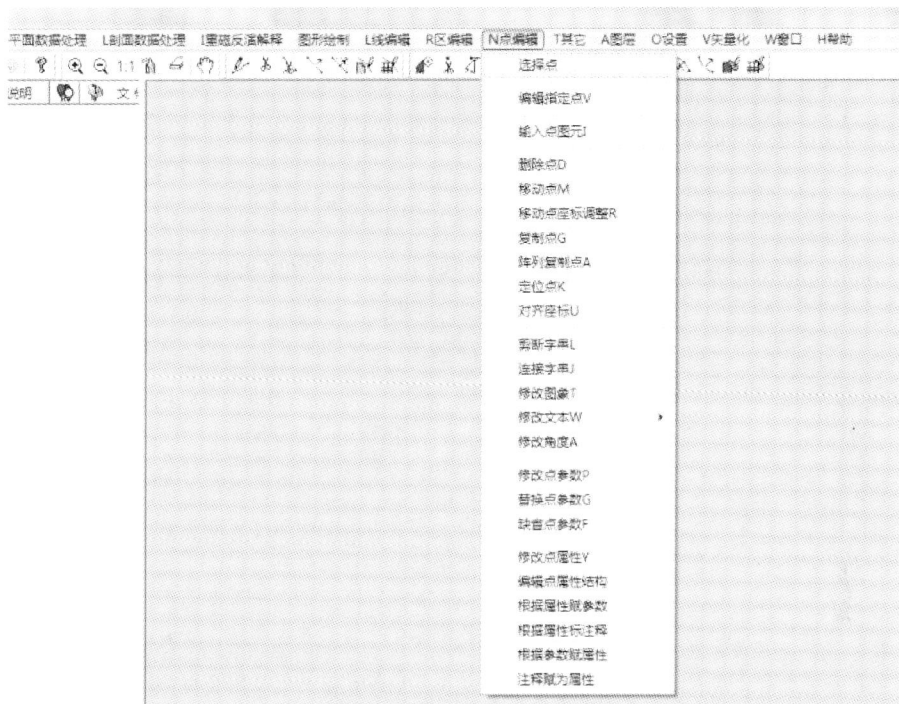

图 V.3.1   点编辑主菜单

"点编辑"菜单下每项功能模块的使用操作进行介绍如下：

（1）选择点。

在屏幕上，按住鼠标左键拖拽出一个窗口，在拖动过程中捕获若干个点，松开左键即将捕获的点选中。

（2）编辑指定点。

编辑指定点是用户输入将要编辑的点号，编辑器将此点颜色加亮，然后用户可再进入点编辑功能，对该点进行编辑。

（3）输入点图元。

点图元有六种类型：注释、子图、圆、弧、图像、版面。

输入点图元时有以下几种方式。每一种图元对应着几种相应的输入方式，当选择图元类型时，系统会自动显示图元的输入方式，如图 V.3.2 所示。

光标定角参数缺省：就是用光标定义点图元的角度，而其他的参数是缺省的。

光标定角参数输入：就是用光标定义点图元的角度，而其他的参数是通过键盘即时输入的。

光标定义参数：可分解为两个拖动过程，第一个拖动过程定义图元的位置和角度，第二个拖动过程定义图元的高度；然后编辑器弹出图元参数板，其中的参数除图元号和颜色外，均已赋值，用户此时输入图元号和颜色号，可直接输入，也可利用选择板进行选择。

键盘定义参数：按鼠标左键定义图元位置，编辑器弹出图元参数板，用户此时输入图元参数。

使用缺省参数：按鼠标左键定义子图位置，编辑器将缺省参数赋予该点。

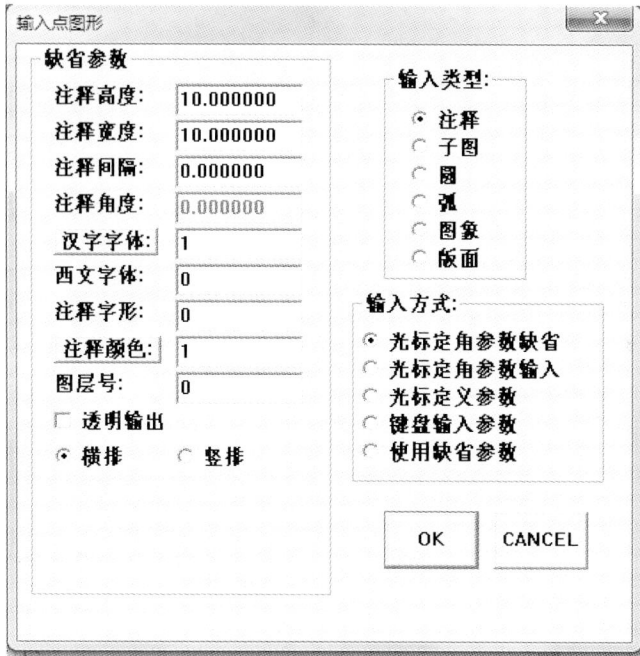

图 V.3.2　点图元参数编辑窗

以输入版面为例来介绍输入点图元的步骤：

1）在输入点图元面板中的，选择所要版面图元类型。

2）确定图元的输入方式。

3）修改图元的缺省参数后，激活 OK 按钮。

（4）删除点。

删除一个点：用鼠标左键来捕获一个点图元，将之删除。

删除一组点：用一拖动过程定义一窗口来捕获点图元，将之删除。

（5）移动点。

移动一个点：单击鼠标左键捕获一个点，移动鼠标将该线拖到适当位置按下左键即完成移动操作。

移动一组点：移动一组点操作过程可分解为两个过程，第一个拖动过程确定一个窗口，落入此窗口的所有点为将要被移动的点；第二个拖动过程确定移动的增量。在屏幕上，用窗口（拖动过程）捕获若干点，按下鼠标左键，拖动鼠标光标到指定的位置松开鼠标即可。

（6）移动点坐标调整。

首先捕捉操作点对象，然后再按下左键拖动点对象到大概位置后放开左键，此时弹出一对话框，用户可精确调整横纵坐标位移量。

（7）复制点。

复制一个点：捕获一个点，移动鼠标将该点拖到适当位置按下左键将复制之。继续按左键将连续复制直到按右键为止。

复制一组点：复制一组点操作过程可分解为两个拖动过程，第一个拖动过程确定一个窗口，落入此窗口的所有点为将要被复制的点；第二个拖动过程确定复制点的移动的增量。

（8）阵列复制点。

在屏幕上，用窗口（拖动过程）捕获若干个点，并将它们作为阵列一个元素进行拷贝。捕获到的所有点构成一个阵列元素。我们把这元素称为基础元素。此时按系统提示输入拷贝阵列的行、列数（行数是基础元素在纵向的拷贝个数；列数是基础元素在横向的拷贝个数）和元素在 X、Y（水平、垂直）方向的距离。您依次输入行、列数及 X、Y 方向距离值后系统将完成拷贝工作。

（9）点定位。

将指定的点移到指定的位置。

用鼠标左键来捕获点图元，捕获要定位的点后，按系统提示依次输入这些点的准确位置坐标，这些点就移到了坐标指定的位置上。

（10）对齐坐标。

用一拖动过程定义一窗口来捕获一组点图元，将捕获的所有点在垂直方向或水平方向排成一直线。它分"垂直方向左对齐"、"垂直方向右对齐"和"水平方向对齐"三项子功能。

垂直方向左对齐：指靶区内所有点的控制点 X 坐标取用户给定的同一值，Y 值各自保留原值。

垂直方向右对齐：指靶区内所有点的控制点 X 坐标变化，使点图元的右边符合用户给定的同一值，Y 值各自保留原值。

水平方向对齐：指靶区内所有点的 Y 坐标取用户给定的同一值，X 值各自保留原值。

（11）剪断字串。

"剪断字串"的功能是将一个字串剪断，使之成为两个字串。

用鼠标左键来捕获一个需剪断的字串后，编辑器弹出需剪断的字串对话框，如图 **V.3.3** 所示，这时可按"增"，"减"来确定剪断位置。

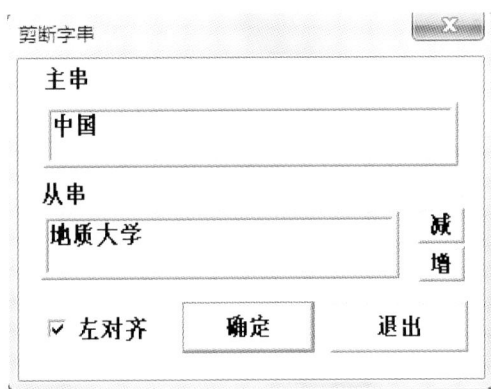

图 V.3.3　剪断字串窗

（12）连接字串。

"连接字串"的功能是将两个字串连接起来，使之成为一个字串。

用鼠标左键来捕获第一个字串后，再用鼠标左键来捕获第二个字串，系统自动地将第一个字串连接到第二个字串的后面。

（13）修改图像。

用鼠标左键来捕获图像，修改插入图像的文件名。

（14）修改文本。

<u>修改文本</u>：用鼠标左键来捕获注释或版面，修改其文本内容。

<u>子串统改文本</u>：系统弹出统改文本的对话框，用户可输入"搜索文本内容"和"替换文本内容"，系统即将包含有"搜索文本内容"的字串替换成"替换文本内容"，它的替换条件是只要字符串包含有"搜索文本内容"即可替换。

<u>全串统改文本</u>：系统弹出统改文本的对话框，用户可输入"搜索文本内容"和"替换文本内容"，系统即将符合"搜索文本内容"的字串替换成"替换文本内容"，它的替换条件是只有字符串与"搜索文本内容"完全相同时才进行替换。

（15）改变角度。

用鼠标左键来捕获点，再用一拖动过程定义角度来修改点与 X 轴之间的夹角。

V.3.3 点参数编辑

参数编辑是用于对点图元的属性进行修改或对系统的缺省参数进行修改、设置，以及对注释的文本内容进行修改。点图元包括注释参数、子图参数、圆参数、弧参数、图像参数和版面。

（1）修改参数。

修改指定的一个或多个点图元的参数。

（2）替换点参数。

替换点参数功能是将满足条件的参数统改为用户设定的参数。若所列的<u>替换条件</u>都没有选择，则为无条件替换，即将所有区域参数统一改为用户设定的参数。相反，若所列的<u>替换结果</u>都没有选择，则不进行替换。各选项前的小方框内若打钩为选择，否则为不选择。选中该功能项后，编辑器弹出线参数统改面板，如图 V.3.4，供用户输入统改条件与替换结果。

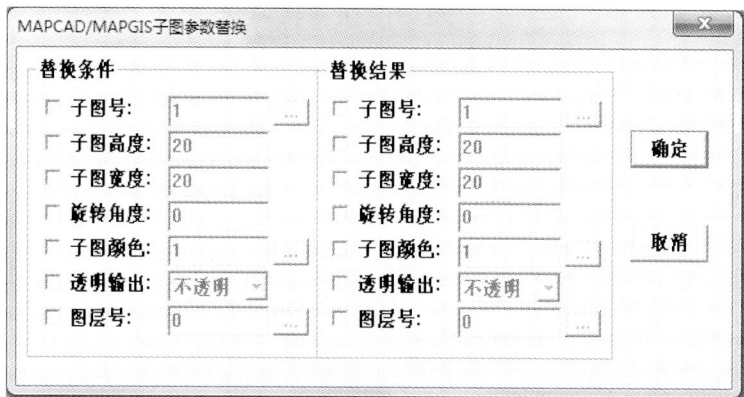

图 V.3.4 替换点参数面板

用户根据自己的要求设置好替换条件和替换结果的参数后，按 OK 键系统即自动搜索满足条件的线参数，并将其替换为结果设定的值。在替换时，凡是替换结果选项前没有打钩的项，都保持原先的值不变。如要统改点颜色，只需将线颜色前的小方框按鼠标左键打钩，其他项不设置，那么替换的结果就只是点颜色，其他值不变。

注：在以上替换中的条件和结果中有关图层号的选择，利用此功能可以将符合某种条件的点放到某一层中，然后对该层进行处理，如删除等。

（3）缺省参数。

输入或修改"注释参数"、"子图参数"、"圆参数"、"弧参数"、"图像参数"等点图元的缺省参数值。

（4）修改点属性。

"修改点属性"工具用来编辑修改点图元的专业属性信息，该功能主要用在地理信息系统中。

（5）编辑点属性结构，步骤如下：

1）首先选择属性文件（*.wt）和属性类型。按 OK 后系统弹出属性结构编辑窗口。

2）输入或编辑字段结构（名称、类型、长度、小数位数），每输入完一个结构项，打回车键确认，输入光标跳到下一个结构项，若输入光标位于字段类型上，则系统弹出类型选择模板，用户可以直接选择字段类型。字段长度是该字段最长的字符数，包括正负号和小数点，用户输入的字段长度可以大于实际最大长度，但若小于实际长度，则在表格输出时，将截掉超出部分。

3）插入项：在当前位置上插入一空行，后面的记录往后移。

4）删除当前项：将当前结构项删除。

5）移动当前项：移动当前结构项的位置。选择此功能后，光标变为上下移动光标，用户按上下箭头可以移动当前结构项的位置，打回车键或者鼠标右键确认，按 ESC 键或鼠标右键取消移项操作。

6）用户使用上下箭头或［Page Up］［Page Down］键可以移动光条位置，即改变当前项。缺省属性项不能修改、删除和移动。

7）属性结构编辑完毕，选择 OK，则系统用最新结构更换原来的属性结构，并且更新所有的记录；若选择［Cancel］则当前编辑作废，原属性结构不变。

（6）根据属性赋参数。

操作与前边的类似，只是修改点图元的参数。

（7）根据属性标注释。

在点文件中，图面上有很多字符串是作为点图元的属性存贮的。如一幅图中的地名，反映其地理位置的是一个子图符号，而其名称是一个字符串，而且其地名往往作为属性的一个字段参与分析统计等。这样，既要在属性库中输入其地名，又要在地图上输入其地名串。借助该功能，只要在属性库中输入其地名后，选择该功能，系统随即弹出属性字段选择窗口，由用户选择欲生成注释串的字段，如"地名"字段，输入要注释的字符串左下角与该点的相对位移的 X、Y 值。接下来，系统要求用户输入生成字符串的参数，输入完毕，系统自动将该属性字段的内容在其相应的位置上生成指定参数的注释串。

（8）根据参数赋为属性。

该功能根据两个条件：图形参数条件和属性条件，属性条件表达式为空时，只根据图形参数条件；图形参数条件没设置时，只根据属性条件；两项条件都已设置时，将同时要满足两项条件。满足条件后欲改的属性项必须确认（打√），将满足条件的图元属性更新为用户设

置的值。如图 V.3.5 是欲将"ID= =10"并且"颜色等于 128"的图元的 ID 值赋以 7:

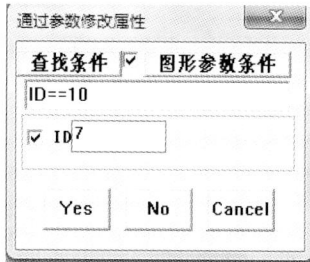

图 V.3.5   根据参数赋属性面板

（9）注释赋为属性。

这个功能与上一个功能刚好相反，它把点文件中的注释字符串赋到属性中的某一个字段。执行该功能时，系统首先让您选择一个字符串型的字段，然后自动将注释字符串的内容自动写到该字段中。如果在属性中没有字符串型的字段，系统会提示您，请您在修改属性结构功能中建立一个字段。

V.4   其他

V.4.1   拓扑处理及实用工具

RGISMAP 拓扑处理子系统，作为图形编辑系统的一部分，改变了人工建立拓扑关系的方法，使得区域输入，子区输入等这些原来比较繁琐的工作，变得相当容易，大大提高了地图录入编辑的工作效率。为了方便用户，让用户能正确地使用 RGISMAP 拓扑处理子系统，下面将详细地介绍系统各部分的功能，以及一些必要的注意事项。另外，在编辑系统的"其他"菜单下，有一组常用的实用工具。

（1）拓扑处理工作流程。

1）数据准备。将原始数据中那些与拓扑无关的线（如航线、铁路等）放到其他层，而将有关的线放到一层中，并将该层保存为一新文件，以便进行拓扑处理。

2）预处理。用户用数字化仪或矢量化工具得到的原始数据是线数据（*.wl），进行拓扑处理前，须进行预处理，其核心工作是将线数据转为弧段数据（*.wp）（这时还没有区），存入某一文件名下，然后将之装入；此后就可以做拓扑处理的工作了。

为了纠正数据的数字化误差或错误，在执行线转弧的前后可以选择执行以下功能项：编辑线、自动剪断、自动平差等，具体的先后次序不难从功能项中推知，如"自动线结点平差"应在"线自动剪断"后，"自动剪断线"只对线文件起作用，因此，要运用"自动剪断"功能，应在线转弧段前执行，或将弧段转换为线后再执行。在执行这些功能时，可按下边的顺序进行：

"其他"→"自动剪断线"→"清除微短线"→"清除线重叠坐标"→"自动线结点平差"→"线转弧段"→"装入转换后的弧段文件"→"拓扑查错"。

注意：自动结点平差时应正确设置"结点搜索半经"。半经过大，会使相邻结点掇合一起造成乱线的现象。反之半经过小，起不到结点平差作用。

3）拓扑查错。可以执行查错操作，根据查错系统的提示改正错误。

4）重建拓扑。所有的预处理工作认为做好了，执行"重建拓扑"这个功能项，系统随即自动构造生成区，并建立拓扑关系。拓扑处理时，没有必要注意那些母子关系，当所有的区检完后，执行子区检索，系统自动建立母子关系，不需人工干预。当拓扑建立后，人工手动建立的区，且有区域套合关系，就得执行"子区检索"功能。

（2）拓扑处理与实用工具的功能与操作（"其他"菜单中）。

1）自动剪断线。用户在数字化或矢量化时，难免会出现一些失误，在该断开的地方线没有断开，这给造区带来了很大障碍。在造区过程中，遇到线在结点处没有断开，剪断线后才能继续造区，这显得很麻烦，所以系统提供自动剪断功能解决这个问题。"自动剪断"有端点剪断和相交剪断。"端点剪断"用来处理"丁"字形线相交的问题，即一条或数条弧段的端点（也就是结点）落在另一条线上，而这条线由于数字化时出现失误却没有断开，端点剪断处理这类情况，将线在端点处截断。"相交剪断"是处理两条线互相交叉的情况。自动剪断线后，有可能生成许多短线头，而且这些线头并无用处，此时，可执行下边的"清除微短线"功能。

2）清除微短线。该功能用来清除线工作区中的短线头，将其从文件中删除掉，避免影响拓扑处理和空间分析。选中该功能后，系统弹出最小线长输入窗口，由用户输入最小线长值，输入完毕，系统自动删除工作区中线长小于该值的线。

3）清除重叠坐标。该功能用来清除某条线或弧段上重叠在一起的多余的坐标点，这些重叠的点有可能是用户重复输入或采集的。查出存在重叠坐标后，只需按右键即刻自动的消除重叠坐标。

4）自动节点平差。有线结点和弧段结节平差两种。可对线和弧段进行。有关含义如前所述，只是这里对所有的线（或弧段）图元自动进行平差。

5）线转弧段。将工作区中的线转换成弧段，并存入文件中，这样的文件只有弧段而没有区；在拓扑处理中需要这样的文件。

6）弧段转线。将工作区中的弧段转换成线，并存入文件中。我们把区域的轮廓线定义为弧段，它与曲线是两个不同的概念，前者属于面元轮廓边界，后者是属于线元。一个区域是由若干条弧段形成的封闭图形。弧段转换成线，就是把面元的轮廓边界转换成线元，但不改变其形态与坐标位置。

注意：在输出面元时，只输出面色，不画弧段，面元边界靠与弧段吻合的线来画。因此，若线文件与弧段不吻合，在输出图中，区域的色块和边界就会不吻合。所以，当区域生成好后，可利用"弧段转线"功能重新生成线文件，这样可保证区域的色块和边界完全吻合。

7）拓扑查错。该功能是拓扑处理的关键步骤，只有数据规范，无错误后，才能建立正确的拓扑关系。而这些错误用户用眼睛是很难发现的，利用此功能，可以很方便地找到错误，并指出错误的类型及出错的位置。用户在执行"拓扑重建"功能前，一定要执行该功能，看还有没有错误。由于数据输入过程中难免有许多错误，数据的准确性较差，在建立拓扑关系前，应该先进行查错处理，检查数据错误，提高数据的准确性，进而提高拓扑建立的效率。查错可以检查重叠坐标、悬挂弧段、弧段相交、重叠弧段，结点不封闭等严重影响拓扑关系建立的错误。所有查错工作都是自动进行的，查错系统在显示错误的同时也提示错误位置，并在屏幕上动态的显示出来，供您改正错误时参考。错误信息显示窗口如下图所示，在该窗口中，移动光条到相应的信息提示上，双按鼠标左键，系统自动将出错位置显示出来，并将出错的弧段用亮黄色显示，同时，在错误点上有一个小黑方框不停地闪烁。按右键即可自动的修改错误。

8）拓扑重建。拓扑关系的处理，是本系统的核心，只有建立了拓扑关系，才能进行空间分析和统计等。

用户从数字化得到的线数据，通过"线转弧段"转为弧段数据，这些数据仍是一条条的孤立弧段，毫无拓扑关系可言。"拓扑重建"就是要建立结点和弧段间的拓扑关系以及弧段所构成的区域之间的拓扑关系，并赋予它们属性。

该功能的操作相当简单，当经"拓扑查错"后，没有发现错误，即可执行这项功能。选中该功能后，系统自动建立结点和弧段间的拓扑关系以及弧段所构成的区域之间的拓扑关系，同时给每个区域赋予属性，并自动为区域填色。拓扑关系建立好后，用户可修改区域参数及属性，以满足用户的需求。若用户发现数据有问题，利用相应的编辑功能，重新修改数据后，再重建拓扑。只要数据规范，一般情况下，都不会有问题。

9）子区搜索。编辑器自动搜索当前面工作区中所有区的子区，完成挑子区，并重建拓扑关系。

10）Undo 操作。编辑器提供多级 Undo，来响应点、线、面编辑，当在编辑过程中出现误操作时，可执行 Undo，恢复误操作之前的数据。在上边的工具条上有按钮，即为该功能。

11）整图变换。包括整幅图形的平移、比例和旋转三种变换。整图变换包括线文件、点文件和区文件的变换，前边打勾时表示对应的图元文件要进行变换。该功能有如下两种情况：

a. 键盘输入参数：选择键盘输入参数编辑器弹出变换输入板，如图 V.4.1，用户可选择变换文件类型。特别的，对于点类型文件可选择"参数是否变化"，即在坐标变换的同时，点的本身大小和角度是否变化。用户根据需要输入相应的平移、比例、旋转参数。

b. 鼠标定义参数：选择光标定义参数，系统需要用户用光标先定义平移原点、旋转角度后弹出变换输入板，并将这些参数放入对话框中，用户可进行修改。

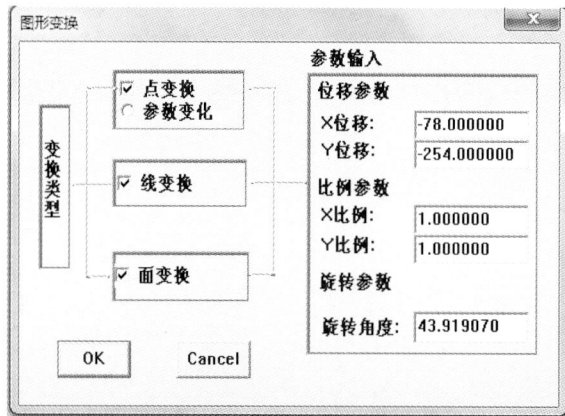

图 V.4.1　图形变换对话框

平移参数：按系统提示从键盘上输入相应的相对位移量后，即将图形移到了相应的位置。

比例参数：利用这个变换可以将图形放大或缩小。在 X、Y 两个方向的比例可以相同，也可以不同。当您输入 x、y 方向的比例系数后，系统就按您输入的系数对图形进行变换。

旋转参数：将整幅图绕坐标原点（0，0），按您输入的旋转角度旋转，当旋转角为正时，逆时针旋转，为负时顺时针旋转。

另外，在点变换的下边，有一个"参数变化"选择项，当选择时，表示在进行点图元变换时，除位置坐标跟着变换外，其对应的点图元参数也跟着变化，如注释高宽、宽度等等。

12）整块移动：将所定义的块中所有图元（包括点、线、区）移动到新位置。

13）整块复制：将所定义的块中所有图元（包括点、线、区）复制到新位置

14）边沿处理：包括线边沿处理和弧边沿处理。靠近某一条线 X 的几条线，由于数字化误差，这几条线在与 X 线交叉或连接处的端点没有落在 X 上，利用本功能可使这些端点落在 X 线上。具体使用时应给出适当的结点搜索半径，系统将根据此值决定将哪些端点调整使其落在 X 线上。

（3）拓扑处理系统对数据的要求。

拓扑处理系统的最大特点是自动化程度高，系统中的绝大部分功能不需要人工干预。建立拓扑关系是拓扑处理系统的核心功能，它由拓扑查错、拓扑处理、子区检索等功能组成。

拓扑处理系统从总体来说对数据没有特别的要求，系统提供了几种预处理功能：弧段编辑工具、自动剪断、自动平差，将进入系统的原始数据中的错误或误差纠正过来，易于拓扑关系建立的自动生成。当然，如果前期工作做得比较好，后期的许多工作（如弧段编辑、自动剪断等）就可以省掉，建立拓扑也得心应手，基于这个原因，这里向用户提一些建议，将会有所裨益：

1）数字化或矢量化时，对结点处（即几个弧段的相交处）应多加小心，第一使其断开，第二尽量采用抓线头或节点融合的功能使其吻合，避免产生较大的误差，使结点处尽量与实际相符，尽量避免端点回折，也尽量不要产生过 1 毫米长短的无用线段。

2）弧段在结点处最好是断开的，若没有断开，执行自动剪断功能可以将弧段在结点处截断，条件是弧段必须经过结点周围的一个较小的领域（即结点搜索半径），这也要求原始数据误差不能太大。

3）将原始数据（即线数据）转为弧段数据，建立拓扑关系前，应将那些与拓扑无关的弧段（如航线、铁路）删掉。

4）尽量避免多条重合的弧段产生。

以上建议请用户在实际应用中加以体会。

V.4.2　系统库编辑

系统库编辑主要提供了对子图库、填充图案库、线型库和颜色库的编辑功能。对系统库中已有的子图、图案、线型，只要给出相应的代号和参数，该编辑系统就可以从库中调出；若库中没有你需要的子图、图案、线型，那么就要编辑生成新的，然后存到库中。利用"符号库拷贝"功能您可以实现不同符号库之间符号的拷贝、增删、重组，从而为用户实现不同符号库间的符号交换和组合优化提供了方便。

（1）系统库编辑步骤。

1）"其他"菜单下选择"编辑符号库"功能，将需要编辑的子图、图案、线型提取出来。

2）若是编辑新的子图、图案或线型，则在文件菜单下选择装入点、线、面文件进行编辑，或直接在屏幕上输入生成。

3）"其他"菜单下用"修改符号编辑框"将编辑框移动及改变大小直到合适的位置。编辑框的中心线和中间的十字点分别控制着符号的基线（如线型的基线）和符号的中心点（如子图的中心点）。

4）用系统中的点、线、面编辑功能进行相应的编辑。

5）编辑完毕，将编辑好的图元保存到相应的库中，成为系统库中的子图、图案或线型。

（2）符号库处理。

1）提取符号："其他"→"编辑符号库"→"提取符号"从子图符号库中选择或浏览已有的符号，其选择窗口如同编辑系统中的符号选择窗。被选中的符号在编辑窗口中显示，其符号的各个单元被展开成 RGISMAP 标准内部格式，存于编辑系统当前的点、线、面工作区中，可在编辑子系统中进行处理。

2）查询符号："其他"→"编辑符号库"→"查询符号"从符号库中选择一个符号。被选中的符号在编辑窗口中展开成 MAPGIS 标准格式显示的同时，系统弹出信息窗口逐项显示符号中各个单元的参数，此时同时完成符号的展开工作。如下图在显示完上下两个填充区的参数后，随即弹出其中线图元，并将其对应的参数显示在符号旁边。

注意：在提取和查询符号时，都先清除编辑系统当前的点、线、面工作区中，因此在这之前必须做好存盘工作。

3）保存符号："其他"→"编辑符号库"→"保存符号"将编辑好的点、线、区文件将其作为符号保存到符号库中。保存符号时，系统弹出"符号保存参数"输入窗口，如下图所示，供用户检查确认符号的保存参数。其中缺省颜色所对应的颜色号在即将保存的符号中将变为可变色，可变色在用户编辑时，可通过相应图元颜色参数来重新指定显示颜色。用户确认后，系统将点、线、区文件转换成符号库格式保存到符号库中，其中可变色在库中将以白色显示。

注意：① 符号的控制点固定在"符号编辑框"的中心，保存符号时以"符号编辑框"为准，将符号规整为一个单位大小。② 在"符号保存参数"输入窗中，"符号编号"是你将要保存到库中的符号序号。在可变色窗口中，用户可以指定颜色号，在存库时该颜色号将被转换成可变色，其他色都为固定色。可变色是在用户使用该符号时，可通过相应图元颜色参数来重新指定显示颜色，而固定色则用户在使用中不能变化或重新设置。图案参数输入时也满足此项规定。所以符号有了可变色用户可在使用该符号时随时指定相应的颜色。③ 目前由于每个子图最多只能包含 64K 的信息，若您所选图元太多，系统将提示错误信息。

4）符号库拷贝。"其他"→"符号库拷贝"当用户在做旅游图、地质图、土地规划等不同的地图时，所用的符号都是不同的，同样，所用的符号库一般情况下也是不同的。一般，一套符号库中不可能包括各种符号，反过来，如果一个符号库中包含的符号太多，势必给查找等带来不便，因此，用户做不同类型的图时，可积累生成不同类型的符号库，如旅游符号库、地质符号库、规划设计符号库等。RGISMAP 系统本身仅带了一个套基本的符号库（包括符号库、线型库和图案库），这些库非常简单，一般情况下，用户在作图时，都远远不够用。而且，系统在运行时，只允许有一套符号处于当前运行状态，同时，这些库位于用户指定的系统库目录下，其名字都是系统约定固定不变的。其中：

图案库：FILLGRPH.LIB

线型库：LINESTY.LIB

子图库：SUBGRAPH.LIB

所以，用户在重新建立或生成另一套不同的符号库时，一般情况下，应重新建立一个目录，将其以如上的文件存贮，然后在系统环境设置中，将"系统库目录"设置指向该目录，系统即可使用该目录下的符号。

在改变新库后，原先库中的符号就不能使用。系统的"符号库拷贝"功能提供了不同符号库间符号的浏览、插入、删除、交换等功能，为用户在不同符号库间拷贝符号，提供了极大的方便。从而有效地解决了不同符号库间相同符号的共用和符号库中符号的重新组合问题。下面具体介绍一下该功能的操作。

"符号库拷贝"功能包括符号库拷贝、线型库拷贝和图案库拷贝三项功能，用户应根据不同的类型选择相应的功能。下面以"子图库拷贝"功能为例，其他功能类似。如果用户是刚开始建立新的符号库，需先建立一个目录，在其中拷贝一套系统库目录下的文件，作为目的符号库。然后，利用"符号库拷贝"功能，就可将当前环境下系统库中的符号拷贝到该目的符号库中。

在 RGISMAP 的"其他"菜单下选中"符号库拷贝"功能项，系统首先要求用户输入目的符号库的文件名，即用户欲新建的符号库目录下的相应符号库文件名。接着，系统弹出拷贝符号窗口，即进入了符号拷贝状态，如上所示，由用户来选择拷贝、插入或删除等。其中，左边的窗口为当前环境目录下的系统库文件，称为源符号窗口；右边窗口即为用户想建立或拷贝的目的符号库文件，即为目的符号窗口，其对应的符号库文件名在窗口底部都显示出来。在进行相应的功能操作之前，用户需要先用鼠标滚动对应窗口到指定的符号范围，使相应的符号显示在屏幕上。接下来，就可以进行相应的操作了，在进行相应的操作时，都需要选择当前位置。只要用鼠标点按相应的位置，系统即显示一个黄色方框，此框即表示当前位置，所有的操作都是相对于当前位置的。

所有操作完毕，按"OK"按钮予以确认，或按"CANCEL"取消。

图案库和线型库的拷贝与此类似，将不再论述。

（3）图案处理。

1）提取图案。"其他"→"编辑符号库"→"提取图案"从图案库中选择或浏览已有的图案，被选中的图案在编辑窗口中显示，其图案的各个单元被展开成 RGISMAP 标准内部格式，存于编辑系统当前的点、线、面工作区中，可在编辑子系统中处理。

2）查询图案参数。"其他"→"编辑符号库"→"查询图案"从图案库中选择一个图案。被选中的图案在编辑窗口中展开成标准格式并显示的同时，系统会弹出信息窗口显示图案中各个图元的参数。这样同时完成图元的展开工作。

3）保存图案。"其他"→"编辑符号库"→"保存图案"将编辑好的点、线、区文件将其作为图案保存到图案库中。保存图案时，系统弹出"图案保存参数"输入窗口，如下图所示，供用户检查确认图案的保存参数。用户确认后，系统将点、线、区文件转换成图案库格式保存到图案库中。图案保存的参数与子图保存相似，所不同的是：图案的原点位置固定为左下角。

注意：在提取和查询图案时，都先清除编辑系统当前的点、线、面工作区中，因此在这之前必须做好存盘工作。

（4）线型处理。

1）提取线型。"其他"→"编辑符号库"→"提取线型"从线型库中选择或浏览已有的线型，被选中的线型在编辑窗口中显示，其各个单元被展开成 RGISMAP 标准内部格式，存于编辑系统当前的点、线、面工作区中，可在编辑子系统中处理。

2）查询线型。"其他"→"编辑符号库"→"查询线型"从线型库中选择一个线型。被选中的线型在编辑窗口中展开成 RGISMAP 标准格式并显示的同时，系统会弹出信息窗口显示线型中各个图元的参数。各图元同时被展开成 RGISMAP 标准格式。

注意：在提取和查询线型时，需先清除编辑系统当前的点、线、面工作区中，因此在这之前必须做好存盘工作。

3）保存线型。"其他"→"编辑符号库"→"保存线型"是对编辑好的点、线、区文件将其作为线型保存到线型库中。系统弹出"线型保存参数"输入窗，如下图所示，供用户检查确认线型的保存参数。用户确认后，系统将点、线、区文件转换成线型库格式保存到线型库中，各参数的意义与子图保存参数类似。

注意：在主色替换窗口中，用户可以指定颜色号，在存库时该颜色被转换成线的主颜色，其他色都成为辅助色。在用户使用时，可通过相应图元参数来重新指定线的颜色和辅助颜色。在可变线宽窗口中，用户可以指定线宽号，在存库时该线宽号被转换成线的可变线宽，其他都为固定线宽。在用户使用时，可通过相应图元参数来重新指定可变线宽的线的宽度。

（5）符号编辑框。

RGISMAP 编辑系统库中的子图、图案、线型时，以"符号编辑框"为准，符号编辑框实际上是一个带标记的绿色方框，中间有一个小"+"，编辑框的水平中心线和中间的十字点分别控制着符号的基线（如线型的基线）和符号的中心点（如子图的中心点）。在保存符号时，都将以"符号编辑框"为准，将其规整为一个单位大小。

1）**符号编辑框可见**："其他"→"选择"。当该选项被选中后，系统在屏幕中央显示符号编辑框，被编辑或装入的符号，都将被显示在该方框内。

2）**修改符号编辑框**："其他"→"修改符号编辑框"。为了使符号编辑框满足符号的大小及修改中心点的位置，可选择该功能。在执行该功能前，首先将符号编辑框显示在屏幕上，然后执行该功能。执行该功能时，若用鼠标直接抓取方框内的任一位置，都可以移动方框的位置，通过移动方框的位置，可使方框落在符号上。若抓取方框的四角，则为修改方框的大小，此时，用户可自由设置方框的大小，使其能包含整个符号。当方框的大小改变时，中心点的位置也跟着改变。

（6）颜色编辑。

1）输出颜色表：根据系统当前使用的颜色表自动生成点、线、面文件，即色标文件。用户可将它输出，用以作为制图参考。

2）编辑颜色：分编辑色标和编辑专色两种。

a. 进入"其他"→"编辑颜色"→"编辑色标"，系统弹出色标编辑板，如图 V.4.2 示，用户选择要编辑的某一颜色的颜色号必须是大于 500），编辑器将此色标的 CMYK 和专色的浓度形象化的显示出来，这时用户可用滚动条来调整 CMYK 和专色的浓度，直到满意为止，按"保存色标"按钮存盘即可。若用户需增加一新色标，可在颜色表最尾处按鼠标左键，然后调整新色标的 CMYK 和专色的浓度，满意后存盘。

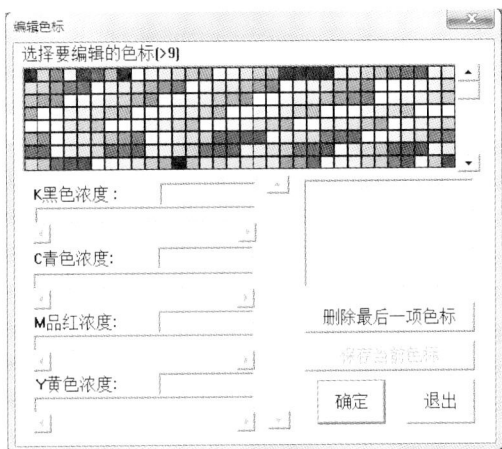

图 V.4.2　编辑色标对话框

b. 进入"其他"→"编辑颜色"→"编辑专色"，系统弹出专色编辑板，用户选择要编辑的某专色，编辑器将此专色的 CMYK 浓度形象化的显示出来，这时用户可用滚动条来调整 CMYK，直到满意为止，按"保存专色"按钮存盘即可。若用户需增加一种新专色，按"增加专色"按钮，然后调整新专色的 CMYK，满意后存盘，若用户需删除一专色，按"减少专色"按钮。

V.5　图层

"图层"菜单提供了图形分层的编辑功能。它能打开、关闭任一层，更换当前图层，显示工作区现有图层，还能从有多个文件中分离出指定的图层。功能菜单如图 V.5.1 所示。

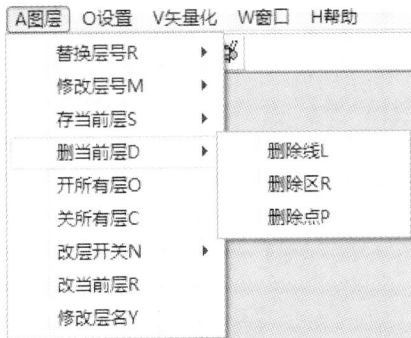

图 V.5.1　图层操作菜单

（1）替换层号。
将当前正在编辑的数据文件的某一图层的图元移到另一图层中。

在这项操作中首先需要选择被改的图层，即查找层号，然后根据系统的询问选择将要改成的层，即替换图层号。

（2）修改层号。

将图屏上指定图形从某一图层改变到新的图层。

（3）存当前层。

将当前层的内容从工作区中分离出来，存入磁盘上的一个文件中。

若与"统改参数"结合，可将符合某一参数条件的图元统改到某一层中，然后存入另一文件中。

（4）删当前层。

将当前层的内容从工作区中删除。

若与"统改参数"结合，可将符合某一参数条件的图元统改到某一层中，然后删除之。

（5）开所有层。

将当前编辑文件中所有的图层或有图的图层状态置为 ON，使其在编辑时能在屏幕上显示。

（6）关所有层。

将当前编辑文件中所有的图层状态置为 OFF，使其在编辑时不能在屏幕上显示。

（7）改层开关。

对当前编辑文件中指定的图层状态取反。

当图层状态为 ON 时，则该图层的图形可以在图屏上显示。

当图层状态为 OFF 时，则该图层的图形不能在图屏上显示。同时也不能对它们进行编辑操作。

利用这一特征，我们可以在编辑某一图层时，将该图层状态置为 ON，而将与之无关的图层状态设置为 OFF，这样做一方面可以提高显示速度，另一方面可以减少其他图层背景对编辑者视线形成的干扰和误操作。

（8）改当前层。

当前图层是系统对编辑者当前用数字化仪、矢量化、键盘或鼠标器输入的图形所存放的图层。系统隐含是 0 号图层。若要改变当前工作图层，可以选用此项功能。

（9）修改层名。

为了记忆方便，我们可以对每一层定义一个名称，所有图层名称的集合称作图层字典简称为字典。用户可以根据自己的需要，通过"修改图层名"修改已定义的图层名称或定义新的图层名称。

V.6 设置

"设置"菜单下每项功能模块的使用操作进行介绍如下：

（1）参数设置。

1）坐标点可见：将图元的坐标点或线、弧段上座标数据点用红色小"+"显示在屏幕上，便于用户编辑。该项初始状态为 OFF，每次选择该功能就将该选项状态取反。在 ON 状态下，系统将对屏幕上的数据点标上红色"+"。

图 V.6.1　系统选择菜单

2）弧段可见：该项初始状态为 OFF，每次选择该功能就将该选项状态取反。在 ON 状态下，编辑器显示区并显示弧段，在 OFF 状态下，编辑器显示区不显示弧段。

3）还原显示：该项初始状态为 OFF，每次选择该功能就将该选项状态取反。在 ON 状态下，对线图元，编辑器将按线型来显示线，如某条线的线型为铁路，编辑器依此线为基线来生成铁路；对区图元，编辑器将显示区的内部填充图案。

4）数据压缩存盘：该项初始状态为 OFF。图形数据经过编辑（如：删除、加点等）后，有的数据在逻辑上被删除，但物理上并没有被删除，造成数据冗余。该项状态为 ON 时，存盘时系统自动将冗余的数据删除。

5）拓扑重建时搜子区：若该项状态为 ON，则在建拓扑过程中，自动搜索子区，解决子区嵌套问题。

6）符号编辑框可见：若该项状态为 ON，在库编辑时，自动出现在视窗中。

7）使用十字大光标：若该项状态为 ON，则光标为大"十"字。

8）透明显示：针对面图元显示而设置，一般情况下面图元显示为覆盖方式，显示时会将先显示的图元覆盖，设置透明显示后，面元显示时不再覆盖先显示的图元。

（2）用户定制菜单。

提供了重组菜单、修改菜单名、修改菜单位置、增加快捷键、增加调用外部执行程序等功能。

（3）修改目录环境。

设置汉字库，系统库，当前工作目录路径名。

一些用户常将文件按不同目的分类，分别放在不同目录中。例如，程序和数据分开；不同的图需要放在不同目录中，以便于管理。

（4）置系统参数。

选中本菜单项后弹出一对话框，可以修改平行双线的距离（供造平行线时使用），结点搜索半径（供自动结点平差使用），裁剪搜索半径，插密光滑半径，坐标点间最小距离值等选项，如图 V.6.2 所示：

图 V.6.2　置系统参数

（5）工作区信息。

编辑器弹出图 V.6.3 所示信息板，向用户报告当前工作区中的内容。

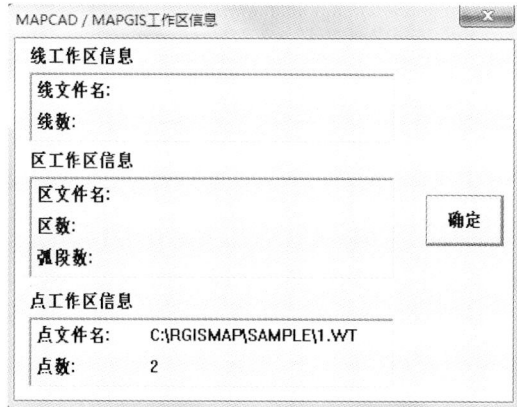

图 V.6.3　工作区信息板

（6）编辑地图参数。

可用此功能选择地图的比例尺，为在图上测量距离提供参数。

V.7　矢量化

在建立数据库时，我们需要有转换各种类型的空间数据为数字数据的工具，数据输入是 RGISMAP 的关键之一，它的费用常占整个项目投资的 80％或更多。数据输入有数字化仪输入、扫描矢量化输入等。

V.7.1　数字化输入

数字化输入也就是实现数字化过程，即实现空间信息从模拟式到数字式的转换，一般数字化输入常用的仪器为数字化仪。RGISMAP 中"矢量化"—"数字化"的主要功能有：

设备安装及初始化功能——对输入设备（主要是数字化仪）进行联机测试、安装，并对图形的坐标原点、坐标轴、角度校正等进行初始化，实现数字化仪与主机间的连接通讯。对不同类型的数字化仪，可根据用户设置的类型，自动生成或更新数字化仪驱动程序。

任意线数字化功能——对原始底图可进行手动数字化,采集点、线图元间的关系数据和属性数据,对三维立体图还可进行空间高程数据采集。输入方式有点方式和线方式。

圆线数字化,弧线数字化,矩形线数字化,椭圆线数字化,正交线数字化,平行四边形数字化,字符数字化,子图数字化,点图数字化,点弧数字化指输入类型有圆线、弧线、矩形线、椭圆线及正交线等。

V.7.2　智能扫描矢量化

智能扫描矢量化即扫描输入法是通过扫描仪直接扫描原图,以栅格形式存贮于图像文件中(如*.TIF 等),然后经过矢量化转换成矢量数据,存入到线文件(*.WL)或点文件(*.WT)中,再进行编辑、输出。扫描输入法是目前地图输入的一种较有效的输入法。

扫描矢量化提供了对整个图形进行全方位游览、任意缩放,自动调整矢量化时的窗口位置,以保证矢量化的导向光标始终处在屏幕中央;矢量化方式有无条件全自动矢量化和人工导向自动识别跟踪矢量化两种方式,人工导向自动识别跟踪矢量化除了能对二值扫描图矢量化外,还可对灰度扫描图、彩色扫描图进行识别跟踪矢量化,因而可对复杂的小比例尺全要素彩色地图进行有效矢量化。在矢量化时,具有退点、加点、改向、抓线头、选择等功能,可有效地选取所需图形信息,剔除无用噪声,克服无条件全自动矢量化时的盲目性,减少后期图形编辑整理的工作量,并可同时对图形进行分层处理。

(1)矢量化流程。

矢量化流程如图 V.7.1 所示。

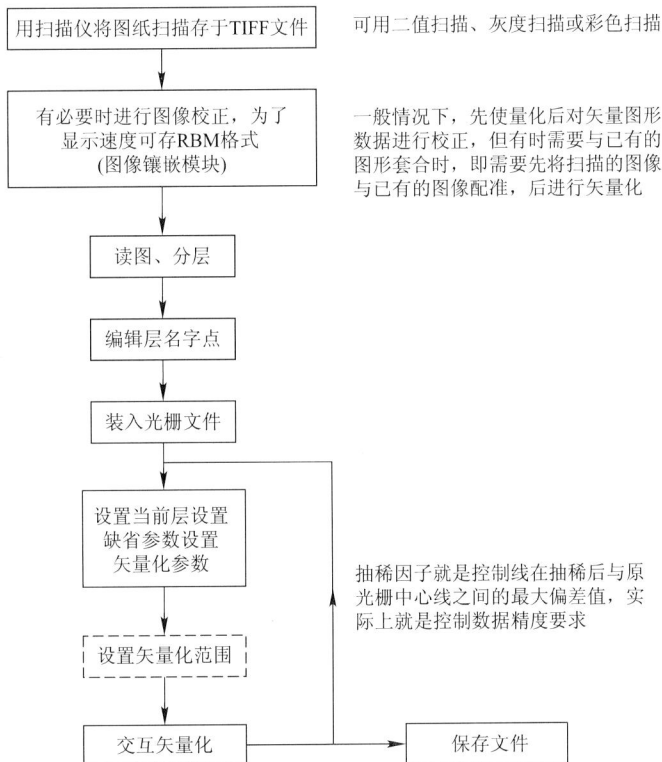

图 V.7.1　矢量化流程图

（2）矢量化系统的文件操作。

1）装入光栅文件：栅格数据可通过扫描仪扫描原图获得，并以图像文件形式存储。本系统可以直接处理 TIFF（非压缩）格式的图像文件，也可接受经过 RGISMAP 图像处理系统处理得到的内部格式（RBM）文件。该功能就是将扫描原图的光栅文件或将前次采集并保存的光栅数据文件装入工作区，以便接着矢量化，此时将清除工作区中原有光栅数据。

2）保存光栅文件：将工作区中的光栅数据存成 RGISMAP 系统的内部格式（RBM）文件。在矢量化的过程中，若设置"自动清除处理过光栅"选项，则工作区中的光栅图像会发生变化；另外，当进行"光栅求反"操作后，工作区中的光栅图像也会发生变化。为了保存修改后的图像，就得选择该功能来保存光栅图像文件。

3）清除光栅文件：清除工作区中的光栅文件。

4）光栅文件求反：将工作区中的二值或灰度图像进行反转（Invert），如使二值图像的白色变为黑色，黑色变为白色。在矢量化的过程中，是以灰度级高的像素为准，即只对灰度级高的像素进行矢量化，灰度级低的像素作为背景。若扫描进来的图像与此刚好相反，则需利用该功能进行反转后才能开始正确的矢量化操作。如二值图像，正常的光栅数据显示出来应是灰底白线，如果出现白底灰线，说明图像黑白相反，应用"光栅文件求反"功能将光栅求反，求反后的光栅文件应存盘，否则下次装入的光栅文件还是不变。

（3）矢量化设置。

1）设置矢量化范围：全图范围：矢量化操作在全图范围内有效。

窗口范围：矢量化操作在定义窗口范围内有效。

2）设置矢量化参数：矢量化参数包括矢量化时的几个必须的控制参数，设置矢量化参数包括抽稀因子、同步步数、最小线长、自动清除处理过光栅、细线、中线、粗线。一般用系统默认值即可。

3）设置高程参数：在进行等高线矢量化时，需要给每一条线赋高程值，为提高效率，系统设计了自动赋值的功能。在进行等高线矢量化时，您首先得在［线编辑］菜单下利用［编辑线属性结构］功能建立高程字段，然后利用该功能设置当前高程、高程增量、和高程存储域，这样，在每矢量化一条线时，系统就会根据指定的高程存储域，将当前高程值赋予该属性域中。若当前高程值要增加，则每按一次 F4 键，当前高程值就增加"高程增量"所指定的值。所以配合 F4 键，您就可以方便地为线赋高程值。若您仍觉得不方便，则在矢量化完毕，可利用前边的（高程自动赋值）功能，方便地为线赋高程值。

当前高程：当前矢量化线的高程值，每矢量化一条线自动赋予当前高程。

高程增量：高程递增量。矢量化过程中，每按一次 F4 键，当前高程就递增一次，并弹出一个小窗口，显示当前高程值。

高程域名：存储高程值的属性域名，可选择属性库中任意一个浮点型域来存储高程值。在矢量化高程线时，最好先在［线编辑］菜单下利用［编辑线属性结构］功能建立高程字段，这样才可以在这里指定高程域名，其中线缺省属性字段不允许赋高程值。

注意：需要系统自动给每一条线赋高程值时，必需事先设置好线的属性结构，使它包含有"高程"的属性域（浮点型）。否则系统不能给等高线赋值。

4）设置图像原点参数：栅格图像与矢量图形配准是使用"图像镶嵌配准"模块，可达到精确配准的目的。但操作要复杂些。在一些情况下，可以设置图像的原点和相应的 X、Y

比例达到与图形坐标套合。

（4）矢量化。

矢量化是把读入的栅格数据通过矢量跟踪，转换成矢量数据。栅格数据可通过扫描仪扫描原图获得，并以图像文件形式存储。本系统可以直接处理 TIFF 格式的图像文件，也可接受经过 RGISMAP 图像处理系统处理得到的内部格式（RBM）文件。

1）交互式矢量化。对于那些干扰因素比较大，需要人工干预的图，要想追踪出比较理想的图，无条件全自动矢量化就显得力不从心了，此时人工导向自动识别跟踪矢量化正好解决这个问题。矢量化追踪的基本思想就是沿着栅格数据线的中央跟踪，将其转化为矢量数据线。当进入到矢量化追踪状态后，即可以开始矢量跟踪，移动光标，选择需要追踪矢量化的线，屏幕上即显示出追踪的踪迹。每跟踪一段遇到交叉地方就会停下来，让你选择下一步跟踪的方向和路径。当一条线跟踪完毕后，按鼠标的右键，即可以终止一条线，此时可以开始下一条线的跟踪。按 CTRL+右键可以自动的封闭选定的一条线。

在人工导向自动识别跟踪矢量化状态下，可以通过键盘上的一些功能键，执行所需要的操作。矢量化系统常用功能键包括：

F4 键（高程递加）：这个功能是供进行高程线矢量化时，为各条线的高程属性进行赋值时使用的。在设置了高程矢量化参数后，每按一次 F4 键，当前高程值就递加一个增量。

F5 键（放大屏幕）：以当前光标为中心放大屏幕内容。

F6 键（移动屏幕）：以当前光标为中心移动屏幕。

F7 键（缩小屏幕）：以当前光标为中心缩小屏幕内容。

F8 键（加点）：用来控制在矢量跟踪过程中需要加点的操作。按一次 F8 键，就在当前光标处加一点。

F9 键（退点）：用来控制在矢量跟踪过程中需要退点的操作，每按一次 F9 键，就退一点。有时在手动跟踪过程中，由于注释等的影响，使跟踪发生错误，这时通过按 F9 键，进行退点操作，消去跟踪错误的点，再通过手动加点跟踪，即可解决。

F11 键（改向）：用来控制在矢量跟踪过程中改变跟踪方向的操作。按一次 F11 键，就转到矢量线的另一端进行跟踪。

F12 键（抓线头）：在矢量化一条线开始或结束时，可用 F12 功能键来捕捉需相连接的线头。

2）封闭单元矢量化。对于地图上的居民地等一些图元，它的本身是封闭的，然而，由于内部填充的阴影线等内容，无论无条件全自动或人工导向自动识别跟踪矢量化都无法将其一次完整地矢量化出来，这时选用封闭单元矢量化功能就能将其完整地矢量化出来。

封闭单元矢量化功能有两项选择，一种是以这个光栅单元的外边界为准进行矢量化；另一种是以边界的中心线为准进行矢量化。

3）高程自动赋值。这是快速等高线赋值方法，具体操作是：① 在线编辑中，修改线属性结构，加高程字段，字段类型必须是浮点型；② 设置高程参数；③ 自动赋值。

用鼠标拖出一条橡皮线，系统弹出高程设置对话框要求用户设置当前高程、高程增量、和高程域名，然后系统将凡与该橡皮线相交的等高线，根据已设置的"当前高程"为基值，自动逐条按"高程增量"递增赋值，原先若有值，则被自动更新高程。

参考文献

Edward Angel 著，吴文国译. 2006. 交互式计算机图形学—基于 OpenGL 的自项向下的方法 [M]，北京：清华大学出版社.

陈乐寿等. 1990. 大地电磁测深法. 北京：地质出版社.

傅良魁等. 1991. 应用地球物理教程–电法、放射性、地热. 北京：地质出版社.

管志宁、安玉林. 1991. 区域磁异常定量解释. 北京：地质出版社.

管志宁编著. 2005. 地磁场与磁力勘探. 北京：地质出版社.

蒋邦远. 1998. 实用近区磁源瞬变电磁法勘探. 北京：地质出版社.

李胜乐. 1998. MapInfo 地理信息系统二次开发实例. 北京：电子工业出版社.

刘天佑. 2007. 位场勘探数据处理新方法 [M]. 北京：科学出版社.

罗孝宽等. 1991. 应用地球物理教程–重力磁法. 北京：地质出版社.

罗延钟，张桂青. 1987. 电子计算机在电法勘探中的应用. 武汉：武汉地质学院出版社.

区域重力调查规范编写组. 2006. 区域重力调查规范（DZ/T0082-2006）.

阮百尧等. 1999. 电阻率/激发激化率数据的二维反演程序. 物探化探计算技术. Vol.21，No.2.

宋正范. 1997. 航磁剖面数据的频谱分析与磁性界面深度的计算. 航空物探论文集.

唐泽圣等. 1999. 三维数据场可视化 [M]. 北京：清华大学出版社.

唐章宏等. 2000. Visual Fortran 程序设计. 北京：人民邮电出版社.

田黔宁等. 2001. 任意形状重磁异常三度体人机联作反演. 物探化探计算技术，Vol.23，No.2.

翁爱华. 2003. 电法勘探数据处理与解释. 吉林大学内部教材.

邬伦、张晶、刘瑜等. 2001. 地理信息系统：原理、方法和应用. 北京：科学出版社.

肖明顺. 2008. 带地形的瞬变电磁 2.5 维有限元数值模拟研究 [硕士论文]，武汉，中国地质大学.

徐士良. 1998. 常用算法程序集. 北京：清华大学出版社.

徐世浙. 1994. 地球物理中的有限单元法. 北京：科学出版社.

姚长利等. 2002. 重磁反演约束条件及三维物性反演技术策略. 物探与化探，No.3.

姚长利等. 2002. 重磁遗传法三维反演中动态数组优化方法. 物化探计算技术，No.3.

姚长利等. 2002. 重磁遗传算法三维反演中高速计算机有效存储技术. 地球物理学报，No.2.

姚长利等. 2003. 低纬度化极—压制因子法，地球物理学报，No.5.

曾华霖. 2005. 重力场与重力勘探.北京：地质出版社.

张明华、黄金明等. 2005. 物探资料处理和解释方法技术的对比、优选与集成项目技术总结报告，中国地质调查局发展研究中心.

后　记

　　本书由张明华、乔计花、黄金明、王成锡、韩革命、田黔宁、刘玲、胡麟臻等人编写。

　　除本书编者以外，参与过 RGIS 系统研发的工作人员还有：姚长利（低纬度化极、重磁三维物性反演及参与频率域重磁数据转换）、谭捍东（二维 MT 反演和地形改正）、孟永良和肖明顺（二维电阻率激化率人机交互正反演与 TEM 正反演）、吴文鹂（重磁三维形体反演）、阮百尧和吕玉增（二维电阻率激化率人机交互正反演）、刘坤良（重磁三维物性反演和形体反演成果数据可视化）、翁爱华（电法断面绘图）等。此外，贺占勇参加了系统的模块集成工作，安玉林、于国明、杨亚斌、励宝恒、吴清平等提供了 Fortran 代码程序，或参与了软件系统研制工作。RGIS 系统也包括了他们重要的成果和贡献！

　　孙文珂、刘士毅、曾华霖、谭捍东、李金铭等专家提供了宝贵和重要的修改意见。孙文珂、黄旭钊、范正国、许德树、兰学毅、寇玉才、张滨生、董杰等专家对软件进行了大量测试，提出了修改与完善的指导意见，作者在此表示感谢！

　　还要感谢全国各省从事中国地质调查局 2006 年组织开展的全国矿产资源潜力评价工作的物探工作者！感谢东华理工大学、中国地质大学、长江大学、吉林大学、长安大学、西安石油大学、成都理工大学等高校的物探专业师生，中国科学院地质与地球物理研究所的有关物探科研人员，以及 RGIS-QQ 群里 500 多名用户们！他们是最为直接的用户，在使用过程中提出了许多重要的反馈意见，使得研发人员能够对软件进行修改、完善，并及时提供利用。

　　需要说明的是，软件的先进与否，与使用其进行解释应用的成果质量并没有直接关系。软件应用水平与解释成果优劣，主要取决于使用软件的人员。RGIS 系统的应用需要一定的重、磁、电勘探方法理论基础，重、磁、电数据处理基础与解释经验，以及计算机和数据库基础知识。用户负有自己使用软件系统进行重、磁、电数据处理所产生的成果的全部权力和责任。

　　由于系统 RGIS 系统涉及内容广泛，作为专业应用软件，会像其他系统软件一样存在许多开发人员预想不到的问题，敬请用户及时反馈，以便及时完善与进一步提供使用。关于方法使用方面的注意事项和有关问题的认识，由于作者水平有限，肯定存在这样或那样的问题，恳请读者批评指正！本书编写时间仓促，编写水平有限，其中错误和疏漏之处在所难免，敬请 RGIS 用户和读者提出宝贵意见和建议，我们将十分感激。